Karl Luchner
Physik ist überall

W0175268

Karl Luchner

Physik ist überall

Streifzüge durch Natur, Alltag, Technik und Forschung

Oldenbourg

Die Deutsche Bibliothek – CIP-Einheitsaufnahme

Luchner, Karl
Physik ist überall : Streifzüge durch Natur, Alltag, Technik
und Forschung / Karl Luchner. - 2., verb. Aufl. - München :
Oldenbourg, 1998
ISBN 3-486-03347-6

Bildnachweis:

Deutsches Museum: 11, 33, 67, 87, 103, 143, 183
Süddeutsche Zeitung: 19, 211, 227

© 1998 R. Oldenbourg Verlag GmbH, München

2., verbesserte Auflage 1998

Unveränderter Nachdruck   01 00 99 98
Die letzte Zahl bezeichnet das Jahr des Drucks.

Druck und Bindung: Schoder Druck, Gersthofen

ISBN 3-486-03347-6

Inhaltsverzeichnis

Vorwort

Physikalische Streifzüge durch Natur, Alltag, Technik und Forschung – was soll damit geboten werden? Soll man darin ein alternatives Lehrbuch sehen, oder eher einen Begleittext zum Schulbuch, oder gar eine Art Fundgrube für Fortgeschrittene? In welchem Selbstverständnis wird die Physik dabei gesehen: Als das, was von den Physikern gerade jetzt entdeckt und erforscht wird? Als eine nützliche Beschreibung von alltäglichen Anwendungen? Als ein Lehrgebäude aus Regeln und Gesetzen, das dem Schüler beigebracht werden muß? Ist Physik wie ein Handwerk, dessen Geschicklichkeiten man erlernen kann, oder eher eine geistige Herausforderung für besonders Neugierige?

Forscher, Lehrer, Studenten und Schüler werden hier wohl unterschiedliche Akzente nennen, aber alle sollten eine gemeinsame Komponente sehen, die »physikertypische Geisteshaltung«: Sich mit Physik zu beschäftigen heißt nicht nur, sich Faktenwissen anzueignen, praktische Fähigkeiten umzusetzen, eifrig zu experimentieren und zu rechnen, sondern es heißt ganz besonders auch »Vorstellungen entwickeln«, »etwas noch besser verstehen wollen«, »Ideen haben«, »Anwendungen finden«, »aus Neugier ein Problem weiterverfolgen«. Man kann sicher sein: Jeder, dem hieraus intellektuelles Vergnügen erwächst, ist konditioniert, sich mit Physik zu beschäftigen.

Leider empfindet besonders der Anfänger die Beschäftigung mit Physik meist eher als intellektuelle Anstrengung und weniger als intellektuelles Vergnügen oder Inspiration; vielleicht bleibt bei unserem Physikunterricht einfach nicht genügend Zeit, neben dem Lernstoff manchmal auch noch Inspiration zu vermitteln. Wenn dies in anderen Fächern leichter zu gelingen scheint, so liegt das mindestens teilweise daran, daß dort die abstrahierende Begrifflichkeit nicht so sehr im Vordergrund steht, daß schon früh ein Nutzen des Gelernten erkennbar wird und daß eine geringere Dichte des Neuigkeitsgehalts auch wohl eher zu Kontemplation einlädt.

Das vorliegende Buch wurde in der Absicht geschrieben, hier eine Brücke zu schlagen; es soll dazu verhelfen, Kontemplation und das intellektuelle Vergnügen in der Beschäftigung mit Physik zu finden. Im Gegensatz zu Lehrbüchern ist es nicht fachsystematisch aufgebaut und nicht an einem vorgegebenen Lehrplan orientiert, sondern es bietet aus der Sicht des Physikers spontane Querschnitte durch Natur, Alltag, Forschung und Technik, ist dabei aber nicht allzuweit von üblichen Lehrplaninhalten entfernt. Es wäre ein Erfolg, würde dem Leser dabei erkennbar werden, daß Physik nicht nur der Kanon eines ins Schulbuch eingezwängten Lernfaches ist, sondern eine intellektuelle Errungenschaft und die Beschäftigung damit ein permanentes anregendes und bildungsträchtiges Abenteuer.

Der Schüler, insbesondere der Gymnasiast, wird also stellenweise Inhalte aus der Schulphysik vorfinden, manchmal in verändertem Bezug oder in anderer Darstellung; er wird dabei nicht nur Schulwissen wiedererkennen und so dessen Nützlichkeit oder Tragfähigkeit sehen, sondern vielleicht auch ein verbreitetes oder vertieftes naturwissenschaftliches Interesse und eine förderliche Fragehaltung entwickeln. Er wird auch einiges finden, was ihn weiterführt und anderes, was ihn beim ersten Lesen vielleicht überfordert; letzteres schadet aber nicht, denn auch die Anregung z.B. den Lehrer zu fragen, oder weitere Literatur zu Rate zu ziehen, ist erfreulich.

Der Lehrer wird aus der bewußten Abweichung von der üblichen Fachsystematik und Methodik – oder aus Zwischenbemerkungen, die der Anfänger überliest – vielleicht manche Anregung entnehmen; auch einen Fundus zur Empfehlung von Lesestoff als Hintergrundinformation für seinen Unterricht, für Studienreferate und Projektstudien kann er in diesem Buch sehen. Besonders dürfte ihm auffallen, daß die Problemstellung, die physikalische Aussage und die Wertung weit mehr als üblich in verbalisierender Form vorgenommen wird. Gerade das »Verbalisieren« scheint im Unterricht im Übereifer rascher abstrahierender Formulierung manchmal zu kurz zu kommen, wodurch der Inhalt als »schwer« empfunden wird. Auch Kritiker der Forderung nach ausreichender Verbalisierung werden hoffentlich erkennen, daß mit »Verbalisieren« hier nicht ein »inhaltsschwaches Geplauder« gemeint ist, sondern ein sorgfältiges, natürliches und kommunikationsfähiges Hinführen zur abstrahierenden Formulicrung oder, falls diese zu weitab liegt, zumindest als annehmbarer Ersatz. Auch wenn ein Ergebnis nicht »erarbeitet« sondern »nur mitgeteilt« wird, sollte man darin nicht gleich eine wissenschaftliche Oberflächlichkeit sehen; es ist eher der Versuch, einen Ausblick mit weniger abschreckendem Anspruchsgradienten zu bieten, so wie es in anderen – beliebteren – Bildungsbereichen fast selbstverständlich ist: Wer würde es z.B. einem eifrigen Musikschüler verübeln, sich mit einem interessanten anspruchsvollen Musikstück vorläufig zu befassen, auch wenn ihm eine perfekte professionelle Leistung noch nicht abverlangt werden kann? Auch ein wacher Physikschüler soll die Möglichkeit haben, einiges über anspruchsvollere physikalische Inhalte vorläufig zu erfahren, selbst wenn ihm dabei das professionelle Niveau noch nicht greifbar ist!

Der Lehrerstudent möge sich nicht nur als passiver Textkonsument sehen, sondern – nach sorgfältigem Fachstudium – im Rahmen seiner didaktischen Studien auch versuchen, diese Texte nach Absicht, Inhalt und Form zu analysieren und so die jeweilige didaktische Zielsetzung zu identifizieren und zu werten. Vielleicht wird dabei deutlich, daß allgemeinere Erörterungen zur Darstellung der Physik im Unterricht, wie sie z.B. in den Vorlesungen zur Physikdidaktik vorkommen, für den Studenten besonders dann nützlich sind, wenn er deren praktische Umsetzung gezeigt bekommt und auch zu eigener Kreativität angeregt wird.

Weiterführender Lesestoff findet sich in Zeitschriften, die über Ergebnisse aus der naturwissenschaftlichen Forschung allgemeinverständlich berichten und in Monografien, die eine wissenschaftlich vertiefte Beschreibung ganzer Teilbereiche bieten (siehe Zusammenstellung am Schluß).

Anregende Stimmung in unserer Münchener Physikdidaktik-Gruppe, geduldige Schreibarbeit der Sekretärin, freundliches Interesse des Verlags an einem unorthodoxen Vorhaben – unter solch glücklichen Umständen war es eine Freude, an diesem Buch zu arbeiten.

München, im Mai 1994   Karl Luchner

Archimedes von Syrakus (287 – 212 v. Chr.)

Archimedes und das Hebelgesetz

Bewußt oder unbewußt, jeder hat schon Gebrauch gemacht von der Kraftübersetzung am Hebel. Und wenn man sich an Physikunterricht erinnert: Das Hebelgesetz ist vorgekommen. Es eignet sich ja auch gut zur Behandlung im Unterricht: Die Kraftübersetzung ist erstaunlich und praktisch, und das Gesetz ist einfach beschreibbar. Leider widmet man dabei die Aufmerksamkeit oft nur der formalen Seite, dem Gesetz und vergißt dabei das Erstaunen: Das Gesetz wird experimentell gewonnen, es wird fleißig damit gerechnet, aber findet darüber ein Lehrer oder Schüler die Möglichkeit zu fragen »warum ist das eigentlich so?« »Kann man verstehen, daß das Hebelgesetz gerade so ist und nicht anders?« Zugegeben, diese Frage mag für Anfänger, deren erste Aufgabe vorwiegend im Beobachten und Beschreiben besteht, zu anspruchsvoll sein. Immerhin aber zeigt dieses Beispiel einfach, daß Physik nicht nur in einer Sammlung von Gesetzen besteht: Ein Aspekt, der dazugehört, ist das Verstehen, der »Durchblick«. Auch wenn dieser sich nur langsam entwickelt, er ist typisch für physikalische Denkweise, und er ist der Boden für eigene und weiterführende Ideen.

Wer die folgende, Archimedes zugeschriebene Argumentationskette nachvollzogen hat, mag sagen, »jetzt verstehe ich, warum das Hebelgesetz gerade so ist«. Demjenigen, der schon einmal ein Mobile gebastelt oder auch nur interessiert beobachtet hat, wird diese Argumentationskette einigermaßen naheliegend vorkommen.

Anordnung: Ein gleicharmiger Hebel, mit zwei gleichen Gewichten G belastet (Fig. 1 a), ist im Gleichgewicht (vereinfachend werde angenommen, daß hier und im folgenden die Hebelstange selbst gewichtslos sei). Nun soll über logische Zwischenschritte eine andere Gewichtsverteilung erzielt werden, die ebenfalls im Gleichgewicht ist: In

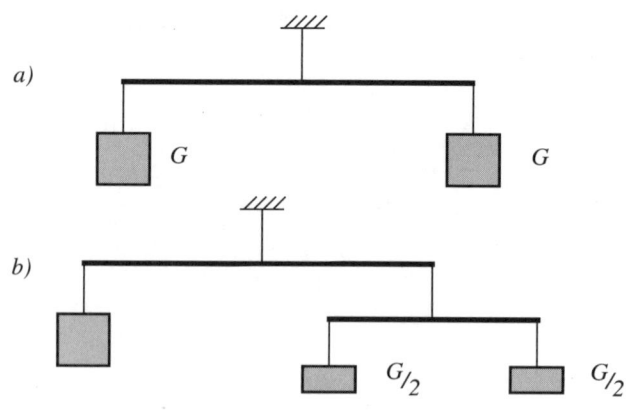

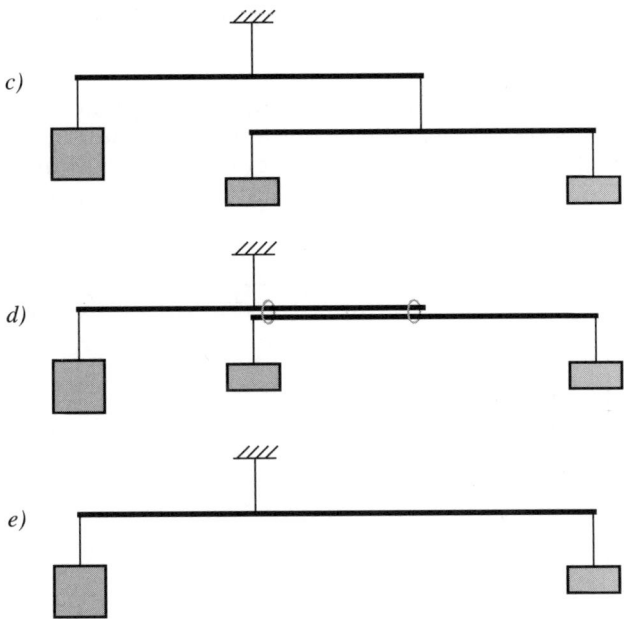

Fig. 1. Archimedes' Gedankengang zum Verständnis des Hebelgesetzes.

einem ersten Schritt wird auf der rechten Seite an die Stelle des Gewichtes G ein anderer gleicharmiger Hebel angehängt. Dieser neue Hebel muß offenbar mit zwei Gewichten der Größe $G/2$ belastet sein, denn nur so ist dieser im Gleichgewicht und stellt wieder die ursprüngliche Last G dar (Fig. 1 b). Der nächste Schritt ist nun, diesen neu angehängten Hebel so zu verändern, daß er die gleiche Länge hat wie der erste (Fig. 1 c); auch dabei bleibt das Gleichgewicht erhalten. Nun verkürzen wir in Gedanken dessen Aufhängung und nähern so die beiden Hebelstangen aneinander an, sodaß diese fest miteinander verbunden werden können (Fig. 1 d); auch dadurch wird das Gleichgewicht nicht geändert. Nun haben wir einen einzigen Hebel mit veränderter Belastung: Der rechte Hebelarm ist doppelt so lang geworden wie vorher, die an ihm hängende Last ist halb so groß wie vorher, und das Gleichgewicht besteht wie vorher. Eines der Gewichte hängt nun genau unter dem Aufhängepunkt; es wird unmittelbar von der Aufhängung getragen, hängt an keinem Hebelarm und spielt deshalb beim Hebelgesetz nicht mehr mit (Fig. 1 e). Hier zeigt sich die wichtige Funktion der Aufhängung deutlich.

Man kann diesen archimedischen Gedankengang auch fortsetzen, um andere Hebelarmlängen und Belastungen zu erzielen. Immer kommt man dabei zur Aussage »wenn man den Hebelarm um einen bestimmten Faktor vergrößert (bzw. verkleinert), dann muß man das daran-

13

hängende Gewicht um den gleichen Faktor verkleinern (bzw. vergrößern), um das Gleichgewicht zu erhalten«.

Einen interessanten Vergleich zu diesem Gedankengang bietet die Erklärung des Hebelgesetzes, wie sie etwa unserem heutigen Kanon entspricht: Man denke sich wieder eine gewichtslose Stange, an deren
Enden zwei verschiedene Gewichte G_l und G_r angebracht werden sol-

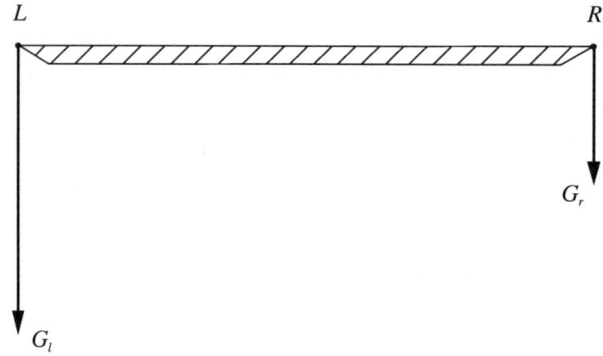

Fig. 2. An eine Stange sollen zwei Gewichte angehängt werden. Wie muß sie ge-
lagert werden, damit sie sich nicht zu drehen beginnt?

len (Fig. 2; die Gewichtsgröße und die Richtung der Schwerkraft ist
durch Pfeile gekennzeichnet). Wo muß diese so belastete Stange ge-
lagert (aufgehängt) werden, damit sie sich nicht zu drehen beginnt?
Jeder wird als Vermutung äußern: Sicher nicht genau in der Mitte,
denn das Gewicht links ist ja größer und deshalb muß der Lagerungspunkt (Aufhängepunkt) etwas links von der Mitte liegen. Aber wo genau? Auf der Suche nach einer Antwort ist man zunächst vielleicht
versucht, die beiden Kräfte G_l und G_r zusammenzusetzen. Aber wo soll
diese zusammengesetzte Kraft angreifen? Leider schneiden sich die
Wirkungslinien der beiden Gewichtskräfte nicht (im Endlichen), d.h.
der Angriffspunkt für die zusammengesetzte Kraft ist nicht unmittelbar greifbar. Vielleicht ertappt man sich bei dem Wunsch, daß die
Richtungen von G_l und G_r nicht so genau parallel sein mögen, denn
dann wäre dieser Angriffspunkt leicht zu finden. Nun kommt die ret-
tende Idee: Ändere die Richtung der in L und R angreifenden Kräfte
absichtlich – aber so, daß dabei die ursprüngliche Konstellation (an-
gehängte Gewichte) nicht verändert wird! Dies geschieht dadurch, daß
in L eine Kraft F_H nach links wirkend hinzugefügt wird und in R eine
gleichgroße Kraft F_H nach rechts wirkend (Fig. 3). Tatsächlich ändern
die beiden hinzugefügten Kräfte an der Gesamtbilanz nichts: Sie he-
ben sich gegenseitig auf (wobei, genau betrachtet, die Stange ein we-

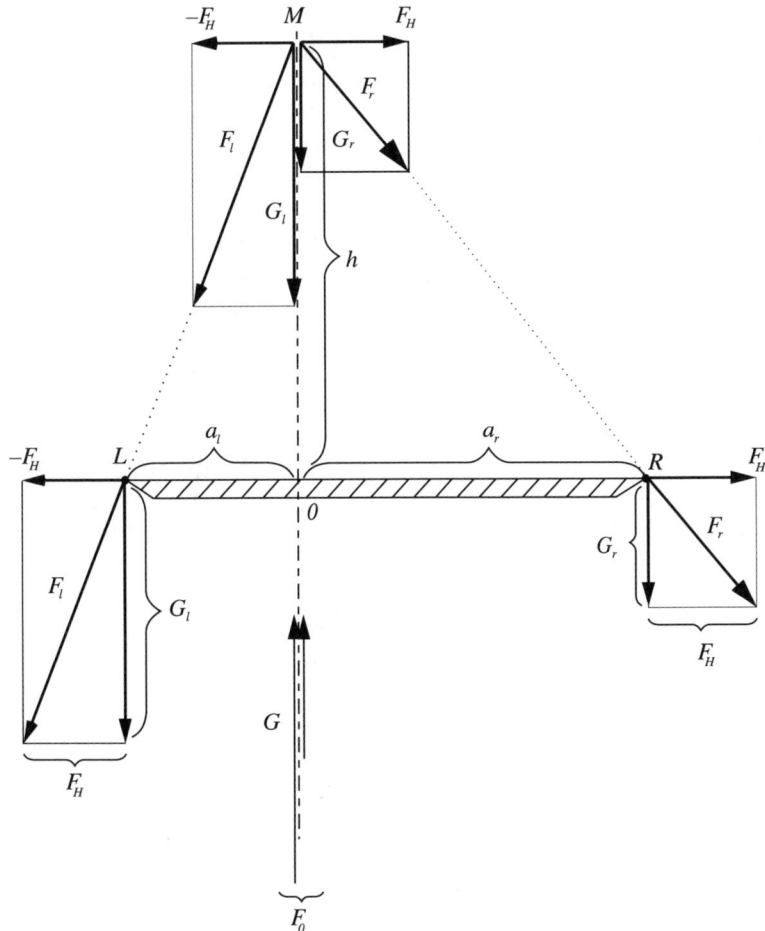

Fig. 3. *Konstruktion der Wirkungslinie für die Gegenkraft* F_0, *sodaß keine Dreh-bewegung entsteht.*

nig gedehnt wird, was aber hier keine Rolle spielt), und sie liegen auf einer Linie, können also keine Drehung bewirken. Aber sie bewirken, daß die in L und R angreifenden resultierenden Kräfte (F_l und F_r) nicht mehr parallel sind, so daß ein Schnittpunkt (M) ihrer Wirkungslinien zu finden ist.

Nun können wir alle in L und R wirkenden Kräfte nach M verlagern (eigentlich: F_l und F_r dürfen in M angreifend gedacht werden, und

15

diese kann man dort wieder in G_l und G_r und die horizontal wirkenden Kräfte zerlegen, Fig. 3 oben). Das Resultat davon ist folgendes: G_l und G_r sind verschoben auf eine vertikale Linie, welche die Stange im Punkt 0 schneidet. Läßt man entlang dieser vertikalen Linie eine gleichgroße Gegenkraft F_0 wirken (siehe vertikale Pfeile von unten nach oben), so ist erreicht, daß alle Kräfte sich aufheben und zudem auch keine Ursache für eine Drehbewegung vorliegt, es besteht Gleichgewicht. Diese Gegenkraft ist leicht herzustellen: Man bringe an der Stelle 0 eine Lagerung (Aufhängung) an; diese sorgt für F_0, falls sie genügend fest ist. Wäre die Lagerung nicht genau in Punkt 0 angebracht, so läge die von der Lagerung ausgeübte Gegenkraft F_0 nicht auf der Wirkungslinie durch M, und das Gleichgewicht wäre nicht erreicht.

Ergebnis dieser Betrachtung: Das gestellte Problem ist gelöst; man hat denjenigen Lagerungspunkt gefunden, mit dem die Stange bei Belastung mit G_l und G_r im Gleichgewicht gehalten werden kann. Aus Fig. 3 liest man ab:

$$\frac{h}{a_l} = \frac{G_l}{F_H} \qquad ; \qquad \frac{h}{a_r} = \frac{G_r}{F_H}$$

Hieraus folgt das Hebelgesetz:

$$G_l a_l = G_r a_r$$

Es ist aufschlußreich, die in Fig. 3 dargelegte Konstruktion auch für andere Werte von G_l und G_r durchzuführen.

Man bezeichnet den Hebel auch als »Kraftwandler«. Diese Beschreibungsweise ist sehr praktisch; sie besagt, daß man sich eine bestimmte, am Hebel angreifende Kraft auch ersetzt denken darf durch eine vergrößerte (bzw. verkleinerte) Kraft, die am entsprechend verkleinerten (bzw. vergrößerten) Hebelarm angreift, wobei das Gleichgewicht erhalten bleibt. Verwirrend ist dabei vielleicht nur der Umstand, daß manche Kraftwandler in ihrer praktischen Anwendung gerade auf eine Störung des Gleichgewichts ausgerichtet sind, z.B. der Nußknacker. Beschreibt man den Nußknacker als »Kraftwandler«, so sagt man: Die nach unten drückende Kraft der Hand am langen Hebel des Nußknackers kann man sich ersetzt denken durch eine entsprechend größere Kraft am kürzeren Hebelarm (Einklemmstelle der Nuß), d.h. die Kraft der Hand wirkt um einen bestimmten Faktor vergrößert auf die Nuß. Wenn der kurze Hebelarm z.B. fünfmal kleiner ist als der lange Hebelarm, so ist die auf die Nuß wirkende Kraft fünfmal größer als die von der Hand ausgeübte. Analog kann man z.B. die Kraftwandlung am

16

Schubkarren beschreiben: Die nach oben ziehende Muskelkraft am Handgriff des Schubkarrens (langer Hebel) kann man sich ersetzt denken durch eine entsprechend größere Kraft an der Lademulde des Schubkarrens (kürzerer Hebel).

Es gibt auch Kraftwandler, die nicht auf der Hebelübersetzung beruhen, z.B. die »Hydraulische Presse« und die »Schiefe Ebene«. Typisch für alle Kraftwandler ist, daß zwar die Kraft gewandelt werden kann, nicht aber das Produkt aus Kraft und Kraftweg. Dies ist die bekannte »Goldene Regel der Mechanik«. Man sieht deren Zustandekommen sehr schön z.B. am Hebel: Die Kraftwege (Hubwege) am Hebel verhalten sich wie die Hebelarme, d.h. bei fünfmal kleinerem Hebelarm (fünfmal größerer Kraft) wird der Kraftweg (Hubweg) fünfmal kleiner! Vielleicht finden Sie es nun interessant, Ihre Erfahrungen mit Wippe, Brechstange, Waage, Fahrradantrieb u.a. zu überdenken?

Anblick der Erde aus ca. 70.000 km Entfernung. Position der Sonne: In großer Entfernung rechts vom Beobachter, vor der Zeichenebene

Ein Blick auf die rotierende Erde
– Beobachtungen an einer Horizontalsonnenuhr –

Jeder hat schon beobachtet, wie ein Körper im Sonnenlicht einen Schatten wirft und wie sich im Lauf des Tages die Richtung und die Länge des Schattens ändern. Ausgehend von dieser einfachen Beobachtung kann man eine deutliche Vorstellung von der Drehbewegung der Erde gewinnen und sogar – mit einfachsten Mitteln – die geographische Breite eines Beobachtungsortes, die Neigung der Erdachse und die Größenordnung des Erdradius bestimmen.

Um zu einfachen greifbaren Aussagen zu kommen, bauen wir eine »Horizontalsonnenuhr«, z. B. im Schulhof: Sie besteht in einem Stab zum Beispiel der Länge $L_0 = 1$ m und einer am Boden horizontal ausgerichteten Kreisscheibe mit grober Winkeleinteilung, in deren Mitte der Stab vertikal steht (Fig. 1). Zur vertikalen bzw. horizontalen Ausrichtung ist eine Wasserwaage oder ein Lot und ein großer Rechter Winkel erforderlich (von der Kreisscheibe ist eigentlich nur etwa die nördliche Hälfte nötig, und sie ist überhaupt entbehrlich, wenn der Boden ohnehin schon horizontal ist). Es ist zunächst trivial zu beobachten, wie der Schatten im Tagesverlauf über ungefähr die Hälfte der Scheibe hinwegwandert und dabei zunächst kürzer und dann wieder länger wird.

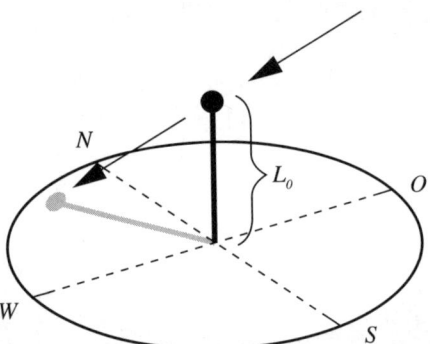

Fig. 1. Horizontalsonnenuhr: Vertikal stehender Stab zum Schattenwurf. Kreisscheibe bzw. Boden muß horizontal liegen.

Sie können sehen, welche Folgerungen man aus Beobachtungen an dieser Sonnenuhr ziehen kann, wenn Sie ein verkleinertes Modell davon (Länge des Vertikalstabes z. B. $l_0 = 2$ cm) auf einen Globus setzen, z. B. auf die geographische Breite von München. Anstelle eines Globus genügt auch nur ein Längenkreis des Globus, der um die Globusachse drehbar ist (z. B. eine Fahrradfelge, die diametral durchbohrt ist und auf eine Achse gesteckt wird, siehe Fig. 2); auch hier muß die Kreisscheibe möglichst horizontal (tangential) auf dem Globus liegen. Nun

20

beleuchten wir den Globus (der einigermaßen richtig orientiert sein muß, s.w.u.) mit einer einige Meter entfernt stehenden Lampe, beobachten den vom Vertikalstab auf die Kreisscheibe geworfenen Schatten, und drehen dabei den Globus (bzw. die Fahrradfelge) langsam von West nach Ost: Der Schatten weist zunächst nach Westen und ist lang (d. h. Sonne geht im Osten auf), dreht dann allmählich nach Norden und wird dabei kürzer (Sonne steht hoch im Süden), dreht sich weiter nach Osten und wird dabei wieder länger (Sonne geht im Westen unter). Dieses Wandern des Schattens im Globusmodell ist für viele Beobachter – Schüler wie Erwachsene – geradezu ein »Aha-Erlebnis«. Der Schatten zeigt im rotierenden Globusmodell das gleiche Verhalten wie an der realen Sonnenuhr! Stellt man das Globusmodell und die Realität in Gedanken nebeneinander, so wird es leicht sich vorzustellen, wie die reale Erdkugel mitsamt der realen Sonnenuhr sich dreht, so wie das Globusmodell!

Fig. 2. Verkleinertes Modell einer Horizontalsonnenuhr auf einem Globus; dieser ist hier nur durch einen Längenkreis (Fahrradfelge mit Achse) realisiert.

Mancher Beobachter mag sich hier angeregt fühlen, diesen Vergleich zwischen Modell und Realität weiter zu verfolgen und sogar zu quantifizieren. So kann man am Modell z. B. sehen, wie sich die Länge des Mittagsschattens verändert, wenn man eine andere Neigung der Globusachse (Winkel η, siehe Fig. 3) wählt: aber auch eine Veränderung der Position P der kleinen Sonnenuhr (geographische Breite φ, siehe Fig. 3) bewirkt eine Veränderung des Mittagsschattens. Offenbar bestimmen die beiden Winkel η und φ die relative Länge l/l_0 des Mittagsschattens. Auch die relative Länge L/L_0 des realen Mittagsschattens wird durch die Neigung η der Erdachse und die geographische Breite φ des Beobachters P bestimmt.

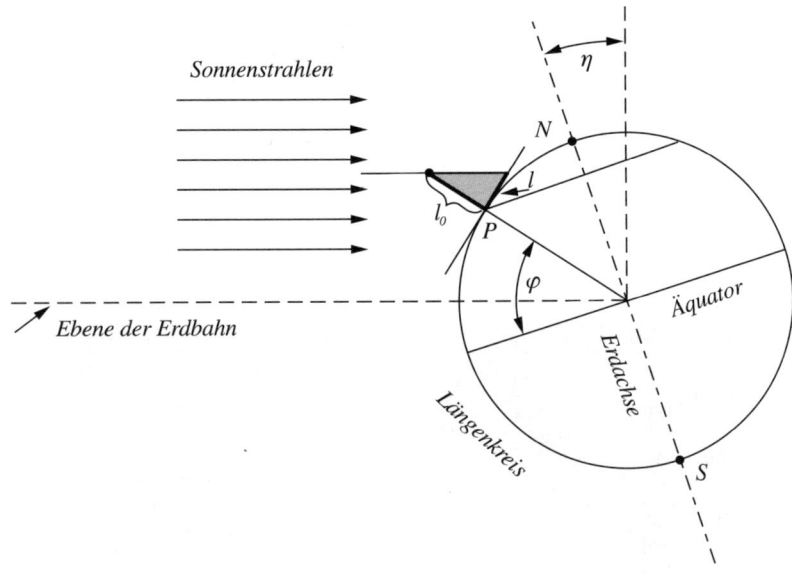

Fig. 3. Orientierung der Erdachse η und geographische Breite φ des Beobachtungsortes P. Die Zeichenebene steht senkrecht auf der Ebene, in der die Erde die Sonne umkreist.

Wir betrachten im folgenden die Winkel η und φ als Unbekannte, wollen also ermitteln, wie stark die Erdachse geneigt ist (Bezugsrichtung siehe Fig. 3) und auf welcher geographischen Breite sich z. B. München befindet. Um diese zwei Unbekannten ermitteln zu können, suchen wir zunächst zwei dazu geeignete Meßgrößen. Verschiedene Mittagsschattenlängen stehen im Jahreslauf (Herumführen des Globus um die Lichtquelle unter Beibehaltung der Orientierung der Globusachse) genügend zur Verfügung. Wir wählen zwei charakteristische aus und kommen damit zu einer durchsichtigen Argumentation: Den kürzesten Mittagsschatten l_S/l_0 (Sommersonnenwende) und den längsten Mittagsschatten l_W/l_0 (Wintersonnenwende). Diese Werte am Glo-

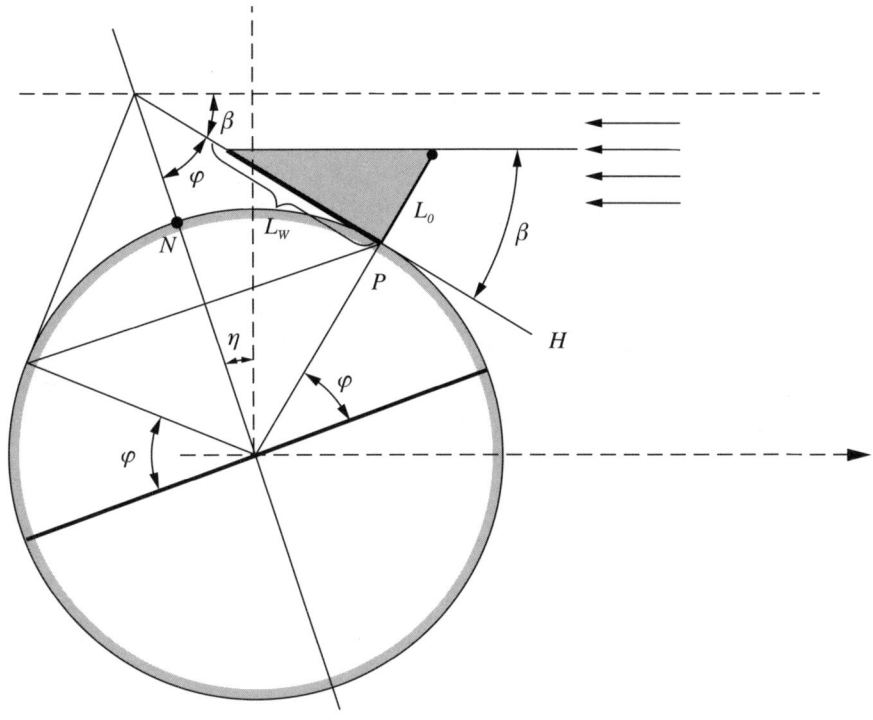

$$\eta + \varphi + \beta + 90° = 180°$$

Fig. 4. Auf ihrem Jahresweg um die Sonne herum behält die Erdachse ihre Win-kelorientierung η bei (Drehimpulserhaltung). Im Sommer (Stellung der Erde im Bild auf der nächsten Seite) liegt deshalb der Nordpol auf der Tagseite, im Winter (Bild oben) auf der Nachtseite. Auch an anderen Stellen (z.B. Punkt P) ist dadurch der Mittagssonnenstand im Sommer und Winter verschieden (vgl. L_s und L_w bzw. α und β). Fig. 4 und Fig. 5 müßten einander gegenüberliegen (Fig. 4 links, Fig. 5 rechts) und sehr weit voneinander entfernt sein; die Sonne liegt in der Mitte dazwischen

busmodell vergleiche man nun mit den entsprechenden Werten der realen Sonnenuhr, L_s/L_0 (Sommer) und L_W/L_0 (Winter). Stimmen die entsprechenden Werte überein (was nach einigen Veränderungen an η und φ am Globusmodell durch Probieren erreichbar ist), so ist die Achse im Globusmodell bezüglich der Lichtquelle genauso orientiert wie die reale Erdachse bezüglich der Sonne, und P auf dem Globusmodell liegt auf der gleichen geographischen Breite wie München auf der realen Erdkugel; η und φ sind also durch Vergleich von Modell und Realfall bestimmt.

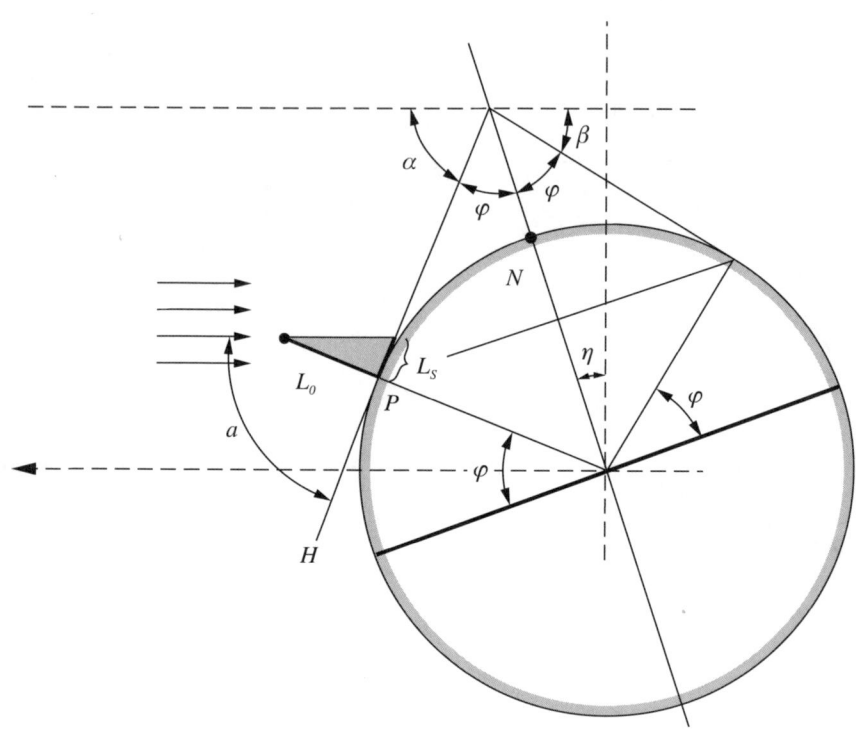

$$\alpha + 2\varphi + \beta = 180°$$

Anstelle dieses ein wenig mühsamen Probierens am Globusmodell kann man auch Fig. 4 betrachten. Sie zeigt unmittelbar, wie die Meß-ergebnisse L_S/L_0 und L_W/L_0 durch η und φ bestimmt sind. Man betrachte zunächst, wie L_S/L_0 umgesetzt wird in den Winkel α (Fig. 4 rechter Teil) und L_W/L_0 in den Winkel β (Fig. 4 linker Teil). Die in München gemachte Sommerbeobachtung $L_S/L_0 = 0{,}46$ ergibt (entweder durch Rechnung oder durch Zeichnen eines rechtwinkeligen Dreiecks und Anlegen eines Winkelmessers) $\alpha = 65{,}3°$ und die Winterbeobachtung $L_W/L_0 = 3{,}0$ ergibt $\beta = 18{,}4°$. Nun liest man aus den bei Fig. 4 gegebenen Gleichungen, wie α und β zusammenhängen mit den Unbekannten η und φ:

$$\eta = \frac{1}{2}(\alpha - \beta) \ ; \ \varphi = 90° - \frac{1}{2}(\alpha + \beta)$$

Einsetzen der gemessenen Zahlenwerte für α und β liefert das Endergebnis

$$\eta = 23{,}5° \ ; \ \varphi = 48{,}2°$$

24

Obwohl das hier beschriebene Ergebnis nicht als besonders genau gelten kann – einigermaßen erstaunlich ist, mit wie wenigen Hilfsmitteln (Wasserwaage, Lineal, Winkelmesser) die Orientierung der Erdachse und die geographische Breite eines Ortes auf der Erde herauszufinden ist.

Es gibt noch einige andere hier anzuschließende Betrachtungen, von denen nur eine angedeutet sei: Die Größe des Erdradius läßt sich folgern aus zwei einfachen Meßergebnissen: Länge des Mittagsschattens L/L_0 an zwei Stellen bekannten Abstandes auf dem gleichen Längenkreis, z. B. München ($L/L_0 = 0,46$) und Rom ($L/L_0 = 0,34$). Bei Kenntnis der Entfernung München – Rom (ca. 700 km) ergibt sich durch maßstäbliche Zeichnung oder durch Rechnung (siehe Fig. 5), daß der Erdradius etwa 6400 km beträgt.

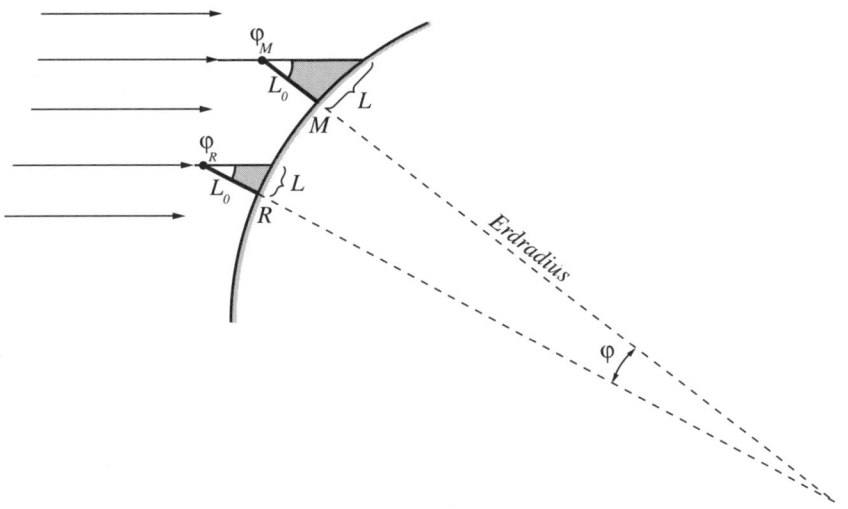

Fig. 5 Aus der verschiedenen Länge des Schattens erkennt man, daß die Vertikale in München (M) anders orientiert ist als in Rom (R); nicht maßstäblich gezeichnet.
Bei maßstäblicher Zeichnung (sie muß so angelegt sein, daß $L/L_0 = 0,46$ in M und $L/L_0 = 0,34$ in R) findet man, daß die Entfernung zum Erdmittelpunkt etwa neunmal so groß ist wie die Entfernung München – Rom

Eine Berechnung – der allerdings genauere Meßwerte von L/L_0 zugrunde gelegt sind – ergibt folgendes:

München: $L/L_0 = 0{,}460 = \tan \varphi_M;$ $\varphi_M = 24{,}7°$

Rom: $L/L_0 = 0{,}335 = \tan \varphi_R;$ $\varphi_R = 18{,}5°$

$$\varphi = \varphi_M - \varphi_R = 6{,}2°$$

$$\frac{700 \text{ km}}{Erdumfang \text{ (km)}} = \frac{\varphi°}{360°}$$

$$Erdumfang = \frac{700 \text{ km} \cdot 360°}{6{,}2°} \approx 40.000 \text{ km}$$

$$Erdradius \approx \frac{40.000 \text{ km}}{2\pi} \approx 6.400 \text{ km}$$

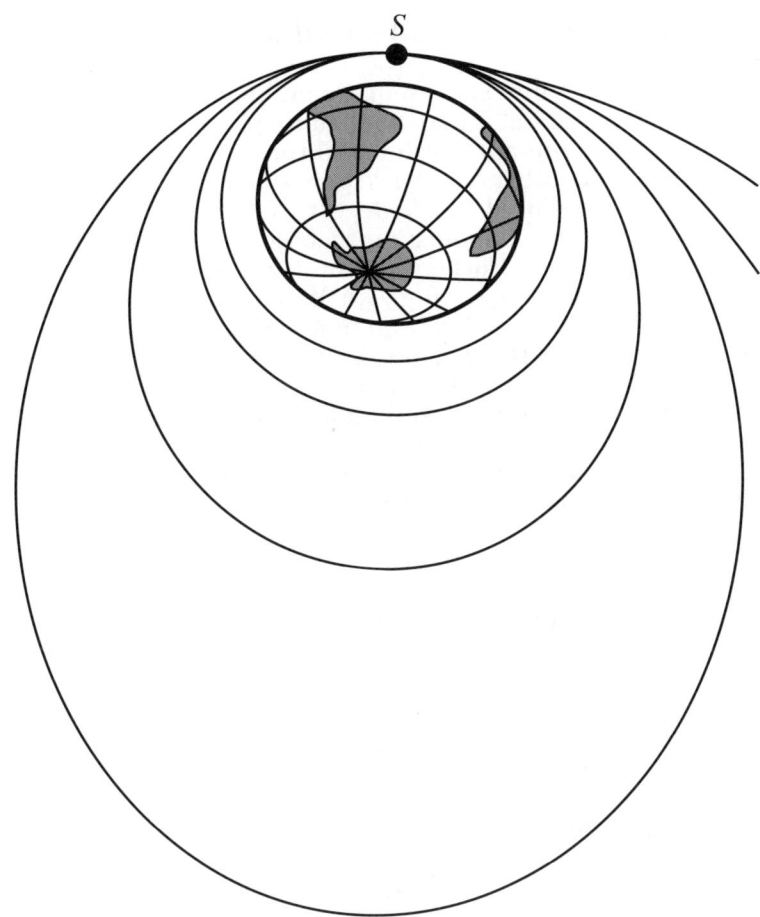

Verschiedene Umlaufbahnen antriebsloser Erdsatelliten; sie unterscheiden sich durch die Anfangsgeschwindigkeit im gemeinsamen Startpunkt S. Die Bahnebene kann auch anders orientiert sein, beinhaltet aber immer den Erdmittelpunkt.

Die Kreisbahn des Satelliten – einfach verstanden

Satelliten der Erde – jeder hat schon davon gehört, viel wird darüber berichtet und dabei versucht plausibel zu machen, wie es möglich ist, daß der Satellit die Erde antriebslos umkreist. Leider kommen dabei auch falsche und irreführende Aussagen zustande, wie z. B: »... die Kapsel hat das Schwerefeld der Erde verlassen und die Astronauten sind nun gewichtslos ...«. Dabei ist die richtige Erklärung einfach, und man braucht nur wenige Vorkenntnisse dazu: Einige Aussagen zum freien Fall und zur Überlagerung von Bewegungsabläufen. Um die Erklärung durchsichtig zu halten nehmen wir zunächst an, der Satellit soll die Erde in geringer Höhe umkreisen, und den dabei auftretenden Luftwiderstand lassen wir außer acht. Schon in einer Höhe von ca. 200 km ist der Luftwiderstand genügend gering. Eine maßstäbliche Zeichnung des dabei vorliegenden Bahnradius (ca. 6.600 km) im Vergleich zum Erdradius (ca. 6.400 km) legt nahe, daß man dabei von einer »erdnahen Bahn« spricht.

Betrachten wir zunächst verschiedene Wurfbahnen (Fig. 1): Alle beinhalten den »freien Fall«, bei verschiedener Horizontalgeschwindigkeit. Entscheidend für das Verständnis der Satellitenbahn ist nun folgendes:

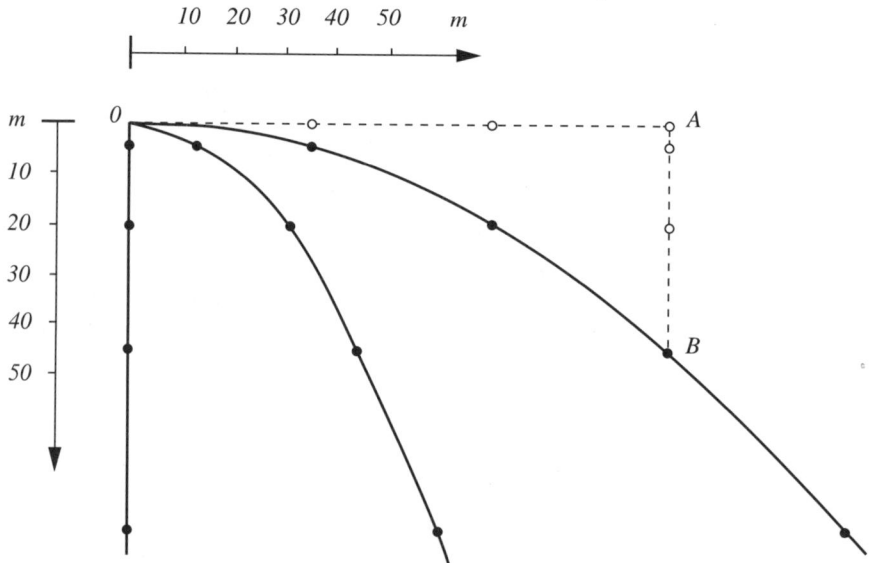

Fig. 1. Wurfbahnen mit verschiedenen Anfangsgeschwindigkeiten in horizontaler Richtung. Die Punkte markieren die Position des geworfenen Körpers im Sekundenrhythmus. Die Bewegung z. B. vom Startpunkt O nach B darf man sich vorstellen als Überlagerung einer Bewegung mit konstanter Geschwindigkeit von O nach A und dem gleichzeitig stattfindendem »Freien Fall« von A nach B.

Der Satellit hat eine sehr viel größere Horizontalgeschwindigkeit als in Fig. 1 gezeichnet, aber er vollführt dabei immer noch den »freien Fall«, er fällt wirklich herunter in Richtung zum Erdmittelpunkt; dabei spielt eine wesentliche Rolle, daß die Erdoberfläche gekrümmt ist. Diese Situation ist schematisch in Fig. 2 für verschiedene Werte der horizontalen Anfangsgeschwindigkeit im gedachten Startpunkt O skizziert. Man sieht, daß bei genügend großer Anfangsgeschwindigkeit die Erdoberfläche nicht erreicht wird, trotz Fallbewegung.

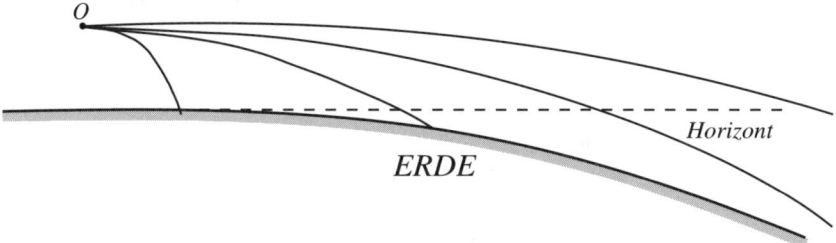

Fig. 2. Wurfbahnen bei mehr und mehr vergrößerter horizontaler Anfangsgeschwindigkeit (schematisch). Berücksichtigung der Oberflächenkrümmung.

Die Vorstellung des frei fallenden Satelliten läßt sich auch quantifizieren: Der Satellit fällt innerhalb einer bestimmten Zeit genauso weit herunter wie jeder andere Körper auch: Innerhalb der ersten Sekunde nach Verlassen des Startpunktes O ist dies (in Erdnähe) bekanntlich die Strecke s_1 = 4,9 m in Richtung auf den Erdmittelpunkt. Wenn der Startpunkt O genau an der Erdoberfläche liegen würde (siehe Fig. 3), wie weit müßte der Körper horizontal fliegen, damit er genau 4,9 m freie Fallstrecke unter sich vorfinden würde? Eine leichte Rechnung (siehe Anhang) zeigt, daß die Absenkung $\overline{AB}$ = 4,9 m der Erdoberfläche unter den Horizont von O gerade in der Entfernung $\overline{OA}$ = 7,9 km erreicht wird.

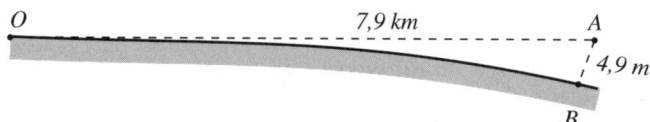

Fig. 3. Eine einfache Rechnung (siehe Anhang) zeigt, daß AB = 4,9 m, wenn OA ≈ OB = 7,9 km.

Es liegt also nahe, die horizontale Geschwindigkeit im Startpunkt O gerade zu v_h = 7,9 km/s zu wählen: Dann nämlich kommt der Körper in seiner gedachten horizontalen Teilbewegung innerhalb z. B. einer Sekunde genau dort an (Stelle A), wo ihm für die gedachte vertikale Teilbewegung die für diese eine Sekunde erforderliche Fallstrecke ($\overline{AB}$ = 4,9 m) zur Verfügung steht.

Wie aber bewegt sich der Körper nach Erreichen von Punkt B weiter? In Punkt B hat er nicht mehr die gleiche Geschwindigkeit wie im Startpunkt O: Zu v_h ist die innerhalb einer Sekunde im freien Fall erreichte Vertikalgeschwindigkeit v_1 dazugekommen. Aus den Gesetzen des freien Falls kann man ablesen $v_1 = 9,8$ m/s. Die Richtungen von v_1 und v_h stehen praktisch aufeinander senkrecht und was aus deren Überlagerung resultiert, zeigt Fig. 4 (oberer Teil): Die Richtung der resultierenden Geschwindigkeit in B (siehe Pfeil v_B) ist gegenüber der Anfangsrichtung um den Winkel α geändert. Im Bogenmaß ist $\alpha \approx v_1/v_h = 9,8/7900 = 1,24 \cdot 10^{-3}$.

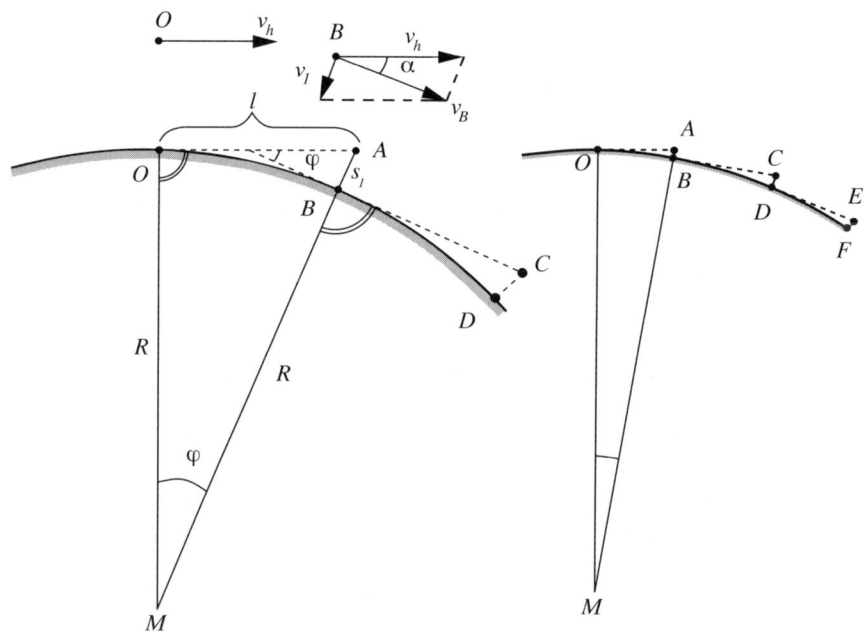

Fig. 4. Addition der Geschwindigkeitskomponenten in B (oben); Neigung von Horizont und Lot um den Winkel φ beim Übergang von O nach B (unten). Die Zeichnung ist nicht maßstabstreu; in Wirklichkeit ist bei den kleinen Zeitschritten der Winkel φ viel kleiner; auch α ist entsprechend kleiner. Bei immer kleineren Zeitschritten (rechts) wird die hier zu sehende Zickzack-Bahn OABCD usw. mehr und mehr an den Kreis angenähert (Punkte O, B, D, F, die dabei immer näher zusammenrücken).

Man kann sehen, daß die Richtung von v_B genau parallel zur Erdoberfläche in B herauskommt: Der Horizont in B bildet einen Winkel mit dem Horizont in O. Aus Fig. 4 (unterer Teil, die Lote und die Horizontalen in O und in B stehen paarweise aufeinander senkrecht, d.h. die Lote untereinander und die Horizontalen untereinander schließen den gleichen Winkel ein) sieht man: $\varphi \approx \overline{OA}/R = 7{,}9/6371 = 1{,}24\cdot10^{-3}$. Offenbar sind α und φ gleich groß, d. h. die resultierende Geschwindigkeit v_B ist in B genau horizontal gerichtet! (Man überzeugt sich leicht, daß dies nicht so wäre, würde man einen anderen Wert der Geschwindigkeit v_h wählen.)

Da nun in B wieder die gleiche Situation vorliegt wie eine Sekunde früher in O, kann man nun wieder den gleichen Gedankengang anschließen: Weiterflug bis C, gleichzeitiges Hinunterfallen bis D usw. In Wirklichkeit verläuft die Bewegung nicht in aufeinanderfolgenden Schritten horizontal und vertikal nacheinander, sondern horizontal und vertikal gleichzeitig. Aus diesem Grund sollte man den Zeitschritt in Gedanken mehr und mehr verkürzen. Zum Beispiel könnte man die Größe des Zeitschrittes zu 0,1 s wählen*), und man käme bei Verwendung der dafür aus den Fallgesetzen hervorgehenden Fallstrecke und Fallgeschwindigkeit zu einer verfeinerten Zickzack-Bahn, wobei gerade mit v_h = 7,9 km/s die Punkte O, B, D wieder auf dem gleichen Kreis, aber wesentlich näher beisammen liegen (Fig. 4 rechts). Mit einer immer weiteren Verkleinerung des Zeitschrittes beschreibt man immer besser den Realfall, die horizontal und vertikal gleichzeitig ablaufende Bewegung, und damit wird die Zickzack-Kurve immer feiner und wird schließlich zum Kreis. Summarisch ist diese Situation auch durch folgende Aussage charakterisiert: »Die Anziehungskraft der Erde liefert gerade diejenige Zentripetalbeschleunigung, die nötig ist, um mit der Bahngeschwindigkeit 7,9 km/s die Erde oberflächennah zu umkreisen«.

Das Ergebnis ist durchsichtig: Der Satellit fällt immer genau so weit herunter, wie er sich bei horizontalem Abflug mit 7,9 km/s von der Erdoberfläche entfernen würde; die resultierende Bewegungsrichtung ändert sich dabei gerade so viel, daß sie ständig in Horizontalrichtung zeigt. Dieser Wert von v_h heißt die »erste kosmische Geschwindigkeit«. Die für einen ganzen Umlauf um die Erde in einer erdnahen Bahn benötigte Zeitspanne ergibt sich hieraus zu etwa 5000 Sekunden, ein Wert, der typisch für erdnahe Satelliten ist. Für erdferne Satelliten kann man prinzipiell die gleiche Überlegung anwenden, muß dabei aber auch die dort geringere Erdanziehung (verringerte Fallbeschleunigung) und geringere Bahnkrümmung in die Betrachtung einsetzen. Einzelheiten dazu werden später in Zusammenhang mit dem Dritten

---

*) Für den Zeitschritt 0,1 s hätte man die Fallstrecke $\overline{AB}$ = 0,049 m. Nach der im Anhang gezeigten Rechnung wird diese Absenkung unter den Horizont von O erreicht im Abstand $\overline{AB}$ = $7{,}9\cdot10^2$ m. Diese Strecke wird in 0,1 s gerade dann durchlaufen, wenn wieder v_h = $7{,}9\cdot10^3$ m/s!

Kepler-Gesetz besprochen; dabei ergibt sich z. B., daß ein »geostationärer Satellit« (Umlaufzeit 24 Stunden) den Bahnradius ca. 42.000 km haben muß; der Mond, ebenfalls ein Satellit der Erde, muß diese bei seiner Umlaufzeit 27,3 Tage im Abstand ca. 385.000 km umkreisen.

Betrachten wir nochmal die eingangs zitierte irrige Meinung, »die Kapsel hat das Schwerefeld der Erde verlassen« etc. In Wirklichkeit ist die Bahn ja gerade deshalb gekrümmt, weil die Erdanziehung wirkt (sonst müßte die Bahn eine gerade Linie sein)! Der Astronaut fühlt sich gewichtslos, weil er permanent frei herunterfällt! Diese Gewichtslosigkeit im freien Fall kann auch durch Laborversuche bestätigt werden, und auch Sie selbst können zumindest eine Andeutung davon am eigenen Leib erfahren, wenn Sie vom Sprungbrett springen oder in einem Aufzug Ihr Gewicht während dessen Beschleunigung nach unten beobachten; in einer frei fallenden Aufzugkabine würde eine Wägung Ihres Körpers das Gewicht Null ergeben, und genauso ergeht es dem Astronauten in seiner frei fallenden Kapsel.

Anhang. Berechnung der Horizontabsenkung (siehe Abb. 4, unterer Teil): Das Dreieck MOA ist rechtwinkelig, also gilt (Pythagoras):

$$R^2 + l^2 = (R + s_1)^2$$

$$l^2 = 2R s_1 + s_1^2$$

Das letzte Glied auf der rechten Seite kann vernachlässigt werden, denn es ist viel kleiner als das davorstehende. So ergibt sich

$$l = \sqrt{2R s_1} = \sqrt{2 \cdot 6,37 \cdot 10^6 \text{ m} \cdot 4,9 \text{ m}} = 7,9 \cdot 10^3 \text{ m}.$$

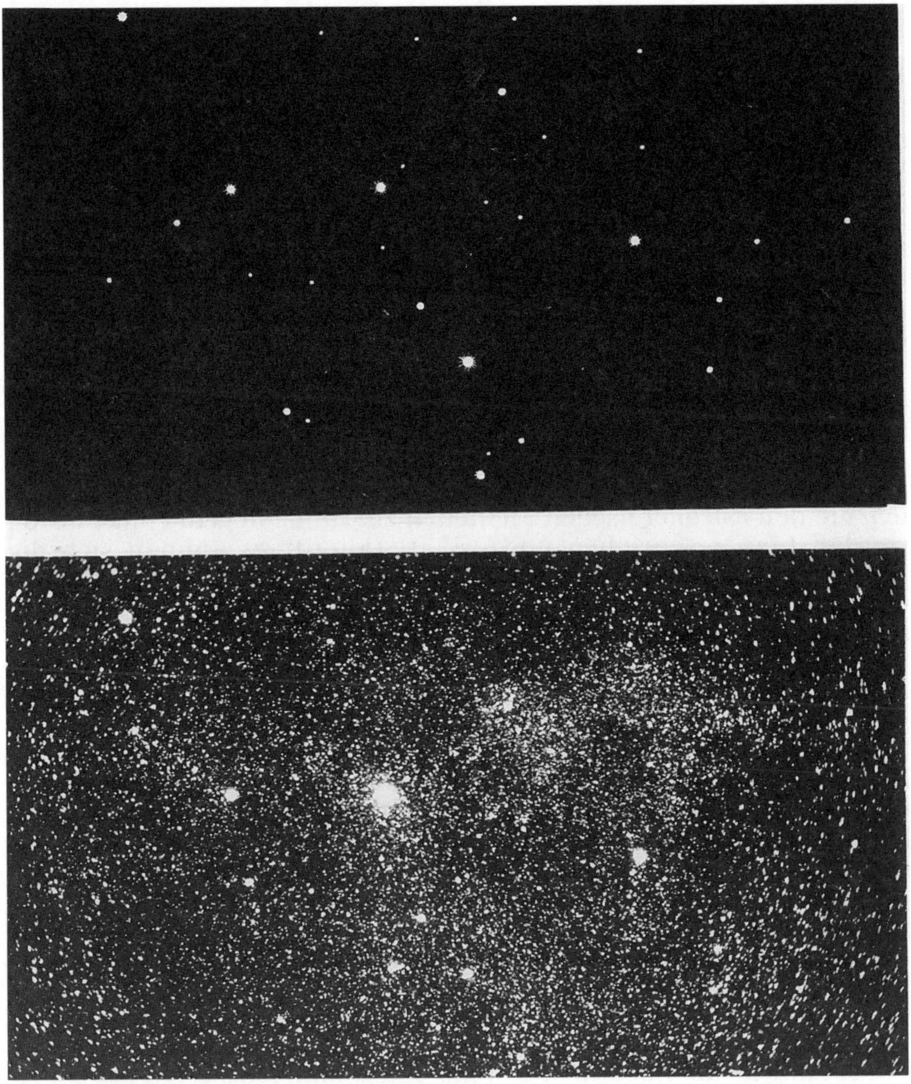

Zweimal der gleiche Ausschnitt aus dem Sternenhimmel
Oben: Mit freiem Auge gesehen
Unten: Anblick durch ein lichtstarkes Fernrohr (aber entsprechend verkleinert)

Sonne, Mond und Sterne

Eine sternklare Nacht ist für jeden an der Natur interessierten Beobachter etwas Besonderes: Ist es das Gefunkel der Sterne, ist es deren große Menge? Ist es die Ahnung von nie richtig vorstellbaren Riesendimensionen, erkennt man sich als kurzlebiger und ohnmächtiger Zuschauer in einem gigantischen Geschehen? Vielleicht wird man neugierig oder sogar süchtig nach Information: Wie weit ist die Sonne entfernt, wie weit die Planeten? Wie groß ist ihre Masse, woraus bestehen sie? Wie sind die Sterne im Weltall verteilt? Wie weit kann man ins Weltall hineinblicken? Woher kommt und wohin geht die Entwicklung des Weltalls? Antworten darauf stehen noch nicht lange im Lexikon und oft ist man mit den lapidaren Fakten nicht zufrieden, sondern man will die Fragestellung fortsetzen: Wie hat man diese Informationen gewonnen? Woher weiß man z. B. wie weit die Sonne, die Planeten, die Sterne entfernt sind? Es sind zunächst meist einfache Ideen, Verknüpfungen geometrischer und physikalischer Gesetzmäßigkeiten, die den astronomischen Methoden zugrunde liegen; einige davon werden hier beschrieben und erklärt (allerdings können sich die Methoden auch zu komplizierten Konstrukten auswachsen, und auch der Aufwand zu deren praktischer Durchführung ist oft erheblich; es liegt also vieles jenseits der Reichweite dieser Abhandlung).

Sie brauchen für das Folgende keine Sternwarte; allerdings ist es ratsam, sich mit einigen wenigen einprägsamen Richtungsfestlegungen und Sternbildern vertraut zu machen, um eine ungefähre Orientierung am Nachthimmel zu haben; betrachten Sie dazu nacheinander die Figuren auf den folgenden fünf Seiten und versuchen Sie, die dabei beschriebenen Vorstellungen wirklich nachzuvollziehen (Fig. 1 bis 4). Damit können Sie den jahreszeitlichen Wechsel des beobachtbaren Nachthimmelbereichs gut verfolgen und besondere astronomische Objekte oder Konstellationen (manche Tageszeitungen, aber auch z. B. astronomische Jahrbücher etc. weisen jeweils darauf hin) leichter auffinden; schon mit Hilfe eines guten Feldstechers sind dabei oft interessante Beobachtungen zu machen.

Eine einfache, aber deutliche Vorstellung sollten Sie sich zu eigen machen: Derjenige Bereich des Sternenhimmels, der an einem beliebigen Tag etwa mittags z. B. im Süden zu sehen wäre (wenn das Sonnenlicht die Beobachtung nicht stören würde), ist ein halbes Jahr später etwa mitternachts ebenso im Süden zu sehen. Dies wird klar, wenn Sie die Erdbahn um die Sonne zeichnen (schräg auf die Bahnebene geblickt) und die Erde in gegenüberliegenden Bahnpunkten jeweils mit Tagseite und Nachtseite eintragen.

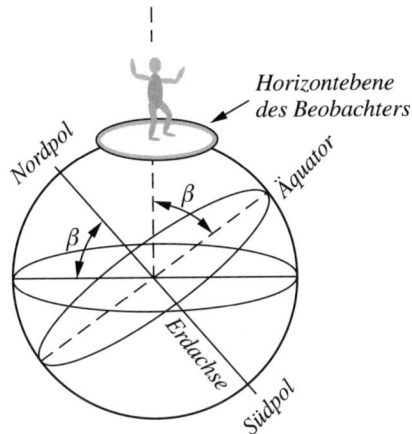

*Fig. 1 Der auf der Erde stehende Mensch, der seine Beobachtungen zunächst na-
türlich auf die Horizontebene bezieht. Die Erdachse bildet mit der Horizontebene
einen Winkel β; dieser ist identisch mit der geografischen Breite (Winkel zwischen Äquator und Standort des Beobachters). Für Standorte in Mitteleuropa
liegt β etwa im Bereich 50° ± 5°. Wegen der Drehung der Erde um die Erdachse
scheint dem Beobachter, daß der Sternenhimmel sich um die Erdachse dreht
(siehe Fig. 2).*

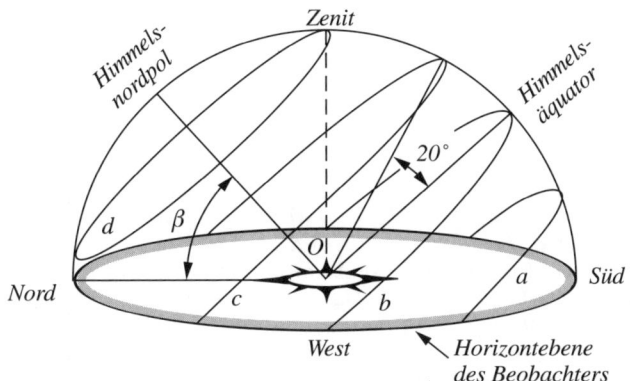

*Fig. 2 Der Beobachter von Fig. 1 steht hier (mitsamt Erde) im Mittelpunkt dieser
Halbkugel (Himmelsgewölbe). Die tägliche Drehung der Erde bewirkt, daß der
mitrotierende Beobachter jeden Stern eine Kreisbahn oder einen Kreisbogen mit
dem Himmelsnordpol als Kreismittelpunkt durchlaufen sieht. Für vier Sterne
sind diese Bahnen (a, b, c, d) dargestellt.*
*Ein Stern, der senkrecht über dem Erdäquator steht, beschreibt einen Kreis, den
man den Himmelsäquator nennt (b). Der Winkelabstand eines Sterns vom
Himmelsäquator (hier eingezeichnet z.B. 20° Winkelabstand zwischen c und b)
ist eine von den zwei Angaben, welche zur Beschreibung der momentanen Lage
des Sterns erforderlich sind. Die zweite Angabe hängt mit dem Zeitpunkt der
Beobachtung (Tageszeit, Jahreszeit) zusammen und wird bei Fig. 3 und 4 erläutert.*

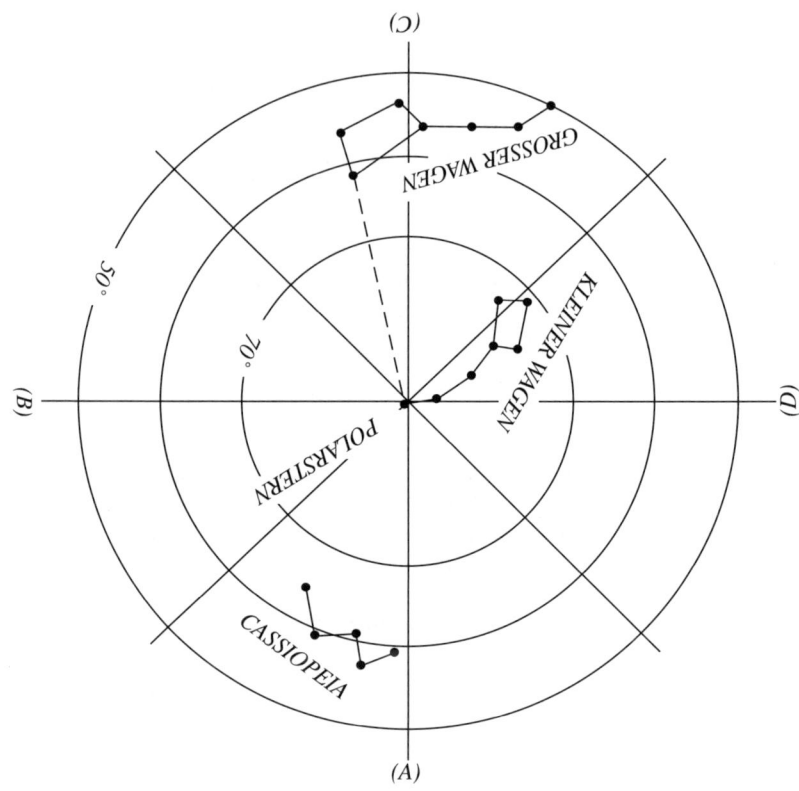

Fig. 3 Anblick des Sternenhimmels in der Umgebung des Himmelsnordpols. Nur die auffälligsten Sternbilder sind eingezeichnet; die Verbindungslinien zwischen den Sternen sollen es erleichtern, deren auffällige Struktur zu erkennen.

Man halte sich dieses Bild über den Kopf, so daß man es »von unten her« betrachtet und drehe es um dessen Mittelpunkt so weit, daß es ungefähr die gleiche Orientierung des »großen Wagens« zeigt wie der reale Sternenhimmel. Dann ist es leicht, den Polarstern aufzufinden (siehe gestrichelte Linie) und auch den »kleinen Wagen« und »Cassiopeia«. Der Polarstern markiert (bei einer nur ganz kleinen Abweichung) den Himmelsnordpol, um den alle Sterne jeden Tag einmal für den erdbezogenen Beobachter herumkreisen. Die mit (A), (B), (C), (D) markierten Richtungen geben den Anschluß an Fig. 4 a und 4 b, wo der Anblick des Sternenhimmels in der Umgebung des Himmelsäquators zu verschiedenen Jahreszeiten panoramaartig dargestellt ist.

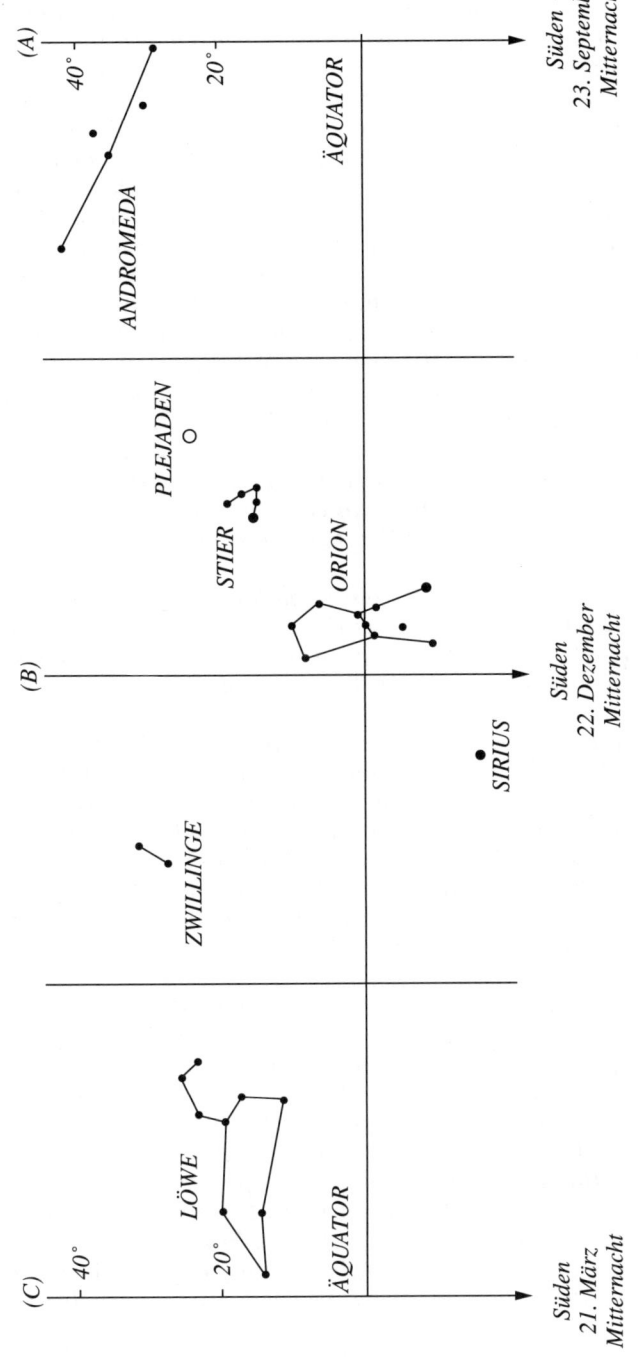

Fig. 4a (vorhergehende Seite) und 4b (folgende Seite): Man denke sich am rechten Ende von Fig. 4a das linke Ende von Fig. 4b angesetzt und den so entstandenen Bildstreifen zu einem Kreisring zusammengebogen (die Zeichnung muß auf der Innenseite des Kreisringes liegen); zur praktischen Ausführung ist zu empfehlen, daß Sie hierzu eine etwa siebenfache Vergrößerung beider Figuren anfertigen. Blicken Sie vom Kreismittelpunkt gegen die Innenseite des Kreisringes, so sehen Sie eine »Panoramadarstellung« des Sternenhimmels in der Umgebung des Himmelsäquators (nur die auffälligsten Sternbilder), wovon aber nur etwa die Hälfte des Kreisringes jeweils gleichzeitig sichtbar ist. Welcher Bereich des Kreisringes dies ist, hängt ab von der Tageszeit und der Jahreszeit.

Wollen Sie z.B. am 22. Dezember um Mitternacht beobachten, so sind die in Fig. 4a gezeichneten Sterne sichtbar. Drehen sie den Panoramaring so, daß Linie (B), vom Mittelpunkt aus gesehen, genau im Süden liegt; sie entspricht dann dem in Fig. 2 gezeichneten Kreisbogen zwischen »Zenit« und »Süd«. Nun müssen sie den Kreisring noch schrägstellen, so daß seine Äquator-Kreisebene gegenüber der Horizontalebene geneigt ist, wie in Fig. 2 (der entsprechende Neigungswinkel ist 90° – β, für Mitteleuropa also ca. 40°): die drei mittleren, sehr auffälligen Sterne des ORION sind eine ideale Orientierungshilfe dafür. Verfolgt man Linie (B) weiter nach oben, so kommt man etwa 50° oberhalb des Äquators (siehe Winkelskala rechts und links von Fig. 4a) zum Zenit.

Die Fortsetzung des Anblicks nach oben erhält man, wenn man sich Fig. 3 passend vergrößert (etwa zehnfach) über den Kreisring darübergelegt und mit ihm verbunden vorstellt. Fig. 3 muß aber vorher derart um den Polarstern gedreht werden, daß (B) zusammenfällt mit (B) aus Fig. 4a.

Man sieht nun auch – besonders deutlich anhand Fig. 3 – den Zusammenhang zwischen der täglichen Drehbewegung und den anderen Himmelsrichtungen der Kompaßrose (Horizontebene des Beobachters, Fig. 2): Wenn in Fig. 4a die Linie (B) genau die Blickrichtung nach Süden markiert, dann markiert Linie (C) die Blickrichtung nach Osten (wo der Äquator den Horizont schneidet, Fig. 2), und Linie (A) markiert die Blickrichtung nach Westen. Zur Drehung des Kreisringes um 90° werden 1/4·24 Stunden benötigt; also wird z.B. ORION, wenn er um Mitternacht im Süden steht, nach 6 Stunden im Westen den Horizont erreichen.

Am 22. Juni – die Erde hat auf ihrem Jahreslauf um die Sonne die diametral gegenüberliegende Stelle erreicht – blickt man um Mitternacht in die entgegengesetzte Richtung: Nun muß Linie (D) nach Süden gerichtet werden; ein wenig östlich davon findet man das Sternbild ADLER (nahe Äquator) und hoch darüber, fast im Zenit, SCHWAN und im Südwesten BOOTES.

Faustregel zum Abschätzen von Winkeln: Spreizt man Daumen und kleinen Finger von der Hand möglichst weit ab (Abstand der Fingerspitzen ca. 20 cm) und blickt darauf bei ausgestrecktem Arm (Entfernung vom Auge ca. 60 cm), so begrenzen beide Fingerspitzen den Winkel $(20/60)\cdot(360°/2\pi) \approx 20°$. Man kann sich in ähnlicher Weise auch ein Vergleichsmaß für die Größenordnung 1° zurechtlegen (etwa Breite eines Fingernagels am ausgestreckten Arm).

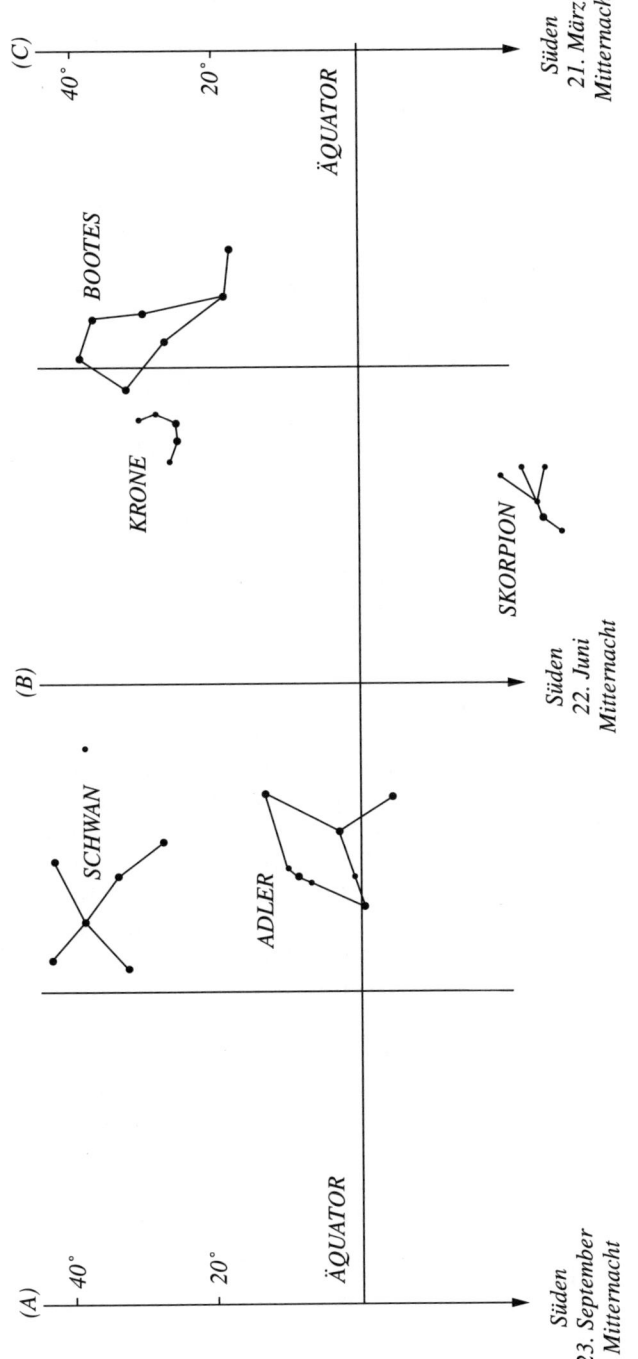

39

Widmen wir unsere Aufmerksamkeit zunächst unserem allernächsten Nachbarn im All, dem Mond, und überlegen wir uns, wie man seinen Abstand von der Erde messen kann.

Wie groß ist der Abstand Erde – Mond ?

Dieser Messung liegt eine Idee zugrunde, die man auch, in kleinerem Maßstab, direkt auf irdische Distanzen anwenden kann (Fig. 5 a): Wenn man im Mittelpunkt M eines Kreises steht, dessen Radius R unbekannt ist und auf zwei auf dem Kreis liegende Punkte A und B blickt, deren Abstand d auf dem Kreisbogen man kennt, so kann man aus der Größe des Winkels $\beta°$ auf den unbekannten Kreisradius schließen: Der Kreisbogen der Länge d verhält sich zum gesamten Kreisumfang $2\pi R$ wie der Winkel $\beta°$ zum gesamten Kreiswinkel 360°, also

$$\frac{d}{2\pi R} = \frac{\beta°}{360°} \quad ; \quad R = \frac{d}{2\pi}\frac{360°}{\beta°}$$

Genauso könnte man die Berechnung des Abstandes R zwischen Erde und Mond durchführen, wenn man einen Beobachter auf dem Mond stehen hätte und dieser messen würde, unter welchem Winkel $\beta°$ eine auf der Erde liegende bekannte Strecke $\overline{AB}$ erscheint (dieser Winkel heißt »Parallaxe«). Muß man deshalb einen Beobachter auf den Mond entsenden? Nein, eine weitere Idee erspart uns das. Man kann nämlich auch von der Erde aus feststellen, welchen Winkel der auf dem Mond stehende Beobachter messen würde (Fig. 5 b): Von den beiden Beobachtungspunkten A und B aus visiert man gleichzeitig einen Punkt M auf dem Mond an und bestimmt dessen Winkelabstand zu einem vorher vereinbarten Stern, der ungefähr in der Blickrichtung zum Mond liegt. Beobachter A sieht den Mond in einem anderen Winkelabstand vom Stern als Beobachter B. Auch bei Beobachtungen auf der Erde gibt es diese perspektivische Verschiebung, zum Beispiel wenn man ein in der Nähe liegendes Haus vor einem fernliegenden Berggipfel beobachtet und dabei seinen Standort wechselt. Eine einfache Überlegung zu Fig. 5 b zeigt, daß der Beobachter auf dem Mond die Strecke $\overline{AB}$ unter dem Winkel $\beta = \alpha_1 - \alpha_2$ sehen würde. Beträgt der Abstand zwischen A und B zum Beispiel $d = 8.000$ km, so wäre eine mögliche Beobachtung $\alpha_1 = 3{,}02°$, $\alpha_2 = 0{,}80°$, also $\beta = 1{,}22°$. Damit ergibt sich der Abstand R des Punktes M von der Strecke $\overline{AB}$ zu

$$R = \frac{d}{2\pi}\frac{360°}{\beta°} = \frac{8.000 \text{ km}}{2\pi}\frac{360°}{1{,}22°} \approx 375.000 \text{ km.}$$

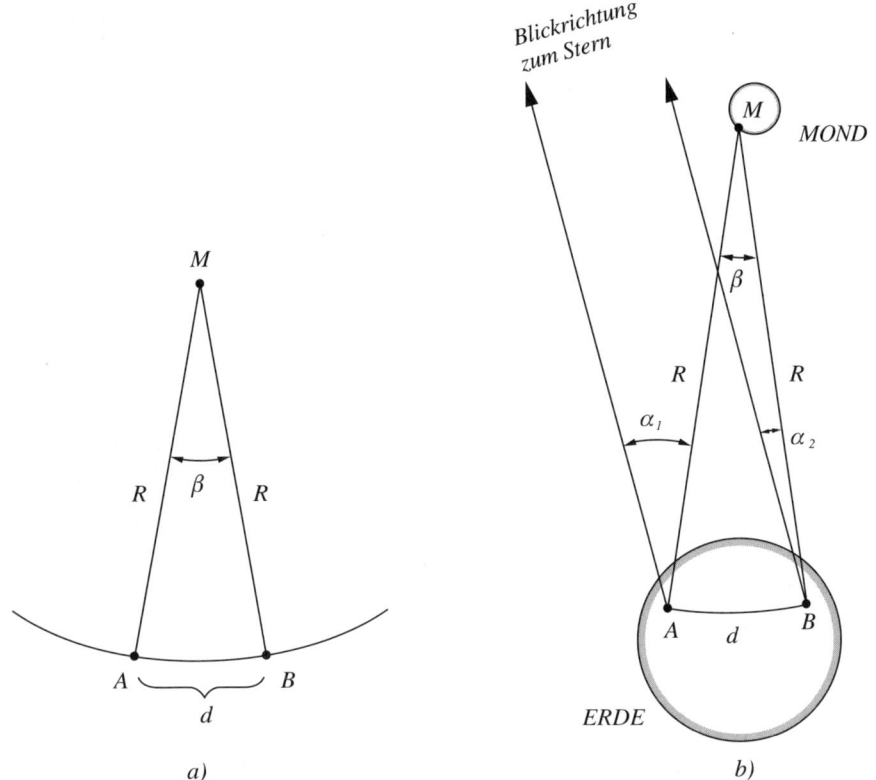

Fig. 5 a Zur Berechnung des Kreisradius R aus den Größen d und b.

Fig. 5 b Ein Beobachter in M würde die Strecke $\overline{AB}$ unter dem Winkel β sehen.
Aus β und d kann R berechnet werden. Ist β genügend klein, so macht es prak-
tisch keinen Unterschied, ob für d die geradlinige Entfernung oder der Kreisbo-
gen zwischen A und B verwendet wird. Die tatsächlich gemessenen Winkel sind
erheblich kleiner als in dieser Figur, d.h. in einer maßstäblichen Darstellung ist
der Mond erheblich weiter von der Erde entfernt.

Natürlich kann man diese Strecke ergänzen um den Abstand zum Erdmittelpunkt (und zum Mondmittelpunkt) und erhält so etwa R_o =
380.000 km für den Abstand der Mittelpunkte von Erde und Mond
(nebenbei sei bemerkt, daß diese Bestimmung nur dann genau wird,
wenn M senkrecht über dem Mittelpunkt der Strecke $\overline{AB}$ liegt und
wenn alle beobachteten Winkel in der gleichen Ebene liegen).

Auch die Größe des Monddurchmessers kann man jetzt angeben:
Dieser erscheint von der Erde aus etwa unter dem Winkel $\gamma° = 31' \approx$
0,51° (dies ist etwa der Winkel, der von der Strecke 0,5 cm im Abstand
60 cm vom Auge – ausgestreckter Arm – gebildet wird), und so kann

man den Monddurchmesser d_M nach der oben erklärten Beziehung berechnen:

$$\frac{d_M}{2\pi R_o} = \frac{\gamma^\circ}{360^\circ} \; ; \; d_M = 2\pi R_o \frac{\gamma^\circ}{360^\circ} = 2\pi\cdot380.000\,\frac{0{,}51^\circ}{360^\circ} = 3400\ \text{km}$$

Machen sie sich eine maßstäbliche Skizze von Erde und Mond! Der Monddurchmesser beträgt – grob gesagt – etwa 1/4 des Erddurchmessers; der Abstand Erde – Mond beträgt etwa 60 Erdradien!

Eine moderne Methode zur Abstandsbestimmung beruht auf der Laufzeit eines elektromagnetischen Signals (z.B. Radar, Laserstrahl), zum Beispiel von der Erde zum Mond und zurück: Man mißt die Zeitdifferenz zwischen dem Aussenden eines Signals und dem Eintreffen seines »Echos«. Wegen der großen Ausbreitungsgeschwindigkeit des elektromagnetischen Signals, $c = 300.000$ km/s, kommt das Echo vom Mond bereits nach $t = s/c \approx \dfrac{2\cdot380.000\ \text{km}}{300.000\ \text{km/s}} = 2{,}5$ Sekunden zum Sendeort zurück (natürlich muß hieran bei höherem Genauigkeitsanspruch eine Korrektur angebracht werden, weil der Sender nicht im Erdmittelpunkt steht und weil das Echo nicht im Mondmittelpunkt erzeugt wird).

Eine genaue Vermessung der Mondbahn zeigt, daß der Mond keineswegs eine exakte Kreisbahn um die Erde beschreibt, d.h. zu verschiedenen Zeitpunkten gemessen ergeben sich verschiedene Werte für den Abstand Erde – Mond (größter Wert: 406.740 km; kleinster Wert: 356.410 km). Eher ist die Mondbahn um die Erde als eine Ellipse zu beschreiben, die aber auch nicht genau eingehalten wird, weil mehrere störende Einflüsse vorliegen (z.B. Einfluß der Sonne, weil sich die Mondbahn um die Erdbahn »herumschlängelt«).

Wie weit entfernt, wie groß ist die Sonne?

Nachdem wir jetzt eine ziemlich gute Vorstellung von der Entfernung und der Größe des Mondes haben, wenden wir uns einem weiter entfernten Objekt zu, der Sonne. Natürlich wissen Sie, daß die Sonne erheblich weiter als der Mond von der Erde entfernt ist. Es gibt heute verschiedene Methoden, die Entfernung der Erde von der Sonne genau zu bestimmen, und Sie werden unten auch einiges darüber finden. Vorher sollten Sie aber unbedingt versuchen, sich selbst eine grobe, ungefähre Vorstellung davon zu machen, daß die Sonne viel weiter entfernt ist als der Mond und zwar draußen im Freien, bei gleichzeitigem Anblick von Sonne und Mond: Immer dann, wenn vom Mond nur eine schmale Sichel sichtbar ist (»zunehmend« im Westen

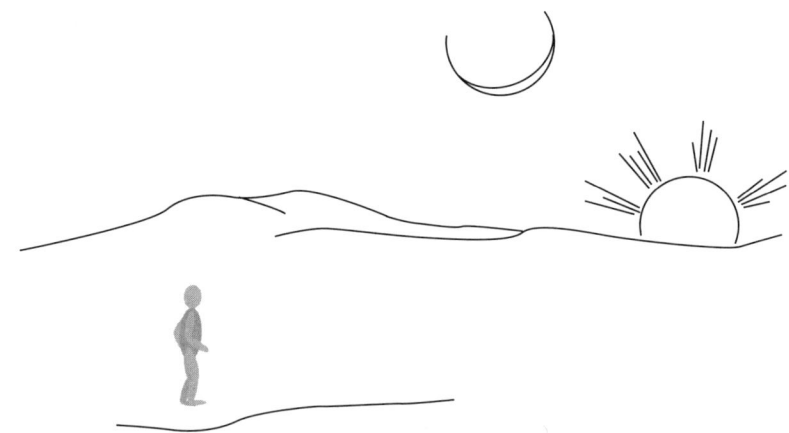

Fig. 6 Blick etwa nach Westen, untergehende Sonne und schmale Mondsichel fast in gleicher Blickrichtung. In dieser Stellung ist praktisch nur die uns abgewandte Seite des Mondes von der Sonne beleuchtet; man sieht nur einen ganz schmalen Randbereich davon. Ein auf dem Mond innerhalb der Sichel stehender Beobachter sieht Sonne und Erde in fast entgegengesetzten Richtungen, ist also näher an der Erde als die Sonne.
P.S. Oft hört man folgende Meinung: »Die Mondsichel entsteht dadurch, daß der Erdschatten den anderen Teil abdeckt«. Daß diese Meinung falsch ist, können Sie selbst verstehen: Stellen Sie sich vor, wohin in dieser Figur der Erdschatten fällt! Kann er den Mond in dieser Stellung überhaupt erreichen?

am Abendhimmel um die Zeit des Sonnenuntergangs, oder »abnehmend« im Osten am Morgenhimmel um die Zeit des Sonnenaufgangs), gelingt dies leicht (Fig. 6). Diese Vorstellung hatte man schon im klassischen Altertum, und der Naturphilosoph Aristarch von Samos (ca. 300 v. Chr.) hat daraus folgende Meßmethode entwickelt:

Das Dreieck Erde – Mond – Sonne ist vollständig bestimmt, wenn man daraus eine Strecke kennt (die Strecke Erde – Mond, d, kennen wir schon) und zwei Winkel. Einen Winkel kann man von der Erde aus direkt messen (Winkel α zwischen Mond und Sonne), aber einen zweiten Winkel kennt man nicht unmittelbar, denn man hat ja keinen Beobachter auf dem Mond oder auf der Sonne. Hier hatte Aristarch die entscheidende Idee: Wenn der Mond gerade so steht, daß er, von der Erde aus gesehen, genau als »Halbmond« erscheint, dann ist – vom Mond aus gesehen – der Winkel zwischen Erde und Sonne genau 90° (Fig. 7). Man braucht also nur den Winkel α zum Zeitpunkt »Halbmond« zu messen und hat dann alle Bestimmungsgrößen des Dreiecks, kann also auf R, den Abstand Erde – Sonne, schließen.

43

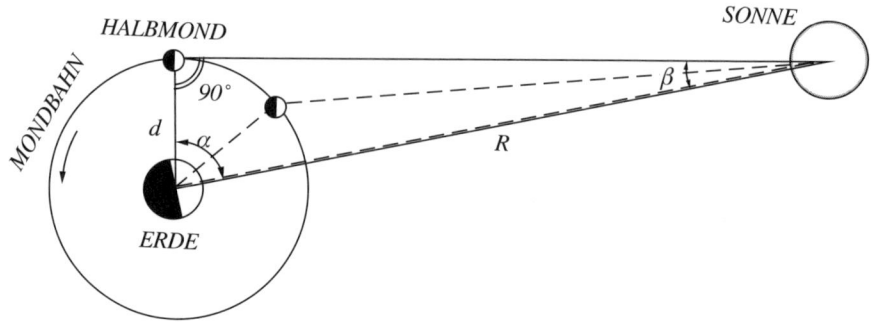

Fig. 7 Dreieck Erde – Mond – Sonne, wenn der Mond von der Erde aus gerade als »Halbmond« erscheint. Die Größenverhältnisse sind hier nicht maßstabsgetreu dargestellt. Die gestrichelten Linien beschreiben etwa die in Fig. 6 skizzierte Mondposition.

Wenn Sie sich einmal die Mühe machen, bei »Halbmond« den Winkel α (natürlich vor Sonnenuntergang; nicht ungeschützt direkt in die Sonne blicken!) abzuschätzen, so werden Sie sehen, daß α sehr nahe bei 90° liegt, daß also in Fig. 7 der Sonnenabstand viel zu klein gezeichnet ist. Die praktische Schwierigkeit bei dieser Methode ist, den Zeitpunkt, in dem genau »Halbmond« vorliegt, genau zu identifizieren. Das Zu- oder Abnehmen des Mondes von Tag zu Tag kann man leicht verfolgen; bei genauerem Beobachten zeigt es sich schon innerhalb kürzerer Zeit. Streng geometrisch gesehen liegt nur zu einem ganz bestimmten Zeitpunkt genau »Halbmond« vor, ein vom Durchmesser geteilter Kreis. Aristarch konnte bei seiner ersten Messung diesen Zeitpunkt nicht genau identifizieren und deshalb war seine Messung von α und die daraus bestimmte Sonnenentfernung noch ungenau. Mit einem Fernrohr läßt sich aber der Zeitpunkt »Halbmond« gut identifizieren, und dabei findet man (unter Berücksichtigung der Brechung der Lichtstrahlen in Horizontnähe) den Winkel α = 89° 51'; daraus ergibt sich $\beta \approx 9' = 0{,}15°$. Das Dreieck in Fig. 7 ist also fast gleichschenkelig und sehr schmal, d. h. es läßt sich wieder die in Zusammenhang mit Fig. 5 a erklärte Beziehung verwenden:

$$\frac{d}{2\pi R} = \frac{\beta°}{360°} \; ; \; R = \frac{d}{2\pi} \frac{360°}{\beta°} \approx \frac{380.000 \text{ km}}{6{,}28} \frac{360°}{0{,}15°} = 145.000.000 \text{ km.}$$

Auch dieses Ergebnis ist noch nicht besonders genau, aber immerhin haben wir doch eine schon gute Näherung an das mit anderen, besseren Methoden erhaltene Ergebnis R = 149.580.000 km ± 1.000 km. Aus der Winkelgröße der Sonne (ca. 0,52°: das ist – zufällig – fast genau der gleiche Winkel, unter dem der Monddurchmesser erscheint: Der Mond kann die Sonne, von der Erde aus gesehen, völlig abdecken!) ergibt sich der Durchmesser der Sonne – der Ansatz ist derselbe wie bei der Berechnung des Monddurchmessers – zu 1.400.000 km.

44

Tabelle 1

Durchmesser der Erde	12.700 km
Entfernung Mond – Erde	384.000 km
Durchmesser des Mondes	3.400 km
Entfernung Sonne – Erde	149.580.000 km
Durchmesser der Sonne	1.400.000 km

Versuchen Sie nun, eine ungefähr maßstäbliche Darstellung von Erde, Mond und Sonne anzufertigen! Hinweis: Wählen Sie einen Maßstab, in dem die Entfernung Erde – Sonne durch die Strecke 15 Meter dargestellt ist!

Bahngeschwindigkeit: 107.000 km/h!

Dies ist die Geschwindigkeit der Erde auf ihrer Reise um die Sonne! Die Sonne ist dabei als ruhend angenommen. Wenn Ihnen dieser Wert unglaubwürdig vorkommt, so rechnen Sie bitte selbst nach: Länge der Jahresbahn der Erde um die Sonne $L \approx 2\pi R = 940.000.000$ km; Dauer eines Jahres in Stunden $T = 365,26 \cdot 24$ h $= 8.766$ h; Geschwindigkeit $v = L/T$. Bevor wir uns näher mit der Bahn der Erde und mit den anderen Planeten beschäftigen sei geschildert, wie die Bewegung mit dieser groß erscheinenden Geschwindigkeit direkt nachgewiesen und gemessen werden kann. Die tägliche Drehung der Erde spielt dabei nur eine nebensächliche Rolle. Wir vernachlässigen sie deshalb, der Übersichtlichkeit halber; der dadurch entstehende Fehler kann leicht kleiner als 1% gehalten werden.

Man kann sich zunächst an einer einfachen Beobachtung aus dem Alltag orientieren. Stellen Sie sich vor, es regnet bei Windstille; die Tropfen fallen genau senkrecht und mit konstanter Geschwindigkeit c herab. Wenn man ein dünnes Rohr nimmt und es genau senkrecht stellt, so kann ein Regentropfen ungehindert hindurchfallen. Was würde passieren, wenn man das Rohr weiter so hält und sich damit auf der Erdoberfläche in horizontaler Richtung fortbewegt (Fig. 8)? Ein Regentropfen kann nun nicht mehr ungehindert durch das Rohr hindurchfallen, denn zu dem Zeitpunkt, da er an der unteren Öffnung ankommen würde, hat sich das Rohr ja schon weiterbewegt; der Tropfen klatscht innen gegen die Rohrwand. Man kann aber leicht erreichen, daß der Tropfen ungestört auch durch das bewegte Rohr hindurchfällt: Es muß geneigt werden und zwar gerade so weit, daß die untere Öffnung nach der Fallzeit des Tropfens genau senkrecht unterhalb derjenigen Stelle zu liegen kommt, wo die obere Öffnung beim Eintreten des Tropfens war. Der Regen scheint also für den horizontalbewegten Beobachter nicht mehr senkrecht, sondern »schräg« (schräg gestelltes Rohr!) zu fallen (was zum Beispiel auch bei Regen

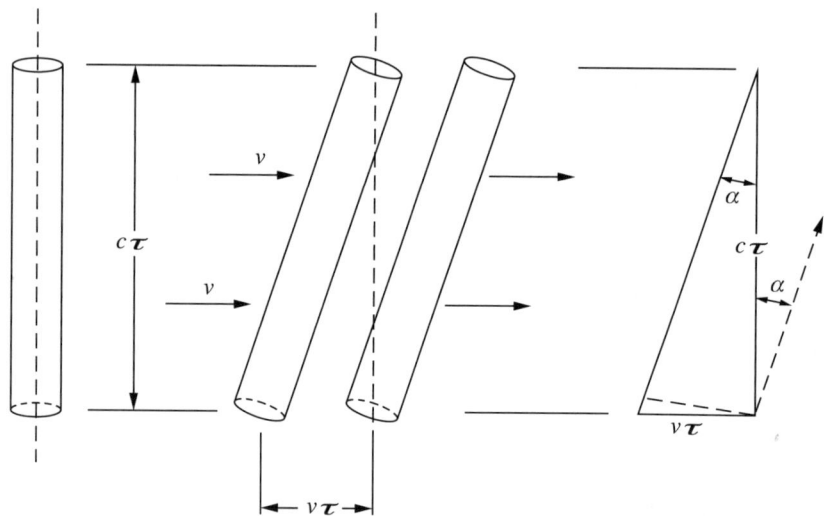

Fig. 8 Senkrecht fallender Tropfen. a) Senkrecht stehendes, ruhendes Rohr der Länge L. Bei konstanter Fallgeschwindigkeit c ist der Zeitbedarf zum Durchfallen des Rohres $\tau = L/c$.
b) Das Rohr wird nach rechts mit der Geschwindigkeit v bewegt. Der Tropfen trifft bei passend eingestelltem Winkel richtig auf die untere Rohröffnung; diese bewegt sich innerhalb der Fallzeit τ um $v\tau$ nach rechts.
c) Die vom mitbewegten Beobachter gesehene Fallrichtung α kann (näherungsweise umso besser, je schmaler das Dreieck ist) aus dem Verhältnis v/c abgelesen werden.

aus einem stehenden bzw. fahrenden Zug heraus zu sehen ist). Die Winkelabweichung von der Senkrechten, α, ergibt sich aus dem Verhältnis der Horizontalgeschwindigkeit v des Beobachters zur Fallgeschwindigkeit c des Tropfens. Umgekehrt: Kennt man die Fallgeschwindigkeit c und den Winkel α, so kann daraus auf die Horizontalgeschwindigkeit v geschlossen werden.

Nach diesem Exkurs in den Regen wieder zurück zu den Sternen: Auch ein von oben kommender Lichtstrahl wird auf der sich bewegenden Erde unter einem veränderten Einfallswinkel gesehen (»Aberration des Lichts«). Wie aber kann man diese Veränderung des Einfallswinkels wirklich feststellen? Man müßte von einer zunächst ruhenden Erde aus einen z. B. nahe am Zenit stehenden Stern anvisieren, dann die Erde in Bewegung setzen und nochmal die Position dieses Sternes bestimmen. Das Anvisieren von der ruhenden Erde aus braucht man aber nicht wirklich, denn man hat eine bessere Vergleichsmöglichkeit:

Wenn es stimmt, daß die Erde die Sonne umkreist, dann bewegt sie sich ein halbes Jahr später in genau entgegengesetzter Richtung; die scheinbare Position des nahe am Zenit stehenden Sternes wird sich also im Laufe eines halben Jahres um 2α verschieben (Fig. 9). Die Messung ergibt $\alpha = 0{,}0057° = 0{,}34'$ (eine ungefähre Vorstellung von diesem Winkel erhält man, wenn man zu Fig. 5 a folgende Werte verwendet: $\overline{AB} = d = 1$ cm, $R = 100$ m). Aus Fig. 8 c ist zu ersehen

$$\frac{\alpha°}{360°} \approx \frac{v\tau}{2\pi c\tau}$$

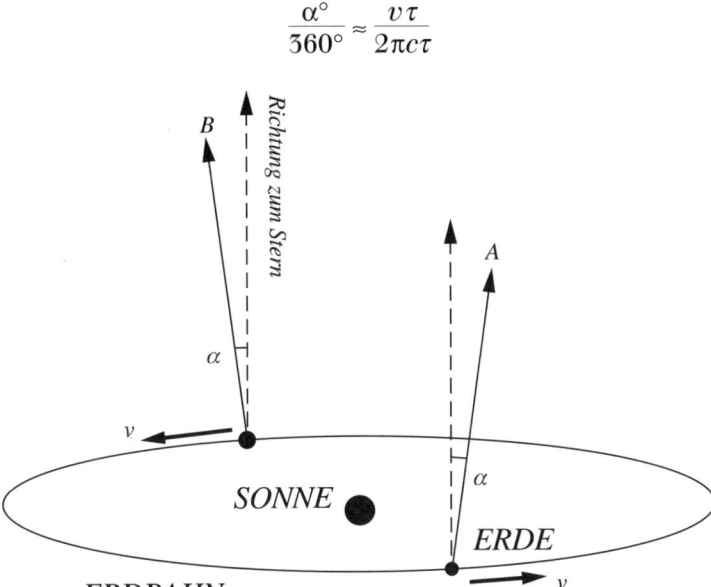

Fig. 9 Bahn der Erde um die Sonne, von einem Punkt außerhalb der Bahnebene gesehen (Kreisbahn erscheint als Ellipse). Die im Laufe eines Halbjahres sich einstellende Winkeldifferenz 2α (hier übertrieben groß gezeichnet) kann gemessen werden; die wahre Richtung zum Stern (gestrichelt) wird nicht wirklich gesehen, aber sie kann als mittlere Richtung aus den beiden Einstellungen A und B geschlossen werden.
Eine konstante Bewegung der Sonne, mitsamt der sie umkreisenden Erde, würde das Ergebnis 2α praktisch nicht beeinflussen, da die davon herrührende Aberration des Lichtes beide Male in die gleiche Richtung erfolgt.

Hiermit ergibt sich aus dem beobachteten Wert von α und dem als bekannt anzunehmenden Wert c der Lichtgeschwindigkeit

$$v = \frac{2\pi}{360°}\,\alpha°c = \frac{6{,}28}{360°} \cdot 0{,}0057° \cdot 300.000\,\frac{\text{km}}{\text{s}} = 30\,\frac{\text{km}}{\text{s}} = 107.000\,\frac{\text{km}}{\text{h}}$$

Damit ist das am Anfang dieses Kapitels unmittelbar aus R und T erhaltene Ergebnis für v und auch die gegenläufige Bewegungsrichtung nach Halbjahresfrist bestätigt.

Umgekehrt argumentierend kann man mit Hilfe des Aberrationswinkels α aber auch die Lichtgeschwindigkeit c erhalten, wenn man die Bahngeschwindigkeit v aus der am Anfang des Kapitels beschriebenen Rechnung als vorweg gegeben betrachtet:

$$c = \frac{360°}{\alpha°} \cdot \frac{v}{2\pi} = \frac{360°}{0,0057°} \cdot \frac{30}{6,28} \frac{km}{s} = 300.000 \frac{km}{s}$$

Genau auf diese Weise wurde von J. Bradley 1728 die Lichtgeschwindigkeit bestimmt. Schon vorher hatte Galileo (ca. 1600) mit sehr einfachen Mitteln versucht, die Lichtgeschwindigkeit zu messen; die erste erfolgreiche Bestimmung der Lichtgeschwindigkeit gelang O. Roemer (1675) mit anderen astronomischen Beobachtungen.

Der Morgenstern, der Abendstern

Es ist immer der gleiche »Stern«! Manchmal ist er »Morgenstern« (am Morgen, vor Sonnenaufgang, am Osthimmel), manchmal ist er »Abendstern« (am Abend, nach Sonnenuntergang, am Westhimmel): er heißt auch »Venus«. Obwohl »Venus« zeitweise so hell und auffällig ist, daß sie auch im Tagesdämmerlicht gut zu sehen ist: Man darf nicht meinen, daß sie das Licht, das von ihr zu uns kommt, selbst erzeugt. Wir sehen Venus nur, weil sie von der Sonne beleuchtet ist, d.h. wir sehen eine von außen beleuchtete Kugel, welche das einfallende Sonnenlicht streut, so wie zum Beispiel auch unser Mond. Der unmittelbare Beweis für die »beleuchtete Kugel« ist überzeugend: Wie der Mond, so zeigt auch Venus verschiedene Lichtphasen (d.h. Mondsichel, Halbmond, Vollmond; als Abendstern bietet Venus etwa den gleichen Anblick wie der Mond in Fig. 6, erscheint aber natürlich erheblich kleiner als der Mond). Man kann dies zwar nicht mit dem freien Auge, aber schon mit einem guten Feldstecher sehen, besonders dann, wenn Venus sich auf einem der Erde näher liegenden Teil ihrer Bahn befindet.

Venus ist also kein selbstleuchtender Stern, und sie verändert ihre Position (z.B. Winkel α zwischen Sonne und Venus, siehe Fig. 10) auffällig, manchmal innerhalb weniger Wochen. Aus Entfernungsmessungen, aus der sich ändernden scheinbaren Größe und den verschiedenen Lichtphasen kann man sehen, daß Venus sich manchmal etwa zwischen Erde und Sonne befindet, manchmal aber viel weiter von uns entfernt ist als die Sonne. Hieraus und aus dem zeitlichen Verlauf des Winkels α ergibt sich, daß auch Venus um die Sonne herumläuft, aber auf einer Bahn, die näher an der Sonne liegt als die Erdbahn (Fig. 10).

Einen nicht selbstleuchtenden Himmelskörper, der um die Sonne herumwandert und dabei (grob gesehen) etwa eine Kreisbahn einhält, nennt man »Planet«. Die Erde ist ein Planet, und auch Venus ist einer.

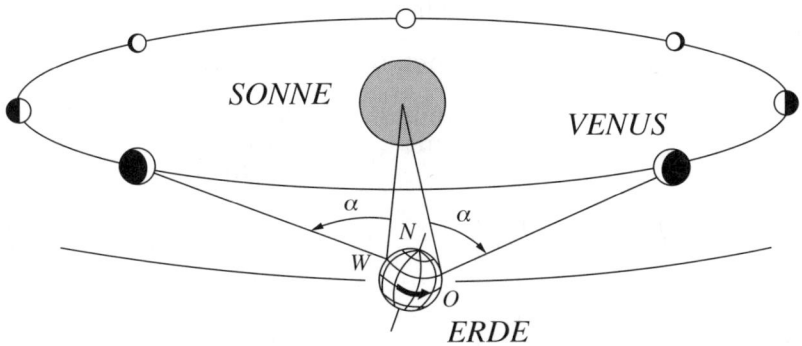

Fig. 10 Venus, deren Beleuchtung (Lichtphasen) und scheinbare Größe, wie sie auf einem ihrer Sonnenumläufe (Dauer 0,62 Jahre) in gleichen Zeitabständen von einer ruhend gedachten Erde aus zu sehen wäre. Man blickt hier wieder wie in Fig. 9 schräg auf die Bahnebene. Zusätzlich muß man bedenken, daß auch die Erde sich längs der Erdbahn bewegt, was die Auswertung der Beobachtungen ein wenig kompliziert macht. (Die Bahnradien und die Größe von Sonne und Erde sind nicht maßstäblich gezeichnet).
Befindet sich Venus rechts von der Blickrichtung Erde – Sonne, so ist sie Morgenstern (man beachte die am Erdäquator eingezeichnete Drehrichtung der Erde; dabei wird klar, daß Venus am Morgen vor der Sonne aufgeht); Abendstern ist Venus, wenn sie links von der Blickrichtung Erde – Sonne steht.

Es gibt noch mehrere andere Planeten, über deren Entdeckung, Einordnung, Bahndaten und Beobachtbarkeit zu berichten hier aber zu weit führen würde. Immerhin seien diejenigen Planeten benannt, die unter günstigen Umständen mit freiem Auge leicht zu beobachten sind (über Besonderheiten hierzu wird auch in Tageszeitungen gelegentlich berichtet): Venus, Mars, Jupiter, Saturn. Tabelle 2 gibt einige Daten zu allen Planeten, wobei aber der Bahnradius und die Umlaufdauer nicht in Kilometer und Stunden angegeben sind, sondern im Verhältnis zu den Erdbahndaten; die mittlere Entfernung 149.600.000 km der Erde von der Sonne ist also die Entfernungsmaßeinheit und heißt 1 Astronomische Einheit AE (Beispiel: 1,52 AE bedeutet 1,52 · 149.600.000 km ≈ 227.400.000 km).

Tabelle 2

Bahndaten der Planeten im Sonnensystem

Planet	Mittl. Entfernung R von der Sonne (AE)	Zeitdauer eines Umlaufs (Jahre)	$\dfrac{R^3}{T^2}$
Merkur	0,39	0,24	1,02
Venus	0,72	0,62	0,97
Erde	1,00	1,00	1,00
Mars	1,52	1,88	0,99
Jupiter	5,20	11,87	1,00
Saturn	9,58	29,63	1,00
Uranus	19,28	84,67	1,00
Neptun	30,14	165,49	1,00
Pluto	39,88	251,86	1,01

Versuchen Sie, nun das im Anschluß an Tabelle 1 begonnene Modell (Abstand Sonne – Erde durch die Strecke 15 m dargestellt) wenigstens in Gedanken fortzuführen!

Man kann mit Hilfe von Tabelle 2 einfachere und kompliziertere Fragen zumindest qualitativ beantworten:
– Auf welche geringstmögliche Entfernung kann die Erde an Venus und an Mars herankommen?
– Können Sie erklären, warum es zeitweise möglich ist, daß z.B. Mars, oder Jupiter, oder Saturn (oder auch alle zugleich) um Mitternacht zu sehen sind, nie aber Venus?
– Können Sie beschreiben, in welcher Richtung sich Jupiter für den irdischen Beobachter vor dem Hintergrund eines Sternbildes bewegt, wenn Erde und Jupiter sich in etwa größtmöglicher Annäherung befinden (stellen Sie sich vor, es wird täglich die scheinbare Position von Jupiter innerhalb eines Sternbildes festgestellt; daß Jupiter von der Erde »auf der Innenbahn« überholt wird, können Sie aus Tabelle 2 folgern).
– Wenn zu einem bestimmten Zeitpunkt Erde und Mars in größtmöglicher Annäherung stehen: Nach wieviel Jahren etwa wird diese größtmögliche Annäherung wieder erreicht?

Eine genauere Betrachtung unseres Sonnensystems bringt einige merkwürdige Ergebnisse zum Vorschein: Die Bahnen aller Planeten (und auch der meisten ihrer Monde) verlaufen, grob gesehen, etwa innerhalb einer einzigen Ebene, sie werden auch im gleichen Drehsinn durchlaufen und die Eigendrehung der einzelnen Körper (Sonne, Planeten, Monde) hat – bis auf wenige Ausnahmen – ebenfalls diesen Drehsinn. Diese und andere Auffälligkeiten sind Ansatzpunkte zur Entwicklung von Vorstellungen über die Entstehung unseres Sonnensystems.

Die Daten zu unserem Sonnensystem (sie sind in verkürzter Form in Tabelle 2 zusammengestellt) sind ein Ergebnis langwieriger Beobachtungen, sind aber auch Ausgangspunkt für weiterreichende Folgerungen; man fragt nicht nur nach dem »wie« der Bewegung, sondern auch nach einer Erklärung der dabei sich zeigenden merkwürdigen Zusammenhänge.

Die aus den Beobachtungsergebnissen an allen Planetenbahnen hervorgehenden Gesetzmäßigkeiten lassen sich zusammenfassen in den berühmten drei Keplerschen Gesetzen:
  1) Die Planetenbahnen sind Ellipsen, in deren einem Brennpunkt die Sonne steht.
  2) Der Fahrstrahl des Planeten (das ist die Verbindungslinie zwischen Planet und Sonne) überstreicht in gleichen Zeitspannen gleich große Flächen.
  3) Das Verhältnis zwischen der dritten Potenz der großen Ellipsenhalbachse und dem Quadrat der Umlaufszeit ist für jeden Planeten das gleiche.

Wir wollen uns hier eine Vereinfachung genehmigen, um den Durchblick zu erleichtern: Wir betrachten die Ellipsen näherungsweise als Kreise; tatsächlich ist bei fünf der neun Planeten die Abweichung von der Kreisbahn nur sehr gering (bei ihnen ist die kleine Halbachse um weniger als 10% kleiner als die große Halbachse). Als den näherungsweisen Kreisbahnradius verwenden wir die in Tabelle 2 angegebene mittlere Entfernung von der Sonne.

Wir stehen hier vor einer Situation, die für die Entwicklung der Naturwissenschaften typisch ist: Wir haben einige aus empirischen Befunden hervorgegangene Aussagen (die aus astronomischen Beobachtungen hervorgegangenen Keplerschen Gesetze), haben aber noch keine Folgerungen daraus gezogen. Was steckt hinter den Keplerschen Gesetzen? Warum sind sie gerade so und nicht anders?

Wenn wir uns hier zurechtfinden wollen, müssen wir uns zuerst auf eine grundsätzliche Aussage der Mechanik besinnen: »Wenn auf einen Körper keine äußere Kraft wirkt, so behält er seinen Bewegungszustand unverändert bei« (d. h. er verändert seine Geschwindigkeit nach Betrag und Richtung nicht). In Zusammenhang mit Figur 9 haben wir gesehen, daß die Erde sich bewegt und dabei die Bewegungsrichtung ändert: offenbar wirkt also auf die Erde (und auch auf die anderen Planeten) eine Kraft, welche in jedem Moment eine Änderung ihrer Bewegungsrichtung bewirkt und so die Kreisbahn erzwingt. Da der Geschwindigkeitsbetrag längs der Kreisbahn konstant bleibt (zweites Keplersches Gesetz), muß diese Kraft senkrecht zur Bahn, zum Kreismittelpunkt hin, wirken. Dort steht die Sonne (erstes Keplersches Gesetz). Man hat also Grund anzunehmen, daß eine von der Sonne auf den Planeten wirkende Anziehungskraft dessen Kreisbahn erzwingt. Es ist wie bei der Bewegung der Satelliten um die Erde herum (z.B. beim erdnahen Satellit, oder auch beim Mond). Ein besonders einfaches Modell für diese Kreisbewegung mit konstanter Bahngeschwindigkeit ist der Stein, der an einem Faden angebunden ist, dessen anderes Ende in der Hand festgehalten und der so herumgeschleudert wird: Der Stein wird auf eine Kreisbahn gezwungen, weil ihn – von der Hand aus über den Faden – eine Kraft nach innen zieht, zum Kreismittelpunkt hin. Diese Kraft heißt »Zentripetalkraft«.

Man kann durch einfache Laborversuche (z.B. Messung der von der Hand ausgeübten Kraft, um den Stein auf der Kreisbahn zu halten) feststellen, wie groß die Zentripetalkraft F sein muß, wenn der Körper die Masse m und die Bahngeschwindigkeit v hat und eine Kreisbahn von Radius R einhalten soll. Es ergibt sich

$$F = m\,\frac{v^2}{R}$$

Übertragen wir dieses Ergebnis auf die Planetenbahnen (Planetenmasse m_{p}, Bahnradius R_{p}, Umlaufzeit T_{p}): Die Bahngeschwindigkeit des Planeten ist damit $v_{\mathrm{p}} = 2\pi R_{\mathrm{p}}/T_{\mathrm{p}}$, also muß auf jeden Planeten P folgende Zentripetalkraft F_{p} wirken:

$$F_{\mathrm{p}} = m_{\mathrm{p}}\,\frac{4\pi^2 R_{\mathrm{p}}}{T_{\mathrm{p}}^2} \tag{1}$$

Woher aber kommt diese Zentripetalkraft? Wir haben vorher schon vermutet, daß sie von der Sonne ausgeübt wird.

Aus Laborversuchen weiß man, daß zwei Massestücke sich mit einer gewissen Kraft gegenseitig anziehen. Diese Kraft heißt »Gravitationskraft«; auch das Gewicht eines Körpers auf der Erde ist eine Folge der gegenseitigen Anziehung zwischen Körpermasse und Erdmasse. Die Größe der Gravitationskraft F_{G} zwischen zwei praktisch punktförmigen Massen m_1 und m_2 im Abstand R ist

$$F_{\mathrm{G}} = \gamma\,\frac{m_1 m_2}{R^2}, \text{ wobei } \gamma = 6{,}7 \cdot 10^{-11}\,\frac{\mathrm{m}^3}{\mathrm{kg}\,\mathrm{s}^2}$$

Die Richtung der Kraft liegt in der Verbindungslinie der Punktmassen.

Auf die Sonne (Masse m_{s}) und den Planeten (m_{p}) übertragen (angesichts der in Tabelle 1 und 2 gegebenen Größenverhältnisse erscheint die Näherung »Punktmasse« auch für Sonne und Planet akzeptabel) ergibt sich

$$F_G = \gamma \frac{m_P m_S}{R_P^2} \tag{2}$$

Diese Kraft zieht den Planeten senkrecht zu seiner Bahn in Richtung Sonne und wirkt somit als Zentripetalkraft: $F_P = F_G$. So ergibt sich aus (1) und (2)

$$m_P \frac{4\pi^2 R_P}{T_P^2} = \gamma \frac{m_P m_S}{R_P^2}$$

$$\frac{R_P^3}{T_P^2} = \frac{\gamma}{4\pi^2} m_S \tag{3}$$

Fassen wir dieses Ergebnis in Worte, so kommen wir genau zur Formulierung des dritten Keplerschen Gesetzes: »Das Verhältnis zwischen der dritten Potenz ...«. Die Verhältniszahl (rechte Seite der Gleichung) ist für jeden Planeten die gleiche, denn für jeden ist die Sonne der Zentralkörper, und die Gravitationskonstante γ ist ohnehin eine Naturkonstante. (Auch für die Satelliten der Erde gilt das dritte Keplersche Gesetz: weil dabei aber die Erde der zum Zentrum hinziehende Zentralkörper ist, steht dann in Gl. 3 anstelle der Sonnenmasse m_S die Erdmasse m_E; R_P und T_P beziehen sich dann auf die Satellitenbahn).

Nun sehen wir, warum das dritte Keplersche Gesetz gerade diese Form hat: Wegen einfacher Aussagen zur Dynamik (Zentripetalkraft) und wegen des Gravitationsgesetzes. Historisch war der Erkenntnisweg gerade umgekehrt: Nachdem J. Kepler seine Gesetze (gefolgert aus Bahnbeobachtungen von Tycho Brahe) etwa zu Anfang des 17. Jahrhunderts gefunden hatte, gelang es I. Newton etwa ein halbes Jahrhundert später, die Erklärung dafür als Folge des dafür aufgestellten Gravitationsgesetzes (das dann später in Laborversuchen bestätigt wurde) zu geben: Gesetzmäßigkeiten, die der Bewegung von Himmelskörpern zugrunde liegen – eine hochrangige wissenschaftliche Erkenntnis!

Man kann sich anhand der in Tabelle 2 gegebenen Zahlen leicht davon überzeugen, daß das dritte Keplersche Gesetz sehr gut erfüllt ist (siehe vierte Spalte; die dort eingetragene Verhältniszahl ist auch durch die besondere Wahl der Maßeinheiten für R und T bestimmt): R^3/T^2 ist für alle Planeten praktisch gleich! Mit Hilfe von Gl. (3) kann man die Sonnenmasse m_S berechnen. Es ergibt sich (z.B. mit den Bahndaten der Erde, aber auch jeder andere Planet liefert das gleiche Ergebnis):

$$m_S = \frac{4\pi^2}{\gamma} \frac{R_P^3}{T_P^2} = \frac{39,5}{6,7 \cdot 10^{-11}} \frac{\text{kg s}^2}{\text{m}^3} \cdot \frac{(1,5 \cdot 10^{11} \text{ m})^3}{(365 \cdot 24 \cdot 3600 \text{ s})^2} = 2,0 \cdot 10^{30} \text{ kg}$$

Die Masse der Erde*) ist nur $6{,}0 \cdot 10^{24}$ kg, also viel kleiner als die Masse der Sonne. Dies ist der Grund dafür, daß die Sonne durch die sie umkreisende Erde praktisch keine Bewegungsänderung erfährt. Genaugenommen vollführen Sonne und Erde eine gemeinsame Drehbewegung um den gemeinsamen Schwerpunkt, der aber sehr nahe am Sonnenmittelpunkt liegt. Auch die Masse anderer Planeten kann, wie die Erdmasse, durch die Bahndaten ihrer Monde (siehe Fußnote) bestimmt werden. So erhält man z.B. für Jupiter, den weitaus größten Planeten, $m_J = 1{,}9 \cdot 19^{28}$ kg.

Man sieht, daß alle Planeten, auch der größte, nur Winzlinge sind im Vergleich zur Sonne. Trotzdem kann man sich fragen, wie ein Planet von einem benachbarten auf seiner – primär durch die Sonne bestimmten – Bahn beeinflußt wird. Solche Bahnstörungen sind zwar sehr gering, aber sie lassen sich tatsächlich beobachten und rechnerisch vorhersagen.

Ein Wurf zum Mars

Mit Hilfe der Keplerschen Gesetze ist es nicht mehr sehr schwer sich vorzustellen, wie ein im Schwerefeld der Sonne gebundener Körper sich bewegen kann, wenn nur seine Massenträgheit und die Anziehungskraft der Sonne im Spiel sind. Nicht nur Kreisbahnen, sondern auch Ellipsenbahnen sind möglich. Wenn man sich vorstellt, einen Körper (z.B. eine Raumsonde) zum Mars »werfen« (d.h. ohne weiteren Antrieb auf den Weg schicken) zu wollen, so denkt man wohl zuerst an den Typ von Wurfbahn, den man auf der Erde kennt: Die Wurfparabel. In größerer Entfernung von der Erde ist die Situation aber anders: Die in jedem Bahnpunkt auf einen Körper ausgeübte Anziehungskraft ist zum Sonnenmittelpunkt gerichtet, und ihre Größe ändert sich entsprechend dem Gravitationsgesetz; natürlich wirkt auf den Körper zusätzlich auch noch eine von den Planeten herrührende Anziehungskraft, die wir hier aber zunächst außer acht lassen wollen, was bei genügend großem Abstand akzeptabel ist.

Für einen an einer Stelle A (siehe Fig. 11) in Bewegung gesetzten Körper ergeben sich, ohne weiteren Antrieb, bei verschiedenen Anfangsgeschwindigkeiten verschiedene Ellipsen (oder auch ein Kreis), solange die Anfangsgeschwindigkeit nicht zu groß wird. So wie bei der irdischen Wurfparabel die Höhe des Umkehrpunktes von der Anfangs-

---

*) Eine analoge Betrachtung kann man auch am System Erde-Erdsatellit durchführen. Hierbei ergibt sich

$$m_{\text{Erde}} = \frac{4\pi^2}{\gamma} \frac{R_{\text{Mond}}^3}{T_{\text{Mond}}^2} = \frac{39{,}5}{6{,}7 \cdot 10^{-11}} \cdot \frac{(3{,}84 \cdot 10^8)^3}{(27{,}3 \cdot 24 \cdot 3600)^2} \, \text{kg} = 6{,}0 \cdot 10^{24} \, \text{kg}$$

geschwindigkeit abhängt, so erhöht sich auch bei der Ellipsenbahn die Entfernung des Umkehrpunktes (sonnenfernster Punkt) mit der Anfangsgeschwindigkeit.

Der bekannte Ausdruck für die Zunahme der potentiellen Energie bei Vergrößerung der Höhenlage h eines Körpers der Masse m nahe der Erdoberfläche, $E_{pot} = m\,g\,h$, darf nicht auf den Fall von Fig. 11 übertragen werden. Hier muß in Betracht gezogen werden, daß sich – anders als beim irdischen Wurf – die Anziehungskraft nach Betrag und Richtung längs der Bahn ändert. Berechnet man Schritt für Schritt die längs der Bahn gegen die Anziehungskraft zu erbringende Arbeit, wenn sich der Abstand des Körpers von der Sonne von R_1 bis R_2 vergrößert, so erhält man die dazugehörige Änderung der potentiellen Energie zu

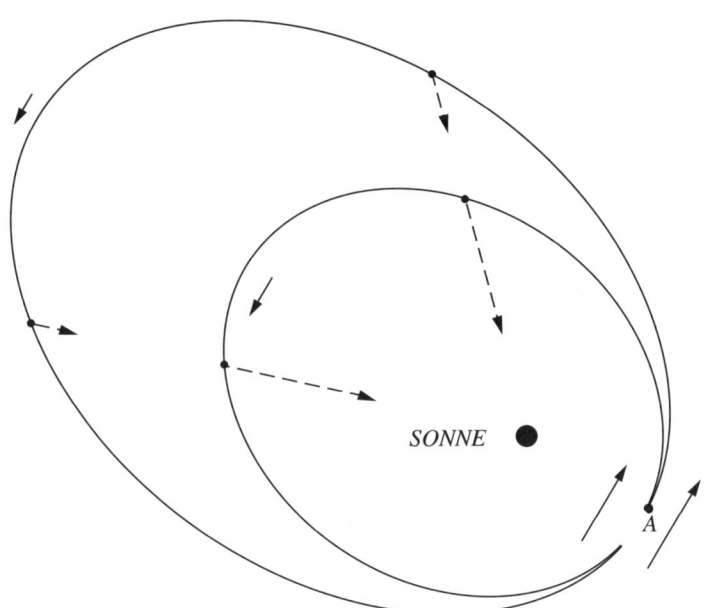

Fig. 11 Ein Körper im Schwerefeld der Sonne wird an der Stelle A in eine bestimmte Richtung geworfen; die Form der Bahn und damit die maximale Sonnenentfernung hängt ab von der Anfangsgeschwindigkeit; zwei verschiedene Anfangsgeschwindigkeiten sind gezeichnet (Pfeile). Die in verschiedenen Bahnpunkten wirkende Anziehungskraft der Sonne ist durch punktiert gezeichnete Pfeile dargestellt. Nach dem ersten Keplerschen Gesetz ist jede Bahn ein Kegelschnitt (hier: Ellipse), wobei die Sonne in einem Brennpunkt steht. Bei größerer Anfangsgeschwindigkeit in A kann sich der Körper weiter von der Sonne entfernen; er erreicht höhere potentielle Energie.

$$\Delta E = \gamma m_S m \left(\frac{1}{R_1} - \frac{1}{R_2} \right)$$

m ist die Masse des zu werfenden Körpers und den Faktor $\gamma m_S m$ kennen wir schon vom Gravitationsgesetz her.

Bei Zunahme der potentiellen Energie muß die kinetische Energie abnehmen. Bezeichnen wir die Geschwindigkeit in der Entfernung R_1 mit v_1 und die in R_2 mit v_2, so besagt der Energieerhaltungssatz

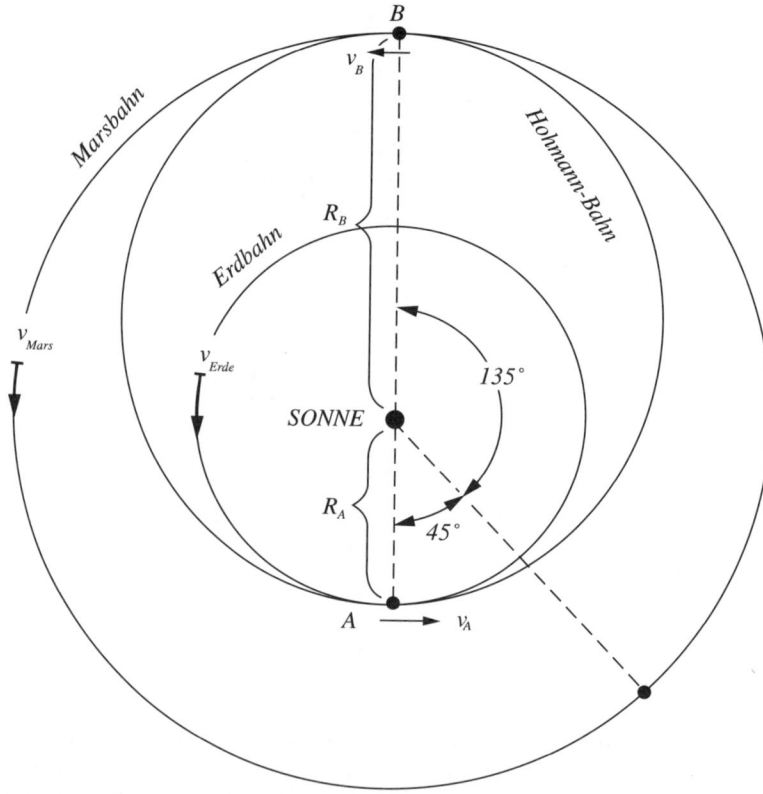

Fig. 12 Ein Körper, der sich auf der Erdbahn mit $v_A = 1,10\ v_{Erde}$ bewegt, erreicht die Marsbahn ohne Antrieb in B mit $v_B = 0,89\ v_{Mars}$ nach 0,705 Jahren (Hohmann-Bahn). Die Anziehung durch Erde und Mars ist dabei nicht berücksichtigt. (Zwecks besserer Übersichtlichkeit ist der Marsbahnradius gegenüber dem Erdbahnradius vergrößert dargestellt).

$$\frac{1}{2} m \, (v_1^2 - v_2^2) = \gamma m_\mathrm{S} m \left(\frac{1}{R_1} - \frac{1}{R_2} \right) \tag{4}$$

Bevor wir diesen Zusammenhang auswerten, suchen wir eine spezielle, möglichst günstige Bahn für unseren Wurf »von der Erdbahn zur Marsbahn« (Fig. 12). Diese Bahn soll tangential zur Erdbahn beginnen (Stelle A), und die Anfangsgeschwindigkeit v_A soll so groß gewählt werden, daß die Marsbahn tangential erreicht wird (Stelle B). Für diese Bahn von A nach B (die sogenannte »Hohmann-Bahn«) kann man sofort folgende qualitative Aussagen machen:

v_A muß größer sein als die Bahngeschwindigkeit der Erde v_Erde (nur so kann sich der Körper auf größere Sonnenentfernung begeben);

die Geschwindigkeit v_B in Punkt B wird kleiner sein als v_A (denn in B ist die potentielle Energie größer als in A).

Auch quantitativ kann man sehen, wie v_A, v_B, R_A, R_B miteinander zusammenhängen und daraus das erforderliche v_A und das sich dann einstellende v_B berechnen:

Aus dem zweiten Keplerschen Gesetz ergibt sich mit $1/2 \cdot R_\mathrm{A} \cdot v_\mathrm{A}$ bzw. $1/2 \cdot R_\mathrm{B} \cdot v_\mathrm{B}$ als der vom Fahrstrahl in der Umgebung von A bzw. B pro Zeiteinheit überstrichenen Fläche

$$R_\mathrm{A} v_\mathrm{A} = R_\mathrm{B} v_\mathrm{B} \; ; \; v_\mathrm{B} = v_\mathrm{A} \frac{R_\mathrm{A}}{R_\mathrm{B}} \tag{5}$$

und aus dem Energieerhaltungssatz (4)

$$v_\mathrm{A}^2 - v_\mathrm{B}^2 = 2 \gamma m_\mathrm{S} \left(\frac{1}{R_\mathrm{A}} - \frac{1}{R_\mathrm{B}} \right) \tag{6}$$

Wir haben somit zwei Gleichungen, (5) und (6), um die beiden Unbekannten v_A und v_B zu berechnen. Durch Einsetzen von (5) in (6) erhält man zunächst

$$v_\mathrm{A} = \sqrt{\frac{\gamma m_\mathrm{S}}{R_\mathrm{A}}} \sqrt{\frac{2 R_\mathrm{B}}{R_\mathrm{A} + R_\mathrm{B}}}$$

Der erste Wurzelfaktor ist identisch mit der Bahngeschwindigkeit der Erde v_Erde (dies ergibt sich aus $m v_\mathrm{Erde}^2 / R_\mathrm{A} = \gamma m_\mathrm{S} m / R_\mathrm{A}^2$), also wird

$$v_\mathrm{A} = v_\mathrm{Erde} \sqrt{\frac{2 R_\mathrm{B}}{R_\mathrm{A} + R_\mathrm{B}}} \tag{7}$$

In analoger Weise erhält man

$$v_B = v_{Mars} \sqrt{\frac{2R_A}{R_A + R_B}} \qquad (8)$$

Aus Tabelle 2 entnimmt man für R_A den Wert $R_A = 1$ AE, für R_B (Marsbahnradius) den Wert $R_B = 1,52$ AE; so wird aus (7) und (8)

$$v_A = 1,10 \; v_{Erde} \; ; \; v_B = 0,89 \; v_{Mars} \qquad (9)$$

Hierbei bedeutet v_{Erde} den früher diskutierten Wert 107.000 km/h, v_{Mars} = 0,81 v_{Erde}. Man sieht, wie der geworfene Körper der Erde im Startpunkt A vorauseilen muß und bei Annäherung an die Marsbahn langsamer wird.

Nachträglich können wir nun die oben gemachte Einschränkung (Planeten sollen genügend weit entfernt sein vom geworfenen Körper) überdenken: Natürlich befindet sich der zu werfende Körper zuerst auf der Erde, und er muß über genügend kinetische Energie verfügen, um zunächst (ohne weiteren Antrieb) das Schwerefeld der Erde überwinden zu können. Man kann erreichen, daß der Körper in genügend großer Entfernung von der Erde etwa mit der Geschwindigkeit Null (bezogen auf die Erde) ankommt, wobei er aber bezüglich der Sonne die gleiche Bahngeschwindigkeit wie die Erde, also v_{Erde} hat. Dies sei etwa die vorher mit A bezeichnete Stelle. Erhöht man nun seine Geschwindigkeit auf v_A tangential zur Erdbahn, so ist er auf dem Weg zur Marsbahn. Analoge Überlegungen können für die Ankunft (Punkt B) gemacht werden.

Natürlich soll Mars gerade zu dem Zeitpunkt an der Stelle B sein, wenn auch unser Körper dort ankommt. Wir müssen also noch überlegen, welcher Zeitbedarf für das Durchlaufen der Bahn von A nach B besteht. Man erfährt diesen zwar nicht unmittelbar aus der Wegstrecke und der Geschwindigkeit (diese ändert sich ja längs der Bahn), aber dennoch ziemlich leicht mit Hilfe des dritten Keplerschen Gesetzes: Die zum Durchlaufen der gesamten Hohmann-Ellipse erforderliche Zeit sei T_H und die große Halbachse der Ellipse ist $(R_A + R_B)/2$ (siehe Fig. 12). So wird im Anschluß an Gl. (3):

$$\frac{((R_A + R_B)/2)^3}{T_H^2} = \frac{R_A^3}{T_{Erde}^2}$$

Auf der rechten Seite dieser Gleichung könnte auch das R und T jedes anderen die Sonne umkreisenden Planeten stehen: wir verwenden

aber die Daten der Erde, weil dann mit den erdbezogenen Einheiten
(R_A = 1 AE; T_{Erde} = 1 y) weitergerechnet werden kann:

$$T_H = \sqrt{((R_A + R_B)/2)^3} = \sqrt{((1,00 + 1,52)/2)^3} \quad y = 1,41 \, y.$$

Die gefragte Reisezeit von A nach B beträgt also 0,705 Jahre, d.h. der
Start in A muß genau dann erfolgen, wenn Mars in einer Position ist,
von der aus er in 0,705 Jahren die Stelle B erreicht. Da die gesamte
Umlaufdauer von Mars 1,88 Jahre beträgt, muß der Start in A dann
erfolgen, wenn Mars auf seiner Bahn noch den Winkel α° =
$360^\circ \cdot 0,705/1,88 = 135^\circ$ nach B zurücklegen muß (Fig. 12).

Antriebslose Raumflugbahnen dieser Art haben schon zu spektakulä-
ren Begegnungen von Raumsonden mit verschiedenen Planeten geführt. Ein besonders raffiniertes Verfahren, mit möglichst wenig An-
fangsenergie auf möglichst große Sonnenentfernung zu kommen, ist
das »Swingby-Verfahren« (»Gravitationsumlenkung«). Dabei wird aus-
genutzt, daß eine Raumsonde bei passendem Vorbeiflug an einem Planeten eine Richtungsänderung und eine Geschwindigkeitszunahme
(bezüglich der Sonne) erfährt; wie das zustande kommt, ist anhand
Fig. 13 erläutert. Auf diese Weise haben die beiden Raumsonden Voyager 1 und Voyager 2, gestartet 1978, mehrere der äußeren Planeten
passiert, dabei sensationelle Beobachtungen gemacht und diese zur
Erde übermittelt.

Aus der Entfernung der Neptunbahn, die von diesen Sonden 1989 ge-
kreuzt wurde, beträgt die Laufzeit elektromagnetischer Signale zur
Erde bereits ca. 4 Stunden. Von dort aus erscheint die Erde noch etwa
so groß wie ein Stecknadelkopf (Durchmesser 2 mm) in etwa 700 m
Entfernung (eine vergleichende Vorstellung dazu: Das freie Auge kann
günstigstenfalls den Winkel 1' auflösen, d.h. zwei parallele Striche,
welche 2 mm voneinander entfernt sind, kann man aus der Entfernung 7 m gerade noch getrennt erkennen). Die Sonne, in ihrem
Durchmesser etwa 30 mal kleiner als von der Erde aus gesehen, erscheint nur noch als sehr heller Stern.

Reisen wir nun in Gedanken mit diesen Raumsonden vom Rande unseres Planetensystems (Plutobahn) aus weiter, immer weiter weg von
der Sonne. Lange, lange kommt nun praktisch überhaupt nichts. Dem
allernächsten Stern (dieser befindet sich aber unterhalb unseres Be-
obachtungshorizontes) könnten wir erst in einer Entfernung begeg-
nen, aus der das Licht 4,3 Jahre braucht um die Erde zu erreichen, einer Entfernung also, die etwa 3.400 mal so groß ist, wie der Durchmesser unseres Planetensystems (Durchmesser Plutobahn). Besonders
gut auffindbar ist Sirius (siehe Fig. 4a), von dem das Licht 8,7 Jahre
braucht um die Erde zu erreichen, und Wega (ein auffälliger Stern,

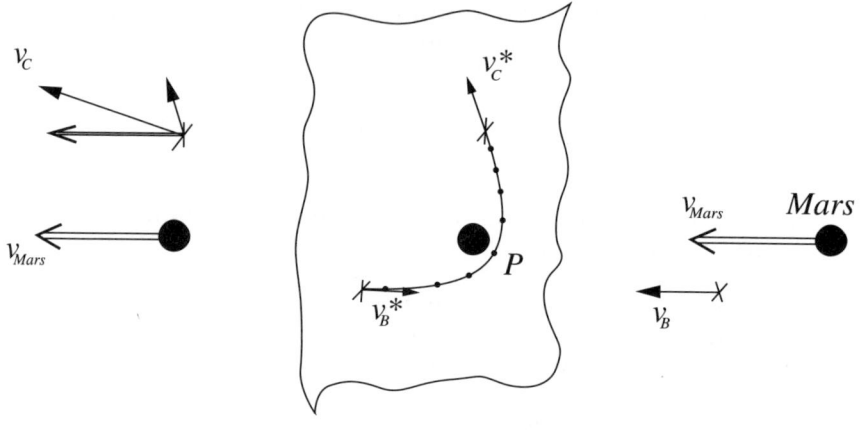

c) nach der Begegnung   *b) vom Mars aus gesehen*   *a) vor der Begegnung*

Fig. 13 Erklärung des »Swingby-Verfahrens« (von rechts nach links zu betrachten).

a) Die Situation vor der Begegnung entspricht etwa der in Fig. 12 (Stelle B) gezeigten: Die Raumsonde (Kreuz) und Mars bewegen sich in gleicher Richtung, wobei aber deren Geschwindigkeit v_B kleiner ist als v_{Mars}. Wichtig dabei ist, daß sie sich nicht genau auf der gleichen Linie, sondern seitlich gegeneinander versetzt bewegen.

b) Vom Mars aus gesehen (der Wechsel des Bezugssystems sei durch die geringelte Einrahmung angedeutet) hat die Raumsonde die Geschwindigkeit $v_B^* = v_B - v_{Mars}$ d.h. sie nähert sich dem Mars, wird mehr und mehr angezogen, wird dadurch zunächst schneller und ändert ihre Bewegungsrichtung. Bei genügend großer seitlicher Versetzung trifft sie aber nicht auf die Marsoberfläche, sondern sie »fällt an Mars vorbei«. Nach Durchlaufen der größten Annäherung (Punkt P) wird die Geschwindigkeit wegen der immer noch bestehenden Anziehung wieder geringer und erreicht in großer Entfernung den Wert $v_C^* = v_B^*$ (Energieerhaltung); die Richtung ist aber anders als am Anfang (Pfeile).

c) Nun übertragen wir das Ergebnis von b) zurück auf das in a) gewählte Bezugssystem (ruhende Sonne), in dem Mars die gleiche Geschwindigkeit v_{Mars} hat, wie vorher (genau genommen: v_{Mars} ist ein wenig, aber praktisch unmerklich verändert). Man muß also zu v_C^* wieder v_{Mars} hinzufügen; dies geschieht durch das gezeichnete Parallelogramm.

Ergebnis (vergleiche c mit a): Die Raumsonde ist schneller geworden und hat ihre Bewegungsrichtung geändert.

etwa 20° westlich des Sternbildes Schwan, siehe Fig. 4b), bereits dreimal so weit entfernt wie Sirius; die allermeisten Sterne sind aber noch erheblich weiter entfernt. Wie ist es möglich, solche Riesendistanzen überhaupt angeben zu können, wo doch schon einige Klimmzüge erforderlich waren, um die dagegen geradezu lächerlich klein erscheinende Entfernung des Mondes und der Sonne festzustellen?

Die Entfernung der näheren Fixsterne läßt sich noch mit der einfachen geometrischen Methode feststellen, deren Prinzip schon am Beispiel der Mondentfernung (Fig. 5b) erläutert wurde. Als Basis AB = d zur Messung der Winkel α_1 und α_2 verwendet man dabei natürlich die größtmögliche Strecke, die man zur Verfügung hat: Es ist der Durchmesser der Erdbahn: Die beiden Messungen werden also im zeitlichen Abstand von einem halben Jahr gemacht. Man beobachtet zunächst – die Erde befindet sich an der Stelle A – die Position des zu bestimmenden Sternes im Vergleich zu einem scheinbar benachbarten (besser: Im Vergleich zu mehreren benachbarten) und erhält α_1. Ein halbes Jahr später – die Erde befindet sich nun auf ihrer Bahn um die Sonne an der Stelle B – beobachtet man dessen Position wieder und erhält α_2. Wenn der zu bestimmende Stern näher an der Erde liegt als der zum Vergleich herangezogene scheinbar benachbarte (so wie in Fig. 5b der Mond näher liegt als der zum Vergleich herangezogene Stern), dann unterscheiden sich α_1 und α_2; der zu bestimmende Stern scheint vor dem Hintergrund der anderen, ferneren Sterne während des halben Jahres gewandert zu sein, so wie auch auf der Erde ein naher Gegenstand vor einem entfernten Hintergrund für einen sich bewegenden Beobachter sich zu verschieben scheint.

Die Winkel α_1 und α_2 unterscheiden sich aber nur sehr wenig, auch bei den allernächsten Sternen. Mit dem freien Auge kann man diesen Unterschied nicht unmittelbar feststellen; die Sterne scheinen also – grob gesehen – in ihrer gegenseitigen Lage festzustehen, daher die Bezeichnung Fixstern. Bei genauer Beobachtung kann man aber sehr wohl in vielen Fällen Veränderungen an der Position von Fixsternen feststellen (es werden vergrößerte fotografische Aufnahmen miteinander verglichen, wodurch eine Positionsänderung eines Sterns erkennbar wird). Der Winkel $\beta/2 = (\alpha_1 - \alpha_2)/2$ heißt die »Fixsternparallaxe«; für die uns am nächsten benachbarten Sterne hat sie etwa die Größe 1". Wenn ein Stern gerade so weit entfernt ist, daß $\beta/2 = 1$", so erscheint von dort aus der Erdbahnradius unter dem Winkel 1" und man sagt, seine Entfernung beträgt 1 Parsec (»Parallaxensekunde«). Da 1" identisch ist mit 1/3.600 Grad, so ergibt sich (wie früher in Zusammenhang mit Fig. 5a) der dazugehörige Abstand zu

$$R = \frac{d/2}{2\pi} \cdot \frac{360°}{\beta/2} = \frac{150 \cdot 10^6 \text{ km}}{6{,}28} \cdot \frac{360°}{1°/3600} = 3{,}09 \cdot 10^{12} \text{ km.}$$

Um diese Strecke zurückzulegen braucht das Licht 3,26 Jahre! Wenn man aus dieser Entfernung mit freiem Auge senkrecht auf die Bahn der Erde um die Sonne blicken würde, dann sähe man sie so groß wie ein Fünfmarkstück aus etwa 3 km Entfernung. Bei besonders sorgfältiger Winkelmessung kann man Parallaxenwerte im Bereich 0,05" bis

0,01" gerade noch einigermaßen erfassen, d. h. für Entfernungen bis etwa 100 Lichtjahre eignet sich dieses trigonometrische Verfahren gerade noch.

Die aufgrund der Bewegung der Erde zustandekommende scheinbare Positionsänderung der näheren Fixsterne ist nicht die einzig bekannte. Es gibt auch eine nichtperiodische Positionsänderung, welche dadurch zustandekommt, daß die Sonne (mitsamt ihren Planeten) auch eine Eigenbewegung hat: Es ist genauso, wie von einem fahrenden Zug aus näher liegende Objekte gegenüber dem Hintergrund sich zu verschieben scheinen. Der erste Nachweis dieser Bewegung des Sonnensystems wurde schon 1783 von W. Herschel erbracht. Hier fragt sich der aufmerksame Leser sicher: Bisher war (meist) die Sonne der als ruhend gedachte Punkt, und darauf war z.B. die Beschreibung der Planetenbahnen bezogen; wenn nun von einer Bewegung der Sonne die Rede ist, dann muß auch gesagt werden, »in bezug auf was« diese Bewegung erfolgt, es muß ein »Bezugssystem« angegeben werden. Bei der Bewegung der Sonne ist das Bezugssystem unser »Milchstraßensystem«. Die »Milchstraße« – jeder nächtliche Wanderer hat dieses leuchtende Band schon gesehen – ist ein ganzes Sternsystem, zu dem unsere Sonne, alle direkt sichtbaren Sterne und auch das leuchtende Band (eine Anhäufung von vielen sehr fernen Sternen) gehört. Aus sehr großer Entfernung betrachtet sähe man, daß alle diese Sterne eine Anhäufung in Form einer abgeflachten Scheibe bilden, die durchsetzt ist mit Spiralarmen. Der Durchmesser dieser Scheibe beträgt etwa 100.000 Lichtjahre, ihre Dicke in der Mitte etwa 10.000 Lichtjahre. Die Sonne (mitsamt ihren Planeten) und auch die nächsten Fixsterne befinden sich ziemlich am Rand dieser Scheibe; das leuchtende Band am Nachthimmel ist das Zentrum der Scheibe, in das wir vom Rand aus hineinblicken. Die Sonne bewegt sich innerhalb dieser Scheibe mit ca. 20 km/s in Richtung auf das Sternbild HERKULES. – Man kennt viele andere solcher Sternanhäufungen (»Galaxien«). Eine unserer Galaxie, der Milchstraße, benachbarte Galaxie ist der »Andromeda-Nebel«, ein für das freie Auge kaum sichtbarer kleiner, sehr lichtschwacher Fleck im Sternbild ANDROMEDA.

Auch Fixsterne wandern

Wenn man absieht von dem im vorigen Kapitel besprochenen Fall, der scheinbaren Veränderung der Sternposition aufgrund einer Veränderung der Beobachtungsperspektive, so bleibt bei vielen Sternen noch eine Eigenbewegung übrig. Zum Beispiel kann man beobachten, daß zwei nahe benachbarte Sterne (ein »Doppelstern«) umeinander rotieren; oft läßt sich das indirekt z.B. aus periodischen Schwankungen der Helligkeit schließen. Wir betrachten hier aber bevorzugt die Translationsbewegung (geradlinige Vorwärtsbewegung) der Fixsterne. Auch diese ist zu gering, um mit dem freien Auge wahrgenommen werden zu können, auch wenn man seine Beobachtungen über viele Jahre ausdehnt. Aber immerhin, nach etwa 50.000 Jahren könnte man auch mit dem freien Auge feststellen, daß viele Sterne ihre gegenseitige Position geändert haben: Zum Beispiel der »GROSSE WAGEN« wird dann deutlich verzerrt aussehen.

Ein merkwürdiger Fall solcher Fixsternbewegung zeigt sich bei den sogenannten »Bewegungssternhaufen«. Ein »Sternhaufen« ist eine Ansammlung v o n vielen Sternen a u f verhältnismäßig kleinem Raum; manche sind schon mit dem Feldstecher gut zu sehen, z.B. die PLEJADEN (siehe Fig. 4a) und die HYADEN (im Sternbild STIER). »Bewegungssternhaufen« heißt, daß alle Sterne (oft weit über Hundert) dieses Haufens sich bewegen und zwar in charakteristischer Weise: Mit etwa gleichgroßer Geschwindigkeit scheinbar in Richtung auf einen Punkt hin! Erinnert man sich an den Anblick von zwei geraden Eisenbahnschienen, die auch auf einen Punkt hinzulaufen scheinen, so liegt es nahe zu vermuten, daß alle Sterne des Bewegungssternhaufens sich parallel in eine bestimmte Richtung in die Tiefe des Weltalls hinein bewegen. Wie sich hieraus eine Methode zur Entfernungsbestimmung konstruieren läßt, sei im folgenden geschildert (siehe Fig. 14).

Zunächst wird der Sternhaufen mit Hilfe eines Fernrohrs zu verschiedenen Zeitpunkten (z.B. Zeitabstand T = 10 Jahre) fotografiert, und die beiden Fotoplatten werden aufeinandergelegt (wobei andere Sterne, die sich nicht verschieben, als Vergleichsmarken dienen). Was sich dabei ergibt, ist im oberen Teil von Fig. 14 (oben) schematisch für drei Sterne A, B, C dargestellt: Nach der Zeit T befinden sie sich in A', B', C'; sie scheinen sich, mit etwa gleicher Geschwindigkeit, auf den Konvergenzpunkt K (dieser ist zu finden durch Verlängern der Strecken AA', BB', usw.) zuzubewegen. Denkt man an die Eisenbahnschienen, so erkennt man, daß K viel weiter vom Beobachter (Erde) entfernt sein muß als A, B, C; wir müssen deshalb die auf die Bildebene EE zusammenprojizierte Struktur räumlich rekonstruieren. Das geschieht im unteren Teil von Fig. 14, einer Draufsicht auf die Situation: A, B, C liegen in ungefähr gleichem Abstand D vom Beobachter, und die Bildebene EE stellt sich, weil man von oben draufschaut, als gerader Strich dar. Der Konvergenzpunkt liegt weit hinter der Ebene EE, in Richtung des gestrichelten Pfeiles, und die Bewegungsrichtung der Sterne A, B, C weist in diese Richtung (drei Pfeile).

Wenn man nun wüßte, wie groß die innerhalb der Zeitspanne T zurückgelegte Strecke $\overline{AA'}$ = d_2 ist, so könnte man aus dem beobachteten Winkel ε auch die Entfernung D berechnen! Dieser Wunsch geht tatsächlich in Erfüllung: Man kann die Strecke $\overline{AA^*}$ = d_1 angeben (wie dies möglich ist, wird weiter unten beschrieben) und findet daraus mit Hilfe des Winkels γ (dieser tritt in Fig. 14 zweimal auf!) die Strecke d_2 und schließlich den Abstand D:

$$D = \frac{d_2}{\tan\varepsilon} \quad ; \quad d_2 = d_1 \tan\gamma$$

Hieraus folgt (wobei noch die Vereinfachung verwendet wird, daß es sich um sehr kleine Winkel handelt)

$$D \approx d_1\, \gamma/\varepsilon$$

γ/ε geht unmittelbar aus dem oberen Teil der Figur hervor:

$\gamma/\varepsilon = \overline{AK}/\overline{AA}{}'$. Somit wird

$$D \approx d_1\, \overline{AK}/\overline{AA}{}'$$

Woher aber kennt man die Größe von d_1? Man entnimmt sie aus der Geschwindigkeitskomponente in Richtung $A \rightarrow A^*$, die sich uns auf eine andere, unerwartete Weise mitteilt: Die Frequenz des auf der Erde ankommenden Lichts ist verringert und zwar umso mehr, je schneller der emittierende Stern (A) sich von der Erde radial wegbewegt. (Es ist der gleiche Effekt, wie er bei Schallwellen leicht beobachtet werden kann: Frequenzverringerung des zu hörenden Tones, wenn sich die Schallquelle, z. B. pfeifende Lokomotive, vom Empfänger entfernt: »Dopplereffekt«). Die Frequenzverringerung des vom Stern kommenden Lichts erkennt man aus der spektralen Zerlegung und daraus kann man die Geschwindigkeit v^* des Sterns in Richtung $A \rightarrow A^*$ angeben. Da auch der Zeitabstand T zwischen den beiden Positionsbestimmungen bekannt ist, ergibt sich $d_1 = v^*\, T$ und somit

$$D \approx v^*\, T\, \overline{AK}/\overline{AA}{}'$$

Wenn man sich klarmacht, wie die hier stehenden Faktoren das Ergebnis für D beeinflussen, so sieht man nochmal die einzelnen Schritte zur Erklärung dieser Methode. Die auf diese Weise erhaltenen Entfernungen verschiedener Bewegungssternhaufen liegen im Bereich etwa 100 Lichtjahre bis 6000 Lichtjahre.

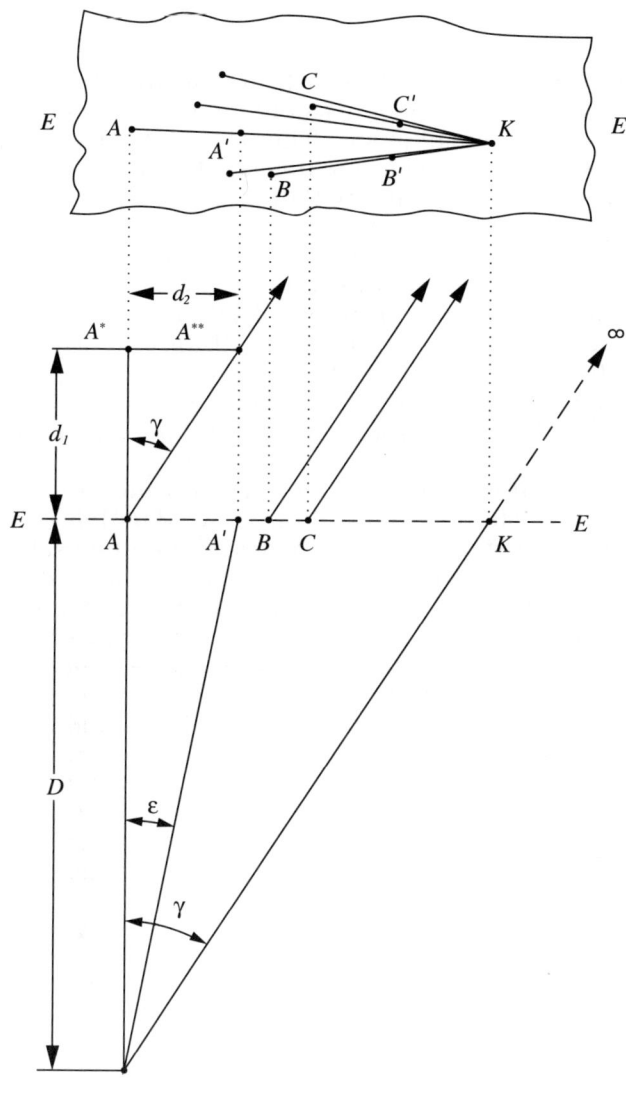

Beobachter

Fig. 14 Ein »Bewegungssternhaufen« wird beobachtet.
Oben (E – E): Zwei übereinandergelegte Bilder, die im zeitlichen Abstand T aufgenommen sind: Stern A hat sich nach A' bewegt, B nach B', usw. Die Linien
sind eingezeichnet, um deren scheinbare Bewegung auf den Konvergenzpunkt K
hin zu zeigen.
Unten: Draufsicht; zur Darstellung der Entfernungsdimension, welche im Bild
oben nicht unmittelbar sichtbar ist. Man denke sich das oben gezeichnete Bild
ausgeschnitten und senkrecht auf die gestrichelte Linie E – E aufgesetzt, unter
Maßgabe der punktierten Linien.

65

Ausblick

Der leitende Aspekt bei diesen Erörterungen war die Frage nach der Entfernung von der Erde; das, was Sie gelesen haben, waren gewissermaßen »Variationen über ein Thema«. Meistens wurden andere Fragen, z.B. »warum und wie«, nicht gestellt: Warum haben die Planeten gerade diese und nicht andere Bahnen? Wie ist das Planetensystem entstanden? Woher kommt die Energie der Sonne? Wohin geht die Entwicklung der Sonne? Warum bewegt sich die Sonne, warum die Bewegungssternhaufen? Warum gibt es weißlich leuchtende, aber auch rötlich leuchtende Sterne? Wie entsteht eine Galaxie? Woher und wohin entwickelt sich das Weltall? Zu all diesen Fragen kennt man wissenschaftlich begründete Antworten, die in groben Zügen auch dem interessierten Laien zugänglich gemacht werden können, allerdings nicht im Rahmen einer kurzen Abhandlung wie dieser.

Wenn Sie sich weiter in dieser Richtung informieren – staunen und wundern werden Sie sich dabei immer wieder. Ich erinnere mich heute noch an eine staunenswerte Aussage, die mich schon als Schüler beeindruckt hat. Sie betrifft Beteigeuze, den auffallend rötlichen Stern im oberen Teil des Sternbildes ORION (siehe Fig. 4 a): Beteigeuze ist ein »Roter Riese«; sein Durchmesser ist etwa 300 mal größer als der Durchmesser der Sonne! Er würde, an die Stelle der Sonne gesetzt, unser Planetensystem bis etwa hinaus zur Marsbahn ausfüllen. Auch unsere Sonne wird sich, in einigen Milliarden Jahren, zum Roten Riesen entwickeln.

Mr. **Th. Wright**, Aeronaut vom Crystall-Palast in London,

beehrt sich hiermit, einem verehrten Publikum die Anzeige zu machen, daß er am

☞ **Sonntag, den 3. Septbr.**

mit seinem gänzlich neuen **Riesen-Luftballon „Excelsior"** präcise 5 Uhr vom **Altonaer Schützen-hofe** aus, bei günstigem Wetter, seine zweite

Luft-Reise

unternehmen wird. — Vor dem Aufsteigen des Ballons finden auf Wunsch des verehrl. Publikums einige **Seilfahrten** statt. ☞ Einer der Mitreisenden wird in einer Höhe von ca. 1000 Meter, nachdem der Ballon gestiegen ist, mittelst **Fallschirm** vom Ballon heruntergelassen werden.

Grosses Garten-Concert.

Anfang der Füllung und des Concerts 2 Uhr.

Casseöffnung 1 Uhr. Preise der Plätze : 1. Platz 1 Mark, 2. Platz 50 Pf.

Nach Aufsteigen des Luftballons Entrée **20 Pfg.**

Nach 5 Uhr:

Grosser Ball im Pavillon und Saal.

Um 9 Uhr werden die Herren Gebr. **Pundsack** die **sechste Brillant-Beleuchtung des Gartens** durch ein electrisches Licht mit bunten Farben veranstalten, verbunden mit **Promenaden-Feuerwerk.**

Werbeplakat, etwa zu Beginn des 20. Jahrhunderts

Eine Flugreise, physikalisch beleuchtet

Vielleicht haben Sie es schon erlebt – Sie sitzen im Wartesaal des Flughafens und draußen steht schon der Jumbo (Boeing 747) bereit, in den Sie gleich einsteigen werden. Sie wundern sich: »Dieses Riesending wird wirklich fliegen, noch dazu beladen mit dieser Menschenmenge und all diesem Gepäck...«. Aber sich nur zu wundern und die Flugreise staunend über sich ergehen zu lassen genügt Ihnen vielleicht nicht, und Sie fragen nach Fakten und wünschen einiges hierzu aus physikalischer Sicht zu durchdenken? Gerne, bitte einsteigen!

Auf der Startbahn

Der voll beladene Jumbo hat etwa die Gesamtmasse 320.000 kg; das Abheben von der Startbahn geschieht, sobald er etwa die Geschwindigkeit 310 km/h erreicht hat. Von Fall zu Fall wird die Gesamtmasse ein wenig unterschiedlich sein; deshalb – aber auch wegen atmosphärischer Bedingungen – ergeben sich geringe Unterschiede in der jeweiligen zum Abheben erforderlichen Geschwindigkeit. Die Zahlenwerte im Folgenden sind also keine Präzisionsaussagen, aber immerhin ist mit diesen Richtwerten eine gute Orientierung möglich.

Der Zeitbedarf zwischen dem Startbeginn und dem Abheben eines voll beladenen Jumbos beträgt etwa 50 bis 55 Sekunden. Rechnen wir für das Folgende mit 51 s, und nehmen wir an, daß während der gesamten Startphase die Geschwindigkeit gleichmäßig zunimmt von Null auf 310 km/h (86 m/s), daß also die Beschleunigung konstant ist. Aus der Geschwindigkeitszunahme und der dazu benötigten Zeitspanne ergibt sich die Beschleunigung (d.i. die Geschwindigkeitszunahme pro Sekunde) zu

$$a = \frac{86 \text{m/s}}{51 \text{s}} = 1,7 \, \frac{\text{m}}{\text{s}^2}$$

Mit diesem einfachen Ergebnis lassen sich zwei Fragen beantworten:

– Wie groß ist die Kraft, die diese Beschleunigung bewirkt hat?
– Welche Startbahnstrecke durchfährt der Jumbo bis zum Abheben?

Die beschleunigende Kraft F, die Flugzeugmasse M und die Beschleunigung a hängen über das Newtonsche Gesetz $F = M a$ zusammen. Es ist also $F = 320.000$ kg$\cdot 1,7$ m/s$^2 = 550.000$ N. Die vier Triebwerke zusammen liefern aber bei Vollgas den Vorwärtsschub 880.000 N (Werksangabe)! Da offenbar nur 550.000 N als beschleunigende Kraft wirken, muß die Differenz, 330.000 N, durch eine andere dem Vorwärtsschub entgegenwirkende Kraft aufgehoben worden sein: Diese bremsende

Kraft entsteht durch die Rollreibung der Räder und durch den Luftwiderstand. Am Anfang der Startphase liegt noch das gesamte Gewicht 3.200.000 N auf den Rädern, d.h. ein Reibungskoeffizient 0,1 für die Rollreibung erklärt die Größe der bremsenden Kraft; der Luftwiderstand ist zunächst noch vergleichsweise klein. Bei größerer Geschwindigkeit, also gegen Ende der Startphase beträgt die Luftwiderstandskraft etwa 5% von der durch die Flügel erzeugten Auftriebskraft, also etwa 160.000 N; die Rollreibungskraft ist dann merklich geringer als am Anfang, da die Räder schon wesentlich weniger belastet sind.

Schätzen wir auch einen Extremfall ab: Wie ändert sich die beschleunigende Kraft und damit die Beschleunigung, wenn eines der vier Triebwerke während der Startphase ausfällt? Der gesamte Triebwerksschub ist dann noch 660.000 N und die nach Abzug der bremsenden Reibungs- und Luftwiderstandskraft 330.000 N noch verbleibende beschleunigende Kraft beträgt sodann $F^* = 330.000$ N, woraus sich die Beschleunigung $a^* = F^*/M = \dfrac{330.000 \text{ N}}{320.000 \text{ kg}} = 1,03 \text{ m/s}^2$ ergibt.

Wenden wir uns nun der im Beschleunigungsprozeß durchfahrenen Startbahnstrecke S zu, und betrachten wir dabei auch die insgesamt zur Verfügung stehende Länge der Startbahn. Beträgt die Endgeschwindigkeit beim Abheben v_A, so ist die mittlere Geschwindigkeit im ganzen Startvorgang $v_A/2$, und die mit dieser mittleren Geschwindigkeit während der Zeitspanne t durchfahrene Strecke S beträgt

$$S = \frac{v_A}{2}\, t = \frac{86}{2}\,\frac{\text{m}}{\text{s}} \cdot 51\text{s} = 2200 \text{ m}$$

(Falls Ihnen die Formel $S = 1/2\, a\, t^2$ bekannt ist: Diese und die hier gezeigte kurze Rechnung mit der mittleren Geschwindigkeit sind in ihrem Gehalt identisch.) Sehr beruhigend zu wissen, daß die dem Jumbo zur Verfügung stehende Startbahnlänge meist erheblich größer ist, z.B. 4.000 m. Dieses Überangebot an Startbahnlänge bedeutet Sicherheitsreserve: Wenn z.B. der Schub eines der Triebwerke von Anfang an wegfällt, so wird bei der oben abgeschätzten Beschleunigung $a^* = 1,0 \text{ m/s}^2$ der Zeitbedarf zum Erreichen von v_A zu $t^* = \dfrac{86 \text{ m/s}}{1,0 \text{ m/s}^2} = 86$ s, und damit wird die durchfahrene Strecke

$$S^* = \frac{v_A}{2}\, t^* = \frac{86}{2}\,\frac{\text{m}}{\text{s}} \cdot 86\text{s} = 3700 \text{ m}$$

Die gesamte Startbahn der Länge 4.000 m würde dann also gerade noch zum Abheben reichen, es bestünde aber dabei keine Sicherheitsreserve mehr für eine Notbremsung. Da man sich darauf wohl nicht einlassen will, kann man nach Kriterien fragen, unter denen eine Notbremsung noch ganz auf der Startpiste durchgeführt werden kann: z.B. »Von welcher Stelle der Startpiste aus kann bei gegebener Geschwindigkeit gerade noch sicher abgebremst werden?« Spätestens dort muß der Pilot entscheiden: »Umkehrschub und bremsen«, oder »volle Pulle«. Es würde aber zu weit führen, diese Kriterien für den Startabbruch hier genauer zu diskutieren.

Wie entsteht der Auftrieb?

Es ist eine große Kraft, die das Flugzeug von der Startbahn weg nach oben zieht. Nach etwa 20 Minuten hat es seine Reisehöhe (ca. 10.000 m) und seine Reisegeschwindigkeit (ca. 910 km/h) erreicht. Diesen einfachen Fall konstanter Vorwärtsbewegung wollen wir uns vorstellen, wenn wir uns der Frage widmen: Wie entsteht die nach oben ziehende Kraft, die sogenannte dynamische Auftriebskraft, welche der nach unten ziehenden Kraft (diese ist das Gewicht des Flugzeugs, ca. 3.000.000 N) das Gleichgewicht hält?

Zur Beantwortung dieser Frage, der Erklärung des dynamischen Auftriebs, hat man zunächst eine grobe Vorstellung: Es muß damit zusammenhängen, daß die Tragfläche durch die Luft hindurch rasch vorwärtsbewegt wird: Schon wenn man seine Hand aus dem fahrenden Auto heraushält, spürt man eine von der Luft auf die bewegte Hand ausgeübte Kraft und zwar verschieden je nach Stellung der Hand und umso deutlicher, je größer die Geschwindigkeit ist; auch bei einem durch Wasser hindurchgezogenen Brett spürt man eine Kraft, verschieden je nach Stellung und Geschwindigkeit des Bretts.

Anstelle der bewegten Tragfläche in ruhender Luft beschreiben wir nun, wie ein Passagier des Flugzeugs diese Situation sieht: Er sieht eine ruhende Tragfläche, und die Luft bewegt sich (z.B. sichtbar gemacht durch Nebelfetzen) rasch daran vorbei. Entscheidend für die Größe und Richtung der dabei auf die Tragfläche ausgeübten Kraft ist u. a. die Richtungsänderung in der Luftströmung. Dies sei an der folgenden Sequenz von Figuren erklärt.

Stellen Sie sich zunächst ein Schiff vor, das in ruhendem Gewässer von links nach rechts fährt. Diese Situation beschreiben wir nun, wie ein Passagier des Schiffes sie sehen würde: Ruhendes Schiff und von rechts nach links vorbeiströmendes Wasser (siehe Fig. 1 a). Das Schiff hat an seinem hinteren Ende ein Steuerruder R, welches zunächst in »Geradeaus-Richtung« steht. Jetzt verstellen wir das Steuerruder, wie in Fig. 1 b gezeigt: Dadurch wird die Strömungsrichtung des vorbeiströmenden Wassers verändert. Anstatt geradeaus zu strömen, wird es nach links (gesehen in Strömungsrichtung) abgelenkt und dabei drückt es gegen das Steuerruder (siehe Doppelpfeil in Fig. 1 b). Dabei wirkt sich nicht nur die Strömung in der näheren Umgebung des Steuerruders aus, sondern die Gesamtheit der Strömung: das Ergebnis der Wechselwirkung zwischen dem Steuerruder und der gesamten Strömung ist die Kraft, die auf das Steuerruder drückt.

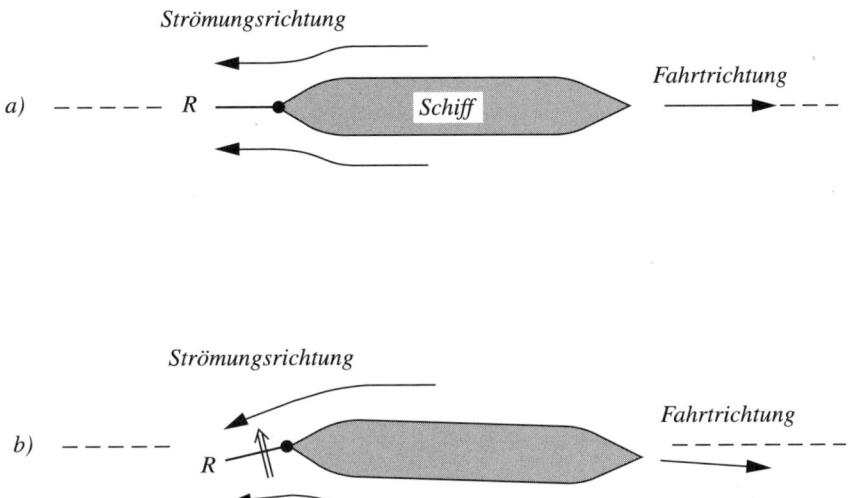

Fig. 1 Ein Schiff (Draufsicht), das sich nach rechts bewegt. a) Das Steuerruder R steht auf »geradeaus«. b) Das Steuerruder steht auf »rechts«. Das vorbeiströmende Wasser wird abgelenkt, dadurch entsteht eine Kraft auf das Ruder (Doppelpfeil), welche das Schiff in eine andere Richtung orientiert.

Analog dazu kann man das Zustandekommen der dynamischen Auftriebskraft verstehen, also der Kraft, welche die Tragfläche nach oben drückt. Fig. 2 a zeigt zunächst einen Körper von stromlinienförmigem Querschnitt (z.B. ein senkrecht stehendes abgerundetes Brett, dessen Querschnitt in der Figur sichtbar ist): der Körper bietet der vorbeiströmenden Luft (Pfeile) nur wenig Widerstand. Nun verändern wir die Orientierung des Körpers bezüglich des ankommenden Luftstroms, so wie vorher die Stellung des Steuerruders. Die Folge ist: Die Luft wird – wie vorher das Wasser – nach links (gesehen in Strömungsrichtung) abgelenkt; dabei drückt sie nach rechts gegen den Körper (siehe Doppelpfeil in Fig. 2 b), so wie vorher das abgelenkte Wasser gegen das Steuerruder. Wenn man das senkrecht stehende Brett nun um 90° dreht, so daß es horizontal steht und dessen scharfe Hinterkante im ankommenden Luftstrom ein wenig nach unten drückt, so bildet es ein Fläche, welche die Luft nach unten ablenkt. Als Folge der Ablenkung des Luftstroms nach unten ergibt sich eine Kraft auf das stromlinienförmige Brett nach oben. Das stromlinienförmige Brett ist der Flügel und die Kraft nach oben ist die dynamische Auftriebskraft.

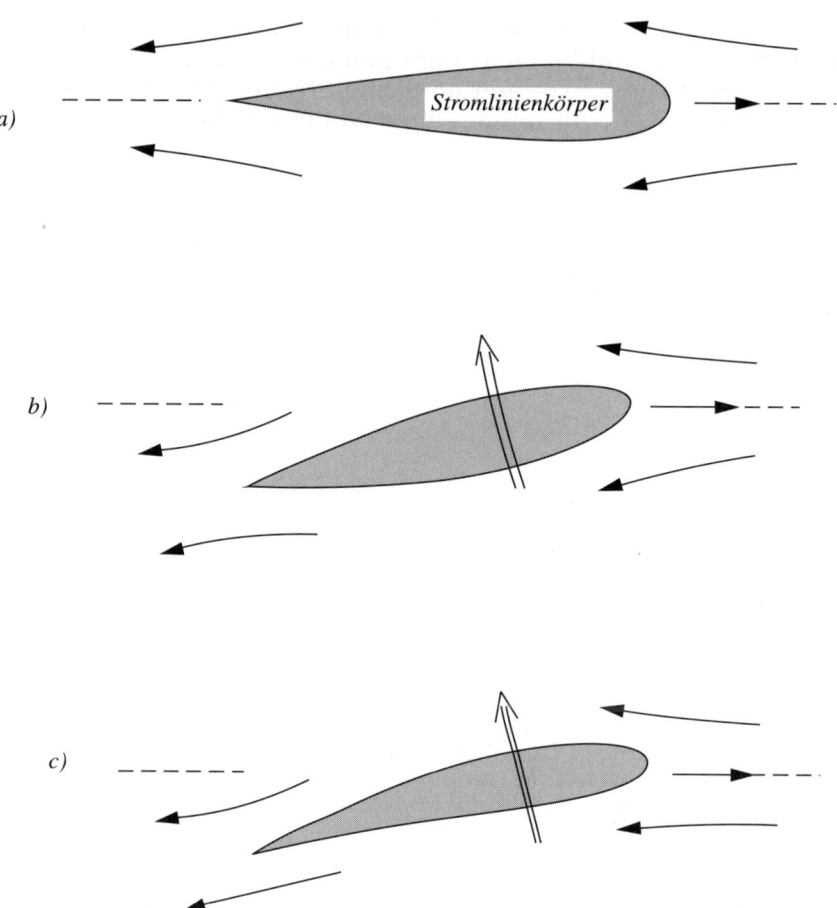

a)

Stromlinienkörper

b)

c)

Fig. 2 a) Ein stromlinienförmiger Körper wird längs seiner Symmetrieachse angeströmt. Er wird symmetrisch umströmt. b) Der Körper steht schräg im Luftstrom; er lenkt den Luftstrom aus seiner ursprünglichen Richtung ab. Dadurch
entsteht eine Kraft (Doppelpfeil). c) Tragflügelprofil, schräg im ankommenden
Luftstrom stehend. Aufgrund der Luftablenkung nach unten entsteht die dynamische Auftriebskraft nach oben.

Beim Schrägstellen des Bretts in der Strömung erhöht sich der Strömungswiderstand, was sehr unerwünscht ist (weil damit eine höhere
Schubkraft erforderlich wird). Deutlich geringer ist der Strömungswiderstand, wenn das symmetrische Strömungsprofil ein wenig der
unsymmetrischen Strömungsform angepaßt ist. So entsteht das Tragflügelprofil (Fig. 2 c), dessen Funktion also darin besteht, die horizontal anströmende Luft (vorwärtsfliegen in horizontaler Richtung) bei
möglichst geringem Luftwiderstand möglichst optimal nach unten ab-
zulenken, also optimal dynamischen Auftrieb zu erzeugen.

Kurz ausgedrückt: Die dynamische Auftriebskraft kommt zustande durch die Impulsänderung der insgesamt in verschiedenen Abständen am Flügel vorbeiströmenden Luft. Einfache andere Beispiele zum Zusammenhang zwischen Kraft und Impulsänderung sind Ihnen vielleicht bekannt: Der Rückstoß eines Gewehres kommt von der Impulsänderung des Geschoßes im Augenblick des Schießens; der durch einen Propeller erzeugte Vortrieb kommt von der Impulsänderung der Luft, die durch den Propeller nach hinten beschleunigt wird.

Die allgemeine Berechnung des dynamischen Auftiebs ist einigermaßen kompliziert, denn hierzu muß erst berechnet werden, wie die Luft in verschiedenen Abständen umgelenkt wird, und welche gesamte Impulsänderung dadurch entsteht. Aus dem Ergebnis dieser Berechnung können wir eine vereinfachte, näherungsweise gültige Aussage überblicken: Die dynamische Auftriebskraft F_A beträgt etwa

$$F_A \approx \rho \, L \, l \, v \, (v_o - v_u) \tag{1)*}$$

Dabei bedeuten: ρ die Luftdichte, L die Flügellänge, l die Flügeltiefe (d.i. Abstand zwischen Vorder- und Hinterkante des Flügels), v die Geschwindigkeit der anströmenden Luft, v_o die mittlere Geschwindigkeit der Luft an der Flügeloberseite, v_u die mittlere Geschwindigkeit an der Flügelunterseite.

Man sieht an diesem Ergebnis, daß es für das Zustandekommen des dynamischen Auftriebs entscheidend ist, daß $v_o > v_u$, daß also die Luft an der Flügeloberseite schneller vorbeiströmt als an der Unterseite. Die Querschnittsform des Flügels (Fig. 2 c) bewirkt, daß dies tatsächlich eintritt. Man kann dies experimentell dadurch nachprüfen, daß man ein Modell des Flügels in einen Windkanal einsetzt und dort v_o und v_u unmittelbar mißt. Auch die Formel (1) kann man auf diese Weise überprüfen.

Auch für den Jumbo im Flug könnte man, mit Hilfe einer entspre-

---

*) Wenn Ihnen die Bernoulli-Gleichung bekannt ist, so können Sie hierin die Druckdifferenz zwischen Flügeloberseite und Flügelunterseite erkennen, da $L \cdot l = A$ (Flügelfläche) und angenommen werden kann, daß $v \approx (v_o + v_u)/2$

$$\frac{F}{L\,l} \approx \frac{1}{2} \rho \, (v_o + v_u)(v_o - v_u) = \frac{1}{2} \rho \, v_o^2 - \frac{1}{2} \rho \, v_u^2 = p_o - p_u$$

Ferner sieht man den Bezug zur häufig verwendeten empirischen Auftriebsformel $F = \frac{c_A}{2} A \, \rho \, v^2$ (wobei c_A den sog. »Auftriebsbeiwert« bedeutet), wenn man annimmt, daß $v_o - v_u \sim v$ und dies in (1) einsetzt. Dies bedeutet aber nicht, daß c_A über einen größeren Geschwindigkeitsbereich wirklich konstant sein muß.

chenden Meßeinrichtung an der Flügeloberseite und an der Flügelunterseite, diese Überprüfung von (1) vornehmen. Da alle auf der rechten Seite vorkommenden Größen gemessen werden, kann man daraus die dynamische Auftriebskraft F_A berechnen. Diese muß im konstanten Horizontalflug genausogroß sein wie das momentane Gewicht des Jumbos.

Leider sind uns Messungen von v, v_o, v_u am fliegenden Jumbo nicht unmittelbar zugänglich, aber immerhin können wir abschätzen, wie groß $v_o - v_u$ am Jumbo im Reiseflug ist, denn wir kennen ja alle anderen in (1) vorkommenden Größen wenigstens ungefähr:

Für die Größe des dynamischen Auftriebs F_A setzen wir etwa 2.800.000 N (das Startgewicht 3.200.000 N ist schon verringert wegen Treibstoffverbrauchs, s.w.u.), die Luftdichte ρ in der Flughöhe beträgt etwa 0,41 kg/m³, die gesamte (wirksame) Flügelfläche $L\,l$ beträgt etwa 700 m² (die beiden Flügel allein haben etwa 500 m², das Höhenleitwerk etwa 100 m² und der leicht schräg im Luftstrom stehende Flugzeugrumpf trägt auch bei, was etwa 100 m² Flügelfläche entspricht) und die Fluggeschwindigkeit beträgt etwa 910 km/h = 250 m/s. So ergibt sich

$$v_o - v_u = \frac{F_A}{\rho\,L\,l\,v} = \frac{2\,800\,000 \text{ N}}{0,41\,\text{kg}/\text{m}^3 \cdot 700\,\text{m}^2 \cdot 250\,\text{m}/\text{s}} = 40\,\text{m}/\text{s}$$

Versuchen wir uns zu überlegen, ob dieses Ergebnis wenigstens grob gesehen ungefähr plausibel erscheint: $v_o - v_u$ liegt im Bereich 15% bis 20% von v. Ein wesentlich kleinerer Prozentsatz, etwa 1%, wäre kaum glaubwürdig, denn wie soll eine so geringe, unbedeutende Aufzweigung der Strömung (die deshalb sehr empfindliche Folgen bei kleinen Störungen erfahren würde) einen so stabilen und erheblichen Effekt wie den Dauerflug erklären? Aber auch ein erheblich größerer Prozentsatz, z.B. 100% wäre kaum glaubwürdig, denn dann müßte nahe der Flügelhinterkante eine Verwirbelung auftreten, weil von der Oberseite her und von der Unterseite her die Luftströme mit stark unterschiedlicher Geschwindigkeit zusammentreffen und aneinander entlangströmen würden, was einen erheblich größeren Strömungswiderstand zur Folge hätte. Außerdem müßte dann die Strömung an der Flügeloberseite Überschallgeschwindigkeit erreichen (die Schallgeschwindigkeit bei den in der Flughöhe vorliegenden Bedingungen beträgt etwa 295 m/s), was ebenfalls zu stark veränderten Flugbedingungen führen würde und deshalb sicher vermieden werden muß. Einigermaßen vernünftig erscheint es aber anzunehmen, daß v etwa dem Mittelwert von v_o und v_u entspricht, daß also

$$v \approx \frac{v_o + v_u}{2};$$

dies läßt sich umformen zu

$$v_o \approx v + \frac{v_o - v_u}{2} = 250 \text{ m/s} + \frac{40}{2} \text{ m/s} = 270 \text{ m/s}.$$

Die Strömungsgeschwindigkeit an der Oberseite hat also gerade noch einen deutlichen Abstand zur Schallgeschwindigkeit. Wäre der Jumbo noch ein wenig schneller, so würde die Strömung an der Flügeloberseite die »Schallmauer« erreichen!

Ein Blick auf das Triebwerk

Der vollbetankte Jumbo faßt 120.000 kg Treibstoff (Kerosin); das Tankvolumen beträgt also etwa 150.000 Liter (eine normale Badewanne faßt etwa 300 Liter!). Um ca. 300 Passagiere über seine maximale Reichweite (ca. 10.500 km, z.B. Frankfurt – Los Angeles) zu transportieren, benötigt er etwa 140.000 Liter Treibstoff (der Rest ist Sicherheitsreserve). Ist dieser Verbrauch besonders hoch? Wie ist er mit dem Verbrauch anderer Verkehrsmittel, z.B. dem Auto, zu vergleichen (der Einfachheit halber unterscheiden wir nicht zwischen verschiedenen Treibstoffarten)? Betrachten wir ein sparsames Auto der Mittelklasse, das mit zwei Personen besetzt ist. Es verbraucht bekanntlich etwa 9 Liter/100 km; der Verbrauch pro Person und zurückgelegtem Streckenkilometer ist also 0,045 Liter/(Person km). Für den Jumbo ergibt sich

$$\frac{140\,000 \text{ Liter}}{300 \text{ Personen} \cdot 10\,500 \text{ km}} = 0{,}045 \frac{\text{Liter}}{\text{Person} \cdot \text{km}}.$$

Man sieht, daß der spezifische Verbrauch des vollbesetzen Jumbos praktisch genau mit dem eines halbbesetzten Mittelklasseautos übereinstimmt. Wenn man trotzdem nachdenklich wird angesichts der bei jedem Flug verbrauchten riesigen Treibstoffmenge: Man muß sehen, daß das Bedürfnis vieler Menschen, oft und sehr weit zu verreisen, dazu führt.

Die bei der Verbrennung des Treibstoffs freigesetzte Wärme möchte man natürlich möglichst vollständig zur Erzeugung der Vorwärtsbewegung umsetzen. Leider gelingt die Umsetzung von Wärme in mechanische Energie bei keiner Wärmemaschine vollständig; ein Teil der Wärme muß prinzipiell an die Umgebung abgegeben werden. Auch das Düsentriebwerk des Jumbos ist eine Wärmemaschine, die nur einen Teil der Verbrennungswärme in Vorschubarbeit umsetzen kann und den anderen Teil unmittelbar an die Umgebung abgibt.

Fig. 3 zeigt einen Querschnitt durch eine einfache Form eines Düsentriebwerks. Von links tritt die Luft in dessen Öffnung ein, wo sie von einem rotierenden Schaufelrad (Verdichter) erfaßt und nach rechts beschleunigt wird. In der dahinterliegenden Brennkammer wird hohe Temperatur erzeugt (so wie auch im Kolbenmotor nach der Zündung des Benzin-Luftgemisches), wodurch der Druck weiter steigt und dadurch die dahinterliegende Turbine mit ihren schräggestellten Schaufeln (und der mit ihr verbundene Verdichter) angetrieben wird; danach strömt das Gemisch aus Luft und Verbrennungsgasen erhitzt und mit großer Geschwindigkeit nach hinten ab. Insgesamt gesehen: Vorher ruhende Luft wird angesaugt (wie von einem Propeller, der dadurch eine Reaktionskraft nach vorne erfährt) und mit großer Geschwindigkeit nach hinten abgegeben. Das Düsentriebwerk ist Propeller und Propellerantrieb in einem.

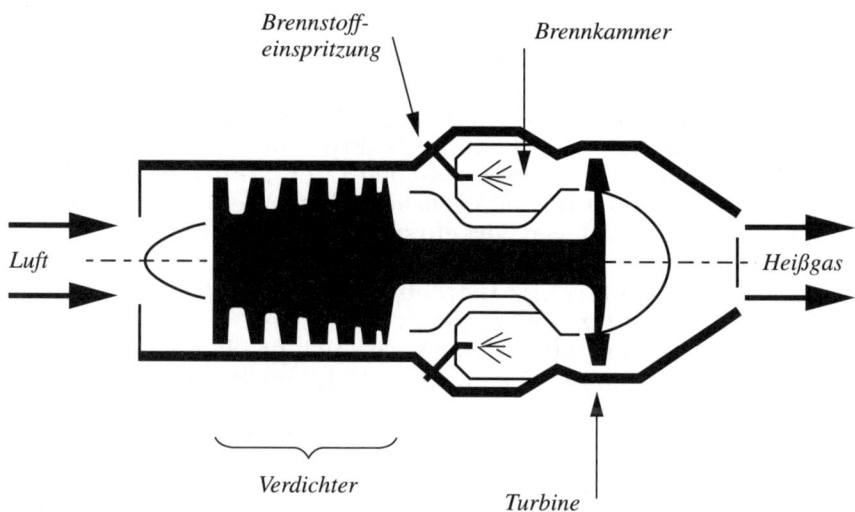

Fig. 3 Querschnitt durch ein Düsentriebwerk. Durch die Verbrennung wird die Turbine angetrieben, und diese treibt den Verdichter. Insgesamt wird vorher ruhende Luft nach rechts (hinten) beschleunigt. Mit der Achse der Turbine kann auch ein Propeller verbunden sein (zur Erhöhung des Wirkungsgrades): »Turbo-prop-Antrieb«. (Bildnachweis: Zur Verfügung gestellt von Firma Motoren- und Turbinen-Union mtu).

Nachdem Sie sich vorstellen können, wie die Vortriebskraft (als Rückstoß der nach hinten beschleunigten Luft) zustande kommt, wollen wir nun berechnen, wie groß die Geschwindigkeit der ausgestoßenen Luft sein muß und welcher Prozentsatz der Verbrennungswärme als Vorschubarbeit nutzbar wird:

Die Rückstoßkraft F_R berechnet sich aus der Geschwindigkeitszunahme der vorher ruhenden Luft beim Durchströmen des Triebwerks und der innerhalb einer Zeitspanne τ dabei erfaßten Luftmasse m (der Massenanteil aus dem Treibstoff ist hier vernachlässigbar gering); die Geschwindigkeit, mit der die Luft aus dem Triebwerk austritt, sei v_G (bezogen auf die Erdoberfläche)

76

$$F_R = \frac{m}{\tau} v_G \qquad\qquad (2)^*)$$

Natürlich ist der Rückstoß nicht nur während einer kurzen Zeitspanne τ vorhanden, sondern auch während der darauffolgenden und wieder darauffolgenden Zeitspanne, denn es wird immer wieder Luft angesaugt und beschleunigt, u.s.w. So ergibt sich die dauernd wirkende Vorschubkraft.

Zur Berechnung eines Zahlenwerts von m/τ bedenken wir, daß die vordere Öffnung aller vier Düsentriebwerke etwa die Querschnittsfläche $A \approx 4 \cdot 3\,\mathrm{m}^2 = 12\,\mathrm{m}^2$ aufweist und daß das Flugzeug in der ruhenden Luft innerhalb der Zeitspanne τ die Strecke $v\tau$ zurücklegt, d.h. das in die Triebwerksöffnungen hineinströmende Luftvolumen beträgt $V = A\,v\,\tau$, die hineinströmende Masse $m = \rho\,V$; so ergibt sich $\dfrac{m}{\tau} = \rho\,A\,v = 0{,}4\,\mathrm{kg/m}^3 \cdot 12\,\mathrm{m}^2 \cdot 250\,\mathrm{m/s} = 1.200\,\mathrm{kg/s}$.

Für konstanten Reiseflug ist der erforderliche Vorwärtsschub (dieser ist dann im Gleichgewicht mit dem Strömungswiderstand) etwa 1/14 des dynamischen Auftriebs F_A, wie z.B. durch Messungen im Windkanal festgestellt werden kann. Beträgt das momentane Flugzeuggewicht und damit der dynamische Auftrieb ca. 2.800.000 N so muß also ein Triebwerksvorschub von insgesamt etwa $1/14 \cdot 2.800.000$ N = 200.000 N erbracht werden (d.h. etwa 1/4 des maximalen Triebwerksvorschubs reicht für den Reiseflug; man darf aber daraus nicht schließen, daß der Jumbo im Reiseflug mit allein nur einem voll funktionsfähigen Triebwerk, das dann voll ausgelastet werden muß, große Strecken fliegen könnte. Vollastbetrieb kann nur kurze Zeit, z.B. beim Start, durchgehalten werden). Damit kann man aus (2) entnehmen, wie groß die Abströmgeschwindigkeit sein muß:

$$v_G = \frac{F_R}{m/\tau} = \frac{200\,000\ \mathrm{N}}{1\,200\,\mathrm{kg/s}} = 165\,\frac{\mathrm{m}}{\mathrm{s}}$$

Das so abströmende heiße Luft-Abgasgemisch wird von der Umge-

---

*) Man sieht das Zustandekommen dieses Ausdrucks folgendermaßen: Erreicht eine Luftmasse m innerhalb der Zeitspanne τ eine Geschwindigkeitszunahme von $v_0 = 0$ auf v_G, so beträgt deren Beschleunigung $a = (v_G - v_0)/\tau$ nach hinten. Gemäß der Newtonschen Gleichung $F = m \cdot a$ hat also während der Zeitspanne τ die Kraft $F = m \cdot v_G/\tau$ nach hinten gewirkt. Man kann diese Gleichung auch lesen als Produkt aus »angesaugte Luftmasse pro Zeit« und »Abströmgeschwindigkeit«, $\dfrac{m}{\tau} v_G$. Die Reaktionskraft auf die nach hinten wirkende, die Luft beschleunigende Kraft ist die Rückstoßkraft F_R nach vorne.

bungsluft natürlich rasch abgekühlt und unter Wirbelbildung abgebremst; es ist offensichtlich, daß hier Energie an die Umgebung abgegeben wird.

Wieviel Verbrennungswärme geht auf diese Weise ummittelbar an die Umgebung? Wir schätzen dies ab mit folgender Energiebilanz: Bei der Verbrennung von 1 kg Treibstoff wird etwa die Wärmemenge $5 \cdot 10^4$ kJ frei (»Heizwert«); da auf 10.500 km im Reiseflug etwa 110.000 kg Treibstoff verbraucht werden (der Verbrauch zum Beschleunigen und zum Steigen ist vergleichsweise gering und wird hier nicht berücksichtigt), ergibt sich etwa 10 kg Treibstoffverbrauch und damit $50 \cdot 10^4$ kJ Verbrennungswärme für jeden Kilometer Reiseflug. Wieviel davon erscheint als Vorschubarbeit (Kraft·Weg)? Die von den vier Triebwerken zusammen längs eines Kilometers erbrachte Vorschubarbeit ist $W = F_R \cdot l = 200.000$ N $\cdot$ 1.000 m $= 20 \cdot 10^7$ Nm $= 20 \cdot 10^4$ kJ; dies sind 40% der Verbrennungswärme: etwa 60% der Verbrennungswärme geht also unmittelbar an die Umgebung verloren (auch die 40% werden schließlich als Wärme an die Umgebung abgegeben, aber nicht unmittelbar, sondern über die Vorwärtsbewegung des Flugzeugs und die damit zusammenhängenden Reibungsprozesse in der Luft).

Navigation

Vielleicht fragen Sie sich, ob der Pilot während des stundenlangen Flugs über den Wolken die Position des Flugzeugs immer genau kennt. Orientiert er sich am Stand der Sonne oder der Sterne? Wird die Position durch Radar von der Erde aus festgestellt und ihm durch Funk mitgeteilt? Empfängt er Funkleitstrahlen? Es gibt ein Navigationsverfahren, das völlig unabhängig von einem Kontakt mit der Außenwelt funktioniert, also ohne Signale von außen auskommt.

Dieses Verfahren, die sogenannte Trägheitsnavigation ist im Prinzip einfach zu verstehen, aber dessen praktische Anwendung mit hoher Genauigkeit erfordert einigen rechnerischen Aufwand, den man jedoch dem Computer überlassen kann. Stellen Sie sich zunächst folgende vereinfachte Situation vor: Eine gerade Straße (z.B. genau von Süd nach Nord) und ein an einer bestimmten Stelle P ($y = 0$) stehendes Auto. Zu einem bestimmten Zeitpunkt ($t = 0$) beginnt die Fahrt. Ein Beschleunigungsmeßgerät (dessen Funktionsweise wird weiter unten beschrieben) zeigt an: »Die Beschleunigung beträgt 3,0 m/s^2; das bedeutet, daß die Geschwindigkeit in jeder Sekunde um 3,0 m/s zunimmt. Man kann sich hieraus zurechtlegen, welche momentane Geschwindigkeit v (Tachometer) das Auto zu bestimmten Zeitpunkten hat (siehe zweite Zeile der nachfolgenden Tabelle) und in welcher Entfernung vom Startpunkt das Auto sich zu diesen Zeitpunkten befindet (siehe fünfte Zeile der Tabelle). Zur Berechnung der innerhalb jeder Sekunde zurückgelegten Strecke muß man bedenken, daß die

Geschwindigkeit sich ändert; bei der gegebenen gleichförmigen Ge-Geschwindigkeitszunahme gilt eine einfache Regel: Man verwende jeweils die mittlere Geschwindigkeit (siehe dritte Zeile der Tabelle):

Zeitpunkt t	0 s	1 s	2 s	3 s	4 s
Geschwindig-keit v	0 m/s	3,0 m/s	6,0 m/s	9,0 m/s	12,0 m/s
mittlere Geschwindigkeit		1,5 m/s	4,5 m/s	7,5 m/s	10,5 m/s
zurückgelegter Streckenabschnitt		1,5 m	4,5 m	7,5 m	10,5 m
Entfernung y vom Start P	0	1,5 m	6,0 m	13,5 m	24,0 m

Das, was hier durch Zahlenkolonnen ausgedrückt ist, liefern auch die Ihnen vielleicht bekannten Formeln $v = a \cdot t$ (zweite Zeile) und $y = 1/2\, a\, t^2$ (fünfte Zeile) mit $a = 3{,}0$ m/s^2.

Unser Auto wird aber nicht dauernd weiterbeschleunigen, sondern bald wird es z.B. mit gleichbleibender Geschwindigkeit weiterfahren. Idealisierend nehmen wir an, daß die Beschleunigung und damit die Anzeige des Beschleunigungsmessers nach der vierten Sekunde rasch auf Null zurückgeht und auf Null bleibt. Damit wird nun die Tabelle fortgeschrieben:

Zeitpunkt t	4 s	5 s	6 s	7 s
Geschwindig-keit	12,0 m/s	12,0 m/s	12,0 m/s	12,0 m/s
mittlere Geschwindigkeit		12,0 m/s	12,0 m/s	12,0 m/s
zurückgelegter Streckenabschnitt		12,0 m	12,0 m	12,0 m
Entfernung y von P	24,0 m	36,0 m	48,0 m	60,0 m

Wenn das Auto wieder abbremst, zeigt das Beschleunigungsmeßgerät einen negativen Wert, z.B. -2 m/s^2. Das bedeutet, daß die Geschwindigkeit in jeder Sekunde um 2 m/s abnimmt. Sie wollen vielleicht selbst die Tabelle entsprechend weiterrechnen um zu sehen, in welcher Entfernung y von P das Auto zum Stillstand kommt.

Man braucht also im Prinzip nur die Anfangswerte von Ort und Geschwindigkeit (hier: $y = 0$, $v = 0$) zu kennen und dazu einen Beschleunigungsmesser und eine Uhr. Damit kann man berechnen, an welcher Stelle sich das Auto zu gegebenen Zeitpunkten befindet.

Wie aber kann man die Beschleunigung des Autos messen, wenn man keine Beobachtung der Außenwelt vornimmt, also »blind« fährt? Es muß ein Meßgerät sein, das zum Auto dazugehört, mit ihm mitfährt, in ihm befestigt ist. Das wesentliche seiner Funktionsweise haben Sie bestimmt schon am eigenen Leib verspürt – die Massenträgheit: Im nach vorne beschleunigten Auto wird Ihr Körper nach hinten gedrückt, in die Rückenlehne hinein. Die Kraft, welche Ihren Körper nach hinten drückt – sie heißt die »Trägheitskraft« – kommt daher, daß das Bezugssystem (Auto) nach vorne beschleunigt wird. Die Größe der Trägheitskraft auf einen Körper der Masse m und ihre Richtung ist gegeben durch $F_T = - m\, a$, wobei a die Beschleunigung des Bezugssystems ist; die Richtung der Trägheitskraft ist entgegengesetzt zur Richtung der Beschleunigung (z.B. im bremsenden Auto ist die Trägheitskraft bekanntlich nach vorne gerichtet).

Für unser Beschleunigungsmeßgerät brauchen wir also eine Masse m und einen Kraftmesser, z.B. eine Spiralfeder, aus deren Dehnung die Kraft F_T ersichtlich ist; die Beschleunigung a ergibt sich dann aus $a = - F_T/m$. Stellen Sie sich folgende Anordnung vor: Einen Probekörper (Masse m), der auf einer geraden Stange praktisch reibungsfrei verschiebbar ist und eine Spiralfeder, deren eines Ende am Probekörper und deren anderes Ende am vorderen Stangenende (A) befestigt ist. Die Stange (mitsamt Probekörper und Feder) befestigen wir im Auto so, daß sie genau in Fahrtrichtung zeigt und das Stangenende A vorne liegt. Die Ruhelage des Probekörpers (Feder entspannt) markieren wir auf der Stange. Wenn das Auto nun beschleunigt, wird der Probekörper durch die Trägheitskraft nach hinten gedrückt, und dabei wird die Feder gedehnt. Aus der Federdehnung kann man die Größe der Trägheitskraft und daraus die Größe der Beschleunigung entnehmen. Beträgt z.B. die Masse des Probekörpers $m = 1$ kg und ist die Feder (deren Federhärte sei bekannt, z.B. 1 N/cm) um 3 cm gedehnt, so ist $F_T = 3$ N und somit $a = - F_T/m = 3$ N/1 kg $= 3$ m/s^2.

Dieses einfache Meßverfahren müssen wir nun erweitern, so daß es auch zur Navigation im Flugverkehr verwendet werden kann. Denken wir uns zunächst die Stange mit Probemasse und Feder ins Flugzeug umgesetzt, wobei aber jetzt die Beschleunigung und die daraus zu berechnende zurückgelegte Wegstrecke in eine beliebige Flugrichtung gesucht wird. Diese beliebige Richtung liegt irgendwie zwischen den Richtungen S-N und W-O, d.h. wir benötigen die Komponente der Beschleunigung in S-N-Richtung und auch die Komponente in W-O-Richtung.

Widmen wir uns zunächst der Messung der S-N-Komponente: Die Stange muß im Flugzeug dauernd in S-N-Richtung (und horizontal) eingestellt sein, unabhängig von der Richtung der Flugzeugachse. Sie darf also nicht starr mit dem Flugzeug verbunden sein, sondern nur soweit, daß sie immer nach Norden ausgerichtet werden kann. Dies erreicht man dadurch, daß man sie verbindet mit der Achse eines im Flugzeug befestigten Kreiselkompasses (dieser ist zwar mit dem Flugzeug verbunden, aber aufgrund der kardanischen Aufhängung kann sich die Kreiselachse immer frei einstellen und so ihre Richtung beibehalten, auch wenn das Flugzeug seine Richtung ändert). Nun benötigen wir noch die Messung der W-O-Komponente: Hierzu nehmen wir wieder eine Stange mit Probemasse und Feder, stellen sie horizontal und verbinden diese mit der S-N-Stange im rechten Winkel. Wegen der Verbindung mit dem Kreiselkompaß zeigt die zweite Stange immer in W-O-Richtung. Nun ist die Beschleunigung und damit auch die zurückgelegt Strecke in beiden Richtungskomponenten bestimmbar, und damit ist nach dem in den Tabellen gezeigten Berechnungsmuster auch der momentane Standort bestimmbar.

Einen ungefähren Eindruck von der mit dieser Methode »Trägheitsnavigation« erzielbaren Genauigkeit erhält man, wenn man sich das Ergebnis einer ihrer ersten Testanwendungen unter Realbedingungen klarmacht: Nach Tauchfahrt eines U-Bootes unter der Polareiskappe (keine Möglichkeit zur Navigation mit Hilfe von äußeren Signalen) über die Strecke von 3.400 km stellte man nach dem Auftauchen fest, daß sich die Navigationsfehler nur auf etwa 18 km summiert hatten.

Steuerung und Stabilität

Natürlich wünscht man sich einen Einblick in die Möglichkeiten zur Steuerung des Flugzeugs in der Luft. Vielleicht haben Sie schon beobachtet, wie ein Drachenflieger seine Flugrichtung beeinflußt: Durch Veränderung seiner Körperstellung. Auch wenn man nicht einsieht, wie dadurch die Richtungsänderung des Flugdrachens bewirkt wird – für das Flugzeug wäre eine Methode unter Verwendung von Gewichtsverlagerung nicht praktikabel. Vielleicht denkt man an die Möglichkeit zur Richtungsänderung durch unterschiedlich starken Schub der rechten und linken Triebwerke: aber auch diese Idee überzeugt nicht und hat Nachteile. Eine entscheidend bessere Möglichkeit zur Steuerung bietet das Seitenleitwerk mit dem Seitenruder (Fig. 4). Damit wird nicht nur die Steuerbarkeit einer Richtungsänderung erreicht, sondern auch eine automatische Stabilisierung der Vorwärtsflugrichtung (s.w.u.).

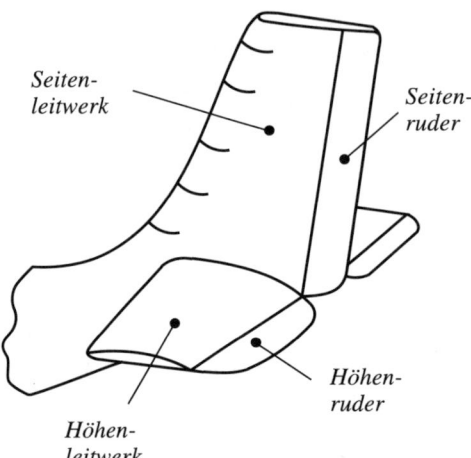

Seiten-
leitwerk

Seiten-
ruder

Höhen-
ruder

Höhen-
leitwerk

Fig. 4 Seiten- und Höhenleitwerk.

Die Möglichkeit zur Richtungssteuerung ist bereits in Fig. 1 a erklärt: Bewegtes Schiff mit Steuerruder. Ersetzen Sie das »Schiff« durch »Flugzeug mit Seitenleitwerk« und das am Schiff befestigte Steuerruder R durch das am Seitenleitwerk befestigte Seitenruder. Wird das Seitenruder so gestellt, daß es vom rechts vorbeifließenden Luftstrom getroffen wird, so wird das Heck des Flugzeugs nach links gedrückt. Die Längsachse des Flugzeugs zeigt nun in eine andere Richtung: Rechtskurve. Sie können sich nun selbst überlegen, wie das Seitenruder gestellt sein muß, damit eine Richtungsänderung nach links erfolgt.

Nun beschreibt das Flugzeug z.B. eine Linkskurve. Sie wissen, daß jedes Verkehrsmittel, das eine Linkskurve beschreibt, üblicherweise auch nach links geneigt ist: Die »überhöhte Straße« (der rechte Straßenrand liegt höher als der linke) und das überhöhte Eisenbahngleis (die rechte Schiene liegt höher als die linke). Das Ausmaß dieser Überhöhung ist gerade so gewählt, daß bei vernünftigem Tempo in der Kurve die resultierende Kraft auf Auto, Eisenbahnwagen, Passagier, gerade senkrecht auf der Straßenoberfläche (Schienenebene) steht. Besonders schön sieht man das am Motorrad in der Kurve. Wenn es die Kurve mit dem richtigen Tempo fährt, so ist seine Neigung (z.B. nach links) gerade so groß, daß es senkrecht zur Oberfläche der überhöhten Straße steht. (Sie können sich selbst überlegen, warum gerade diese Senkrechtstellung besonders günstig ist.) Auch das Flugzeug muß in der Linkskurve – entsprechend seiner Geschwindigkeit – eine bestimmte Neigung einnehmen (rechte Flügelspitze höher als die linke), damit die resultierenden Kräfte senkrecht zur Flügelebene (und damit antiparallel zum dynamischen Auftrieb) stehen. Die auf den Passagier im Kurvenflug wirkende resultierende Kraft steht dann senkrecht auf dem Boden der Flugzeugkabine. Der Passagier bemerkt in diesem Kurvenflug zwar, daß der Horizont seine Lage zum

Flugzeug verändert, aber er selbst steht kräftefrei senkrecht auf dem Kabinenboden, so wie das Motorrad in der überhöhten Kurve senkrecht auf der Straßenoberfläche.

Die Schrägstellung der Flügelebene wird durch das Querruder bewirkt: Es sind Ruderklappen an der hinteren Kante der Tragflächen. Wird die rechte Ruderklappe nach unten geneigt, so wirkt auf den rechten Flügel eine zusätzliche Kraft nach oben (analog: Linke Ruderklappe nach oben, linker Flügel nach unten); die Flügelebene hat sich damit nach links geneigt.

Ganz analog zur Seitensteuerung funktioniert die Höhensteuerung: Wenn das Höhenruder nach unten geklappt wird, so wird durch die Ablenkung der Luft nach unten das Heck des Flugzeugs nach oben gedrückt; die Längsachse des Flugzeugs ist nun – in Flugrichtung gesehen – nach unten gerichtet. Man darf aber nicht meinen, daß aus der Betätigung des Höhenruders der »Sinkflug« oder der «Steigflug« ohne weitere Folgerungen resultiert: Eine Abweichung der Längsachse von der Horizontalen bewirkt eine Änderung der Stellung des Flügelprofils im ankommenden Luftstrom (Anstellwinkel) und damit eine Verkleinerung oder Vergrößerung des dynamischen Auftriebs, womit auch eine Änderung des Strömungswiderstandes und damit des erforderlichen Triebwerksvorschubs einhergeht. Man sieht so, daß zum »Steigflug« nicht nur die Einstellung des Höhenruders gehört, sondern auch ein entsprechend erhöhter Triebwerksschub. Andernfalls wäre der »Steigflug« bald zu Ende: Verlust an kinetischer Energie als Tribut für die (zunächst) gewonnene potentielle Energie.

Das Seiten- und Höhenleitwerk hat nicht nur die Aufgabe, mit den Ruderklappen für die Möglichkeit der Richtungsänderung zu sorgen: sie erfüllen noch eine sehr wesentliche andere Forderung: Die Stabilität der Fluglage. Unter »Stabilität der Lage« versteht man ja das Verhalten, daß ein Körper wieder in seine ursprüngliche Lage zurückkehrt, wenn er vorübergehend einer kleinen Störung ausgesetzt wurde. Zum Beispiel ein Stuhl, dessen Lage vorübergehend gestört wird (ein wenig anheben an einer Seite, so daß er nur auf zwei Beinen steht) wird danach ohne weiteres wieder in seine ursprüngliche Lage zurückkehren; wenn er dagegen auf einem Bein balanciert wird, so kehrt er nach einer kleinen Störung nicht mehr ohne weiteres in die Balance zurück, er fällt um. Auch von der Fluglage erwartet man Stabilität: Das Flugzeug soll als Folge einer kleinen Störung, z. B. einer Turbulenz, natürlich nicht gleich abstürzen, sondern in seine ursprüngliche Fluglage zurückkehren.

Wie die Leitwerke diese Stabilität während des Fliegens bewirken, kann man sich leicht überlegen: Stellen Sie sich vor, das Flugzeug gerät in eine Turbulenz, z.B. einen lokalen, nach aufwärts gerichteten Luftstrom. Dadurch wird zunächst die Flugzeugvorderseite nach oben gedrückt: die Flugzeuglängsachse weist jetzt schräg nach oben. Die Vorwärtsbewegungskomponente des Flugzeugs bleibt aber erhalten, d.h. die Luft strömt in horizontaler Richtung gegen das nun schräg liegende Flugzeug; dabei wird das Höhenleitwerk von unten angeströmt und nach oben gedrückt: die Flugzeuglängsachse tendiert dadurch dazu wieder zur horizontalen Lage zurückzukehren. Umgekehrt: Bei Ausrichtung der Flugzeugvorderseite nach unten wird das Höhenleitwerk von oben angeströmt und dabei nach unten gedrückt. Eine unbeabsichtigte Schrägstellung der Flugzeuglängsachse gegenüber der Horizontalen wird also durch das Höhenleitwerk rückgängig gemacht: Fluglage ist stabil. Genauso können Sie sich erklären, wie das Seitenleitwerk die Stabilität gegenüber seitlichen Stößen bewirkt.

Während wir nun schon stundenlang – sicher navigiert, gesteuert und stabil – dahinfliegen, stoßen wir noch auf eine andere Frage: Nach einigen Stunden ist das Flugzeug aufgrund des Treibstoffverbrauchs erheblich leichter geworden: Gesamtmasse ca. 300.000 kg am Anfang, ca. 220.000 kg gegen Ende des Reiseflugs. Wie wird es erreicht, daß der dynamische Auftrieb, der am Anfang etwa 3.000.000 N betragen muß, mehr und mehr auf 2.200.000 N abnimmt?

Erinnern Sie sich an das Zustandekommen des dynamischen Auftriebs, durch die Ablenkung der vorbeiströmenden Luft nach unten. Man vermutet im Zusammenhang mit der in Fig. 2 c dargestellten Situation unmittelbar, daß bei größerem Anstellwinkel des Tragflügelprofils der Luftstrom stärker nach unten abgelenkt wird als bei kleinerem Anstellwinkel, daß also die Größe der dynamischen Auftriebskraft mit der Größe des Anstellwinkels zusammenhängt (zumindest bei kleinen Winkeln). Diese Vermutung kann z.B. durch Versuche im Windkanal bestätigt werden. Allerdings hat eine Vergrößerung des Anstellwinkels nicht nur die Vergrößerung des dynamischen Auftriebs zur Folge, sondern auch eine Vergrößerung des Strömungswiderstandes, d.h. bei größerem Anstellwinkel ist auch größerer Triebwerksvorschub erforderlich. Der anfangs schwer beladene Jumbo fliegt also mit größerem Anstellwinkel und größerem Triebwerksvorschub; später reicht ein geringerer Anstellwinkel und geringerer Triebwerksvorschub (vielleicht bemerken Sie die Abnahme in der Triebwerksbelastung während des langen Reiseflugs).

Wie aber wird der Anstellwinkel verändert? Die Tragflächen sind fest mit dem Rumpf verbunden; es muß also die Längsachse des Flugzeugrumpfes gegen die Horizontale geneigt werden (so wie oben beschrieben bei der Turbulenz), um den Anstellwinkel zu ändern. Es ist wieder das Höhenruder, welches hier zur Einstellung der Längsachse und damit auch des Anstellwinkels verwendet werden kann: Wird es nach oben geklappt, so wird das Heck nach unten gedrückt und der Anstellwinkel vergrößert. Summarisch ist also für Horizontalflug bei höherer Last erforderlich: Höhenruder auf »Steigflug«, als Folge ist der Anstellwinkel groß, der erforderliche Triebwerksvorschub ist groß; bei verringerter Last: Höhenruder auf »Horizontalflug«, der Anstellwinkel wird kleiner, der erforderliche Triebwerksvorschub wird kleiner. Auch eine Gewichtsverlagerung längs des Flugzeugrumpfes kann die Neigung der Flugzeuglängsachse verändern (Trimmgewicht). Deshalb ist es – besonders bei kleineren Flugzeugen – unerwünscht, wenn zuviel einseitige und unkontrollierte Passagierbewegung längs des Rumpfes geschieht.

Landung

Aber allmählich geht unsere Flugreise zu Ende: «Bitte anschnallen«. Dies ist primär eine Sicherheitsvorkehrung für den Fall, daß das Flugzeug bei der Landung heftig durchgeschüttelt wird, hat aber auch den Vorteil, daß angeschnallte Passagiere keine unerwünschte Gewichtsverlagerung während des Tiefflugs bewirken (wo eine unkontrollierte Veränderung des Anstellwinkels ein Sicherheitsrisiko sein könnte). Die Geschwindigkeit des Flugzeugs muß schon vor der Landung deutlich reduziert werden, aber natürlich soll es trotzdem noch flug- und steuerfähig bleiben. Die Verringerung der Fluggeschwindigkeit bewirkt aber eine erhebliche Abnahme des dynamischen Auftriebs (siehe (1)); diese Abnahme wird teilweise kompensiert durch die größere Luftdichte in geringerer Flughöhe, was aber nicht ganz reicht. Deshalb muß die Flügelfläche vergrößert werden: Dies geschieht durch Ausfahren von großflächigen, schräg nach unten orientierten Klappen an der Flügelunterkante, was man von einem Fensterplatz aus gut beobachten kann (Landeklappen).

Ihr Kapitän verabschiedet sich von Ihnen. Und was alles gehört zu Ihrem neuesten Erlebnis? Ist es der Blick über die Wolken, über Land und Meer? Ist es der praktisch plötzliche Wechsel zwischen verschiedenen Kontinenten? Vielleicht ist es auch das Bewußtsein, einen rationell orientierten Einblick in das Geschehen gewonnen zu haben, eine quasi ideell aktive Teilnahme daran.

Physik ist überall

Ein physikalischer Streifzug über die Erde

Viele Inhalte der üblichen Schulphysik reichen hin, um ein Verständnis für Ergebnisse angrenzender naturwissenschaftlicher Teilgebiete erzielen zu können. Vielleicht läßt sich schon durch einfache Einblicke eine wissenschaftliche Neugier auslösen; mindestens aber geben die angrenzenden Teilgebiete genügend Beispiele für die Anwendbarkeit einfacher physikalischer Erkenntnisse, d. h. sie liefern Stoff zur Herstellung des oft gesuchten Realitätsbezugs der Schulphysik. Der folgende physikalische Streifzug über die Erde soll ein Beispiel dafür sein.

Sind Pendelversuche wirklich langweilig?

Würde man eine verkürzte Beschreibung der Inhalte der Schulphysik vornehmen – das Fadenpendel mit der bekannten Formel für dessen Schwingungsdauer würde dazugehören. Tatsächlich ist das Fadenpendel ein sehr ergiebiges Studienobjekt, vielleicht wird es manchmal aber auch totgeritten: Allein die Messung der Schwingungsdauer zur Überprüfung der dazugehörigen Formel erscheint dem Schüler oder Studenten langweilig (wer fühlte sich nicht unterfordert oder frustriert bei der Aufgabe, zum Erzielen einer hohen Meßgenauigkeit möglichst viele Schwingungen abzuzählen?) oder weltfremd (warum eigentlich ist diese Messung überhaupt nötig und noch dazu mit dieser Genauigkeit? Vielleicht nur, um eine Zeitlang irgendwie beschäftigt zu sein?).

Es ist nicht nötig, hier die übliche Herleitung der Formel für die Schwingungsdauer zu wiederholen. Statt dessen sei eine kurze Überlegung durchgeführt, welche die Formel für die Schwingungsdauer plausibel macht: Nach welcher Zeitspanne kehrt der Pendelkörper an seinen Ausgangspunkt zurück, wenn er um die Strecke x ausgelenkt und losgelassen wird (mit der Anfangsgeschwindigkeit Null)? Die größte Geschwindigkeit hat der Pendelkörper im tiefsten Punkt. Sie beträgt nach dem Energieerhaltungssatz (siehe Fig. 1 a)

$$v_{max} \approx x\sqrt{\frac{g}{l}} \qquad (1)$$

Um zum Ausgangspunkt A zurückzukehren, muß er den Kreisbogen von A nach B und C und wieder zurück nach B und A durchlaufen. Für unsere Abschätzung genügt es, wenn wir dafür die (ein wenig zu kleine) Wegstrecke $4x$ einsetzen. Würden wir die mittlere Geschwindigkeit $\bar{v}$ längs dieser Wegstrecke kennen, so wäre die Antwort einfach:

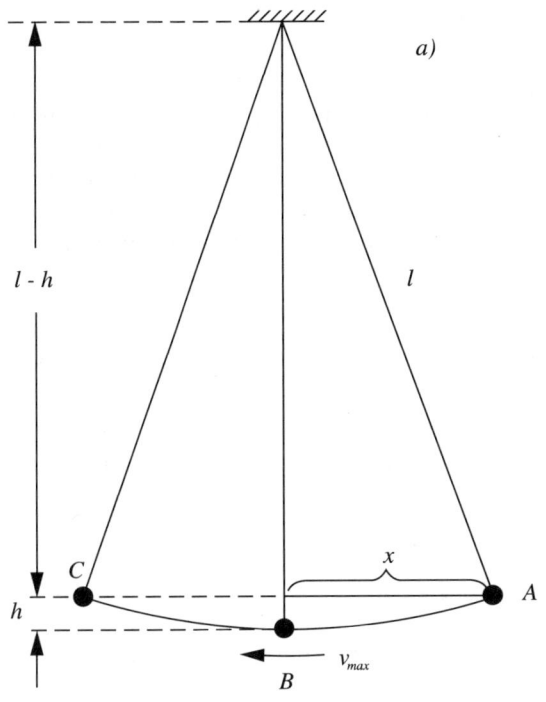

$$(l - h)^2 + x^2 = l^2$$
Näherung für kleine Aus-lenkung (h ≪ l) ergibt:
$$h \approx x^2/2l$$

Energiebilanz:
A: $E_{kin} = 0$; $E_{pot} = mgx^2/2l$
B: $E_{kin} = \frac{1}{2}mv_{max}^2$; $E_{pot} = 0$

$$v_{max} \approx x\sqrt{\frac{g}{l}}$$

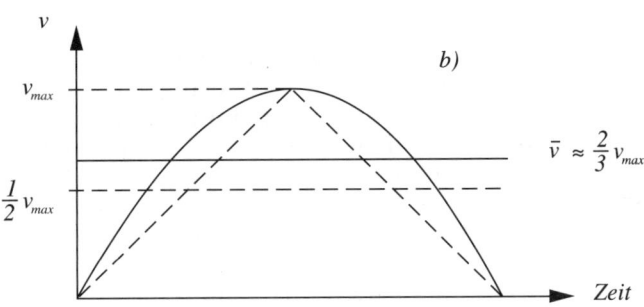

$$\bar{v} \approx \frac{2}{3} v_{max}$$

Fig. 1. Zur Abschätzung der Schwingungsdauer:
a) Wenn das Pendel um die Strecke x ausgelenkt wird und zwischen den Um-kehrpunkten A und C hin- und herschwingt, so muß es näherungsweise die Wegstrecke 4x zurücklegen. Die höchste Geschwindigkeit dabei ergibt sich aus dem Energieerhaltungssatz zu $v_{max} \approx x\sqrt{g/l}$.
b) Zeitlicher Verlauf der Geschwindigkeit zwischen den Umkehrpunkten. Die mittlere Geschwindigkeit $\bar{v}$ ist etwas kleiner als v_{max} aber etwas größer als $v_{max}/2$. (Beim gestrichelt gezeichneten Geschwindigkeitsverlauf wäre $\bar{v} = v_{max}/2$). Die Schätzung $\bar{v} \approx 2/3 \cdot v_{max}$ erscheint plausibel.

$$T \approx \frac{4x}{\bar{v}} \tag{2}$$

Leider kennen wir aus dem vorstehenden nur v_{max}, nicht aber $\bar{v}$, aber wir dürfen erwarten, daß $\bar{v}$ nicht sehr viel kleiner ist als v_{max}, denn ein recht großer Anteil der gesamten Wegstrecke wird mit einer nahe an v_{max} liegenden Geschwindigkeit zurückgelegt. Aus Fig. 1 b, welche den zeitlichen Verlauf der Geschwindigkeit qualitativ andeutet, entnehmen wir die Schätzung

$$\bar{v} \approx \frac{2}{3} v_{max} \tag{3}$$

(eine genaue Berechnung der mittleren Geschwindigkeit ergibt $\bar{v} = 2/\pi \cdot v_{max}$). Damit wird das Ergebnis unserer Abschätzung (Gl. 3 und Gl. 1 eingesetzt in Gl. 2)

$$T \approx 6 \sqrt{\frac{l}{g}} \tag{4}$$

Dieses Ergebnis liegt sehr nahe am exakten Wert (für kleine Auslenkung):

$$T = 2\pi \sqrt{\frac{l}{g}} \tag{4a}$$

Man sieht mit dieser Abschätzung gut, warum die Schwingungsdauer (bei kleiner Pendelauslenkung, siehe Näherung in Fig. 1 a) nicht abhängt von der anfänglichen Pendelauslenkung, worüber sich schon G. Galilei gewundert haben soll: Bei größerer Pendelauslenkung x ist zwar der bis zur Vollendung einer Schwingung zurückzulegende Weg größer, aber wegen der höheren Gesamtenergie wird auch die maximale (und auch die mittlere) Geschwindigkeit entsprechend größer!

Wenn wir nun den physikalischen Streifzug über die Erde beginnen, so widmen wir unsere Aufmerksamkeit zunächst der »Erdbeschleunigung« g (auch »Ortsfaktor« genannt), welche die Schwingungsdauer eines Pendels mitbestimmt. Gewissermaßen in Reinkultur zeigt sich die Erdbeschleunigung beim Freien Fall. Sie kann direkt angegeben werden, wenn man die Zeitspanne t mißt, welche zum Durchfallen einer Strecke s erforderlich ist:

$$g = 2 \frac{s}{t^2} \tag{5}$$

Man kann g aber auch berechnen aus der Schwingungsdauer T eines Pendels der Länge l (Umformung von Gl. 4 a)

$$g = 4\pi^2 \frac{l}{T^2}.$$

Warum ist es wünschenswert, die Größe der Erdbeschleunigung $g \approx 9,81$ m/s^2, zu kennen, vielleicht sogar möglichst genau? Sicher nicht, um vorhersagen zu können, wie lange z.B. ein fallender Blumentopf braucht, bis er unten ankommt. Ein echter neuer Bedeutungsgehalt aber ergibt sich mit der Frage: »Woher eigentlich weiß man, wie groß die Masse unserer Erde ist?« In der Erdbeschleunigung manifestiert sich die Kraft, mit der die Erde einen Körper anzieht und im freien Fall beschleunigt.

Die durch deren Masse bedingte Anziehung zweier Körper heißt »Gravitation«. Von ihr war schon im Kapitel »Sonne, Mond und Sterne« die Rede (die gegenseitige Anziehung zwischen Sonne und Erde, oder zwischen Erde und Mond). Hier betrachten wir die Anziehung zwischen anderen Körpern. Die Gravitationskraft wird durch mehrere Faktoren beeinflußt; das Gravitationsgesetz beschreibt dies:

$$F = \gamma \frac{M m}{R^2} \qquad (6)$$

F ist der Betrag der Kraft, mit der sich die Massen M und m gegenseitig anziehen; M und m sind als punktförmig vorzustellen (eine auf ein Kugelvolumen radialsymmetrisch verteilte Masse darf man sich in diesem Zusammenhang als Punktmasse im Kugelmittelpunkt vorstellen), und R ist der Abstand der Punktmassen (bzw. der Kugelmittelpunkte); die Richtung der Kräfte liegt auf der Verbindungslinie der Punkte. γ ist die sogenannte Gravitationskonstante, ihr Wert beträgt $6,7 \cdot 10^{-11}$ N·m^2/kg^2. Es sei hier nur kurz angedeutet, wie diese Gesetzmäßigkeit gefunden wurde: Die Abhängigkeit der Kraft vom Abstand R und ihre Richtung wurde gefolgert aus den Gesetzmäßigkeiten, nach denen sich die Planeten bewegen (»Kepler-Gesetze«) und die anderen Faktoren bestätigt bzw. bestimmt man aus der Anziehung zweier Massen im Laborversuch (z.B. Cavendish-Drehwaage). – Die Kraft, mit der z.B. eine Kugel der Masse $M = 10$ kg und eine Kugel von $m = 1$ kg sich gegenseitig anziehen, wenn der Abstand der Kugelmittelpunkte $R = 0,1$ Meter beträgt, ist $F = 6,7 \cdot 10^8$ Newton. (Man stelle sich unter 1 Newton folgendes vor: Es ist etwa das irdische Gewicht eines 100-Gramm-Stückes; die angegebene Anziehungskraft entspricht also dem irdischen Gewicht von 6,7 millionstel Gramm).

Wenden wir das Gravitationsgesetz nun für den Fall an, daß sich ein (kleiner) Körper der Masse m an der Erdoberfläche befindet: Dessen Gewicht $G = mg$ ist identisch mit der Gravitationskraft Gl. 6, wobei M

jetzt die Erdmasse und R den Abstand der Erdoberfläche zum Erdmittelpunkt, also den bekannten Erdradius bedeuten:

$$mg = \gamma \frac{M\,m}{R^2}$$

Man sieht, daß m hier wegfällt (jeder frei fallende Körper auf der Erdoberfläche erfährt die gleiche Beschleunigung!) und daß die unbekannte Masse M, die Erdmasse, durch bekannte Größen ausgedrückt werden kann:

$$M = \frac{g\,R^2}{\gamma} = 9{,}81\,\frac{m}{s^2}\cdot 6{,}37^2\cdot 10^{12}m^2 / 6{,}7\cdot 10^{-11}\,\frac{m^3}{kg\cdot s^2} = 6{,}0\cdot 10^{24}\,kg$$

Dieses Ergebnis kann man als »glaubwürdig« oder »vernünftig« erkennen: Über das gesamte Volumen der Erde gemittelt ergibt sich hieraus die mittlere Dichte der Erde zu $\bar{\rho} = 5{,}5$ g/cm^3. Die Dichte der äußeren, zugänglichen Gesteinsschichten liegt dagegen im Mittel bei 2,7g/cm^3 (»Erdkruste«) bzw. bei 3,1 g/cm^3 (»Erdmantel«). Man kann annehmen, daß die Dichte in größerer Tiefe zunimmt, weil sich die schwereren Elemente bevorzugt weiter im Erdinneren angesammelt haben müssen. Insgesamt, gemittelt über die ganze Erde, muß also die mittlere Dichte höher sein als diejenige nahe der Erdoberfläche.

Eigentlich ist bisher kein besonderes Bedürfnis für eine besonders genaue Messung von g zu sehen gewesen. Dies wird sofort anders, wenn man bedenkt, daß die Erde ja keine homogene ruhende Kugel ist, wie in der oben gegebenen Quantifizierung idealisierend vorausgesetzt wird. Man kann sich vorstellen, daß zum Beispiel ein Erzlager nahe der Erdoberfläche oder andere geologische Strukturen kleine lokale Veränderungen in der Erdanziehung und damit auch kleine Veränderungen von Ort zu Ort in der Größe von g bewirken. Tatsächlich ist die möglichst präzise Bestimmung der Größe von g, die sogenannte »Gravimetrie«, ein wichtiges Hilfsmittel zur geologischen Erforschung des Untergrundes.

Aber nicht nur der Untergrund bestimmt die Größe von g: Einfluß darauf hat auch die Höhenlage (d. h. Veränderung des Abstandes zum Erdmittelpunkt) und die geographische Breite des Meßortes (auf der rotierenden Erde wirkt, wie in jedem rotierenden Bezugssystem, auf den mitrotierenden Körper die Zentrifugalkraft. Diese ist auf der Erde viel kleiner als die Gravitationskraft; sie hängt von der geographischen Breite ab – vergleiche Pol und Äquator – und überlagert sich der Gravitationskraft; sie bewirkt so eine zwar geringe, aber doch meßbare Gewichtsverminderung). Alle diese verschiedenen Einflüsse zusammen führen zu folgenden Werten der Erdbeschleunigung:

Bremen:	$9{,}81341 \ \text{m/s}^2$
Berlin:	$9{,}81288 \ \text{m/s}^2$
Stuttgart:	$9{,}80891 \ \text{m/s}^2$
München:	$9{,}80744 \ \text{m/s}^2$

Es ist hier nicht beabsichtigt, die verschiedenen obengenannten Komponenten weiter zu analysieren, aber immerhin erkennt man einen Grund für die Forderung, den Wert von g möglichst genau zu bestimmen: Die geologische Erforschung des Untergrundes.

Übrigens, wenn jemand in Stuttgart eine genau gehende Pendeluhr (z.B. Sekundenpendel) hat und damit nach München (vorsichtig) umzieht, dann wird diese Uhr in München innerhalb von 10 Tagen um etwa 1 Minute und 5 Sekunden nachgehen: Die Verringerung des Ortsfaktors von Stuttgart nach München ($\Delta g = - 0{,}00147 \ \text{m/s}^2$) bewirkt eine Veränderung der (Stuttgarter) Schwingungsdauer T um $\Delta T = - 7{,}5 \cdot 10^{-5} \, T$ (dies folgt aus Gl. 4, wenn man die aus beiden g-Werten berechneten T-Werte voneinander subtrahiert). Innerhalb von 10 Tagen ($8{,}6 \cdot 10^5$ Sekunden) sammelt sich also in München ein Defizit von $7{,}5 \cdot 10^{-5} \cdot 8{,}6 \cdot 10^5$ Sekunden an.

Dies etwa war die Situation der Wissenschaft im frühen 18. Jahrhundert: Im Zuge der Ordnung von Maß- und Gewichtssystemen in Frankreich stellte man fest, daß Pendeluhren mit gleicher Pendellänge lokal verschiedene Schwingungsdauern aufwiesen, was man auf lokale Unterschiede von g zurückführen kann. Man vermutete hierin u.a. den Einfluß von Gebirgsmassen und erwartete deshalb auch, daß diese Inhomogenitäten im Gravitationsfeld zu einer deutlichen Lotabweichung führen.

Die Lotabweichung

Wie man sich das Zustandekommen einer Lotabweichung zunächst einfach vorstellt, wird anhand Fig. 2 erläutert: In einer »ungestörten« Umgebung (im Bild links) zeigt die Richtung eines ruhenden Pendels, »das Lot«, die Richtung zum Erdmittelpunkt (wie schon weiter oben beschrieben, ist die Richtung der Gravitationskraft auf den Kugelmittelpunkt gerichtet, falls die Massenverteilung in der Kugel radialsymmetrisch ist). In der Nähe eines Gebirgsstocks (im Bild rechts) wird das Pendel aber nicht nur zum Erdmittelpunkt hingezogen, sondern auch die Gebirgsmasse zieht das Pendel (ein wenig) an; die so entstehende Abweichung von der Richtung zum Erdmittelpunkt nennt man »Lotabweichung«.

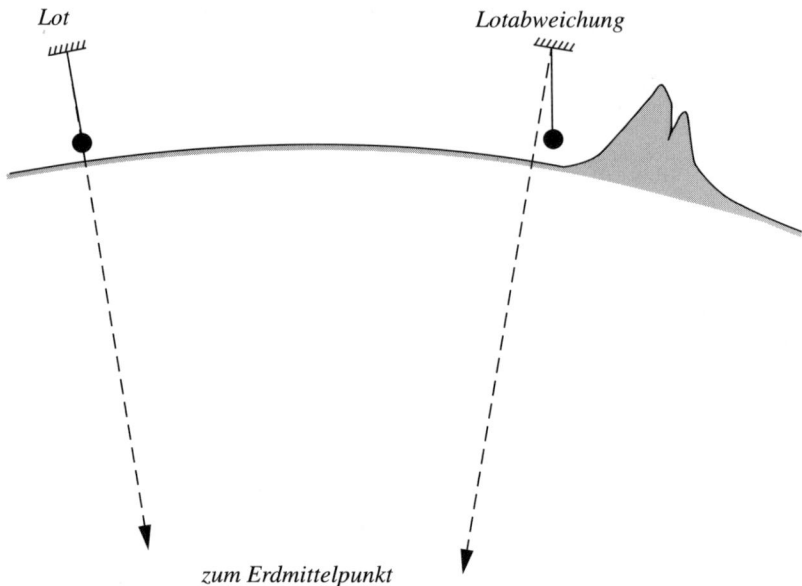

Lot

Lotabweichung

zum Erdmittelpunkt

*Fig. 2. Das Lot zeigt genau die Richtung zum Erdmittelpunkt, wenn alle Ab-
weichungen von der radialsymmetrischen Masseverteilung genügend weit entfernt sind (im Bild links); der Einfluß der Drehbewegung der Erde ist nicht in
diese Betrachtung einbezogen. In der Nähe eines Gebirges müßte das Pendel ein
wenig aus der Richtung zum Erdmittelpunkt abweichen (im Bild rechts):
»Lotabweichung«.*

Diese Lotabweichung ist sicher als so gering zu erwarten, daß man sie
nicht mit dem freien Auge sieht, sondern eine sorgfältige Messung
durchführen muß, um sie überhaupt nachweisen zu können. Nimmt
man z.B. an, daß das Gebirge aus einem Felsmassiv von 2.000 m Höhe,
Länge und Breite besteht und so auf die Erde mit sonst homogener
Masseverteilung einfach aufgesetzt ist (zu dieser physikalisch wenig
realistischen Vorstellung später mehr), so ergibt sich für ein Pendel
auf halber Höhe direkt neben der Felswand eine Lotabweichung der
Größenordnung 0,01 Grad. Um eine so geringe Lotabweichung überhaupt messen zu können, braucht man eine genaue Meßmethode, um
zuerst die Richtung des ungestörten Lotes, also die Richtung zum
Erdmittelpunkt zu finden; diese ist schematisch in Fig. 3 dargestellt.

Das Erstaunen war groß, als eine Expedition in Südamerika an den
Flanken der Anden eine sehr viel kleinere Lotabweichung fand, als
nach dem einfachen Modell (z.B. der oben beschriebene aufgesetzte
Gebirgsstock) zu erwarten war. Eine ähnliche Beobachtung machte
man in der Ganges-Ebene am Fuß des Himalaya-Massivs.

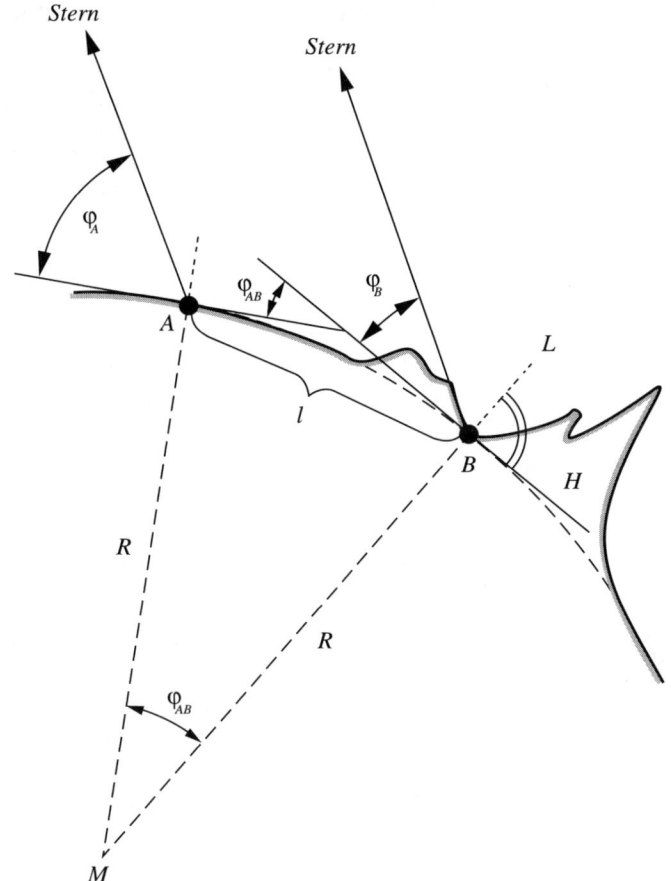

Fig. 3. Methode zum Auffinden der Horizontalen H (Kreistangente) bzw. der Richtung des ungestörten Lotes L (Richtung zum Erdmittelpunkt M) an einer Stelle B, wo die Horizontalrichtung nicht direkt sichtbar ist, oder auch eine Lotabweichung zu erwarten ist: An einer Stelle A mit gut bestimmbarem Horizont (tiefes Wasser) wird der Winkel φ_A zwischen dem Horizont und einem bestimmten Stern gemessen. An der Stelle B muß der gesuchte Horizont den Winkel φ_B mit dem gleichen Stern bilden:

$$\varphi_B = \varphi_A - \varphi_{AB} \text{ , wobei } \varphi_{AB} = \frac{l}{R} \cdot \frac{360°}{2\pi}.$$

Die Richtung des ungestörten Lotes ist die Senkrechte auf die so festgestellte Horizontalrichtung.

Bedeutet dies, daß die Berge hohl sind oder aus besonders leichtem Gestein bestehen? Diese beiden Vermutungen kann man leicht ausschließen; man muß erkennen, daß das oben beschriebene einfache Modell nicht stimmen kann. Tatsächlich ist das Modell wenig reali-

stisch: Ein einfach auf eine homogene Erdkugel aufgesetzter Gebirgsstock könnte sich langfristig nicht halten, er müßte aufgrund seines
Gewichtes in den Untergrund einsinken. Der Anziehungsmittelpunkt
des Gebirgsmassivs liegt deshalb tiefer als beim schlicht »aufgesetz-
ten« Gebirgsmassiv, und deshalb ist die Lotabweichung geringer. Aus
der Überraschung um die zu geringe Lotabweichung folgt nun eine
verfeinerte Beschreibung des eintauchenden Gebirgsstocks.

Die »schwimmende« Erdkruste

Man weiß heute, daß die äußere »Kruste« des Erdballs eine mittlere
Dichte von $\rho_K \approx 2{,}7$ g/cm^3 und eine Dicke von ca. 30 bis 50 km hat.
Unterhalb der Erdkruste steigt die Dichte ziemlich abrupt auf den
Wert $\rho_M \approx 3{,}1$ g/cm^3 (»Erdmantel«; siehe Fig. 4). Das Material des Erd-
mantels (Temperatur einige hundert Grad Celsius) verhält sich – zeitlich gerafft über große Zeiträume – wie ein zähflüssiger Brei (säku-
larplastisch). Vergleicht man die Dichte der Kruste mit der des Erd-
mantels, so liegt ein einfaches Denkmodell nahe: Die Kruste »schwimmt«
auf dem zähflüssigen Mantel.

Wenn die Erdkruste nun ein Gebirgsmassiv auffaltet, dann kann sich
dieses langfristig dort nur halten, wenn von unten eine entsprechende
vergrößerte Auftriebskraft wirkt, d.h. man muß vermuten, daß die
Kruste unterhalb eines Gebirgsmassivs tiefer in den Erdmantel ein-
sinkt. Tatsächlich läßt sich nachweisen (im Echolot-Verfahren), daß
die Kruste unterhalb von Gebirgsstöcken besonders dick ist (Fig. 4),
also dort tiefer in den Erdmantel eintaucht.

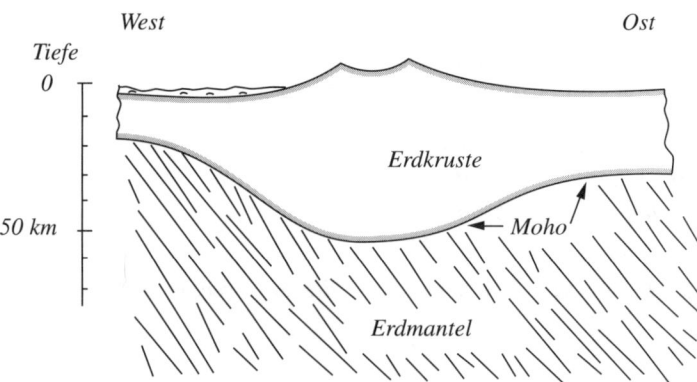

*Fig. 4. Querschnitt durch den südamerikanischen Kontinent (schematisch). Die
Grenzschicht zwischen Erdkruste und Erdmantel, die sog. Moho-Diskontinuität,
wurde durch seismische Messung (Echolot-Verfahren) nachgewiesen.*

Ein vereinfachtes Modell für eine verschieden dicke, schwimmende Kruste mit Flachland und Gebirgsstock zeigt Fig. 5. Die Berechnung

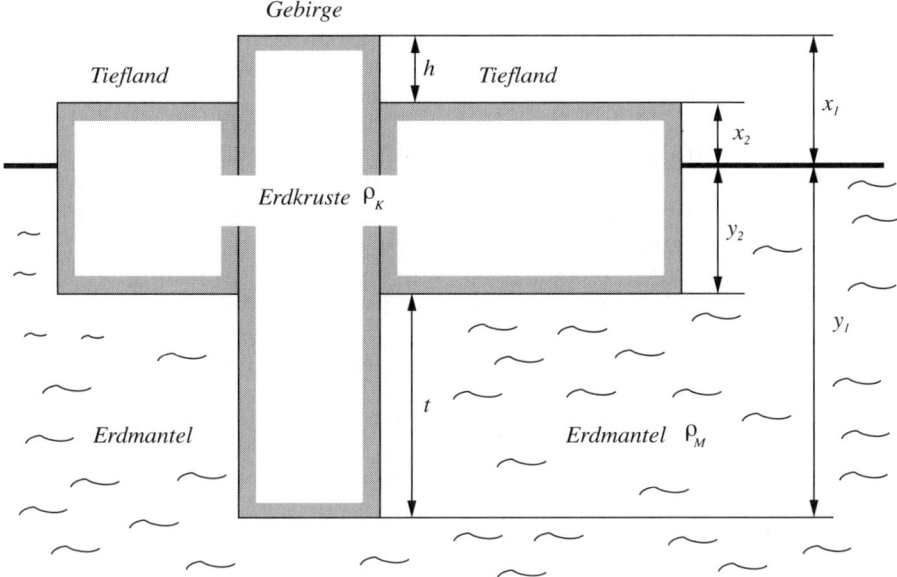

Fig. 5. Vereinfachtes Modell zur schwimmenden Erdkruste: Drei Klötze verschiedener Höhe, aber gleicher Dichte ρ_K schwimmen auf Materie der Dichte ρ_M. Nach einfacher Anwendung des Archimedischen Prinzips zur Berechnung von x_1, y_1 und x_2, y_2 findet man

$$\frac{t}{h} = \frac{\rho_K}{\rho_M - \rho_K}$$

Mit $\rho_K = 2{,}7 \ g/cm^3$ und $\rho_M = 3{,}1 \ g/cm^3$ ergibt sich $t \approx 6{,}7 \ h$, d.h. $h = 1.000 \ m$ »Gebirgshöhe« erfordern $t = 6.700 \ m$ größere Eintauchtiefe.

der Eintauchtiefe unter Anwendung des Archimedischen Prinzips ergibt, daß ein Gebirgsstock mit $h \approx 2.000$ bis $3.000 \ m$ zum Erreichen des Gleichgewichts etwa 13 bis 20 km tiefer in das Mantelmaterial eintauchen muß als der Flachlandblock. Kennt man die Größen ρ_K, h und t (Messung mit Echolot), so kann man daraus den sonst kaum feststellbaren Wert ρ_M berechnen. Das hier vorausgesetzte Gleichgewicht erfordert wegen der geringen Plastizität des Mantels (und der Kruste) geologisch lange Einstellzeit: So z.B. hebt sich Finnland heute noch um ca. 1 cm/Jahr, bedingt durch die mit dem Ende der letzten Eiszeit (vor ca. 12.000 Jahren) beginnenden Entlastung von den Eismassen.

Ein Riß im Meeresboden

Es liegt nahe, im Zusammenhang mit der »schwimmenden« Erdkruste auch die Möglichkeit eines horizontalen Driftens von Teilen der Erdkruste zu betrachten. Die Vorstellung von den »wandernden Kontinenten« bildete sich bereits im 16. Jahrhundert aufgrund der auffälligen Übereinstimmung der Küstenlinien von Südamerika (Ostseite) und Afrika (Westseite); erste wissenschaftliche Arbeiten hierzu lieferte A. Wegener 1912. Ein Zusammenhängen beider Kontinente noch vor ca. 10^8 Jahren ist aus der weitgehenden Übereinstimmung von Fossilien mindestens dieses Alters zu schließen. Aus dem heutigen Abstand der Kontinente und der vor ca. 10^8 Jahren anzunehmenden Trennung ergibt sich die mittlere Driftgeschwindigkeit 6 cm/Jahr; auch heute noch driften die Kontinente um ca. 2 cm pro Jahr auseinander, was durch moderne geodätische Methoden praktisch unmittelbar nachzuweisen ist. Ein weiterer Befund paßt gut zu dieser Ost-West-Drift der Kontinente: Der Untergrund des atlantischen Ozeans ist – grob gesehen – in Nord-Süd-Richtung von einer Bruchzone durchzogen, der Meeresboden hat einen großen Riß (betrachten Sie eine Reliefkarte des atlantischen Ozeans). Hierzu gab es in den zurückliegenden Jahrzehnten einige aufsehenerregende physikalische Ergebnisse.

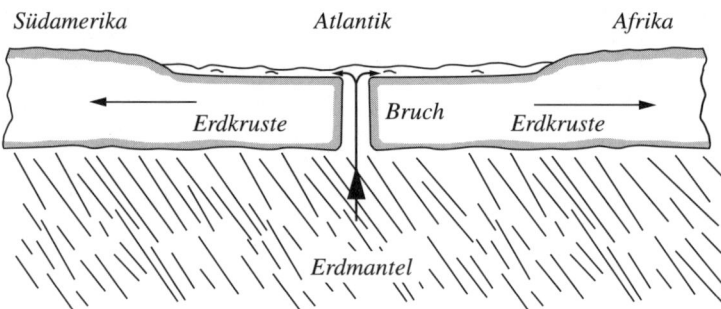

Fig. 6. Querschnitt (schematisch) durch die Erdkruste zur Erläuterung des Zusammenhangs zwischen Bruchzone und Kontinentaldrift.

Man kann zunächst erwarten, daß in der Bruchzone zähflüssiges Material (Basalt) aus dem Erdmantel nach oben gedrückt wird (so, wie durch ein Loch im Boden eines schwimmenden Schiffes Wasser hindurchgedrückt wird), sich am Meeresboden ablagert und dort abkühlt (Fig. 6). Wenn diese Bruchzone wirklich in Zusammenhang steht mit der Kontinentaldrift, dann müßten die an den Rändern der Bruchzone abgelagerten Gesteine sich voneinander entfernen, genauso wie die beiden Teile der Erdkruste. Man sammelte also eine Reihe von Basalt-

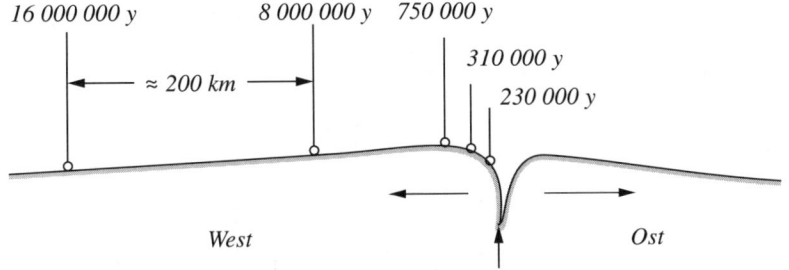

Fig. 7. Alter des Meeresbodens in der Umgebung der Bruchzone.

steinen vom Meeresboden in verschiedenen Abständen von der heutigen Bruchzone auf und stellte deren »Alter« (man meint damit die Zeitspanne seit dem Zeitpunkt des Erkaltens) fest. Das Ergebnis zeigt Fig. 7; es ergibt sich eine Driftgeschwindigkeit 3 cm/Jahr (Mittelwert über ca. 10^7 Jahre). Damit ist nicht nur bestätigt, daß aus der Bruchzone Material herausquillt, sondern auch, daß längs der Bruchzone die Erdkruste wirklich auseinandergerissen ist und auseinanderdriftet.

Zur Bestimmung des Gesteinsalters gibt es mehrere physikalische Methoden; hier sei eine davon angedeutet: Im zu untersuchenden Basalt ist, wie in vielen Mineralien, spurenweise Uran enthalten. Das häufigste Uranisotop ^{238}U hat – neben seiner überwiegenden α-Aktivität – eine ungewöhnliche Eigenschaft: Es kann auch von selbst durch Kernspaltung (Halbwertzeit $4,5 \cdot 10^9$ Jahre) zerfallen. Die Kerntrümmer der ^{238}U-Spaltung rufen wegen ihrer Rückstoßenergie Schäden im Kristall hervor, welche im Lichtmikroskop sichtbar gemacht werden können: Jedes Spaltungsereignis hinterläßt also eine Spur, dauerhaft sichtbar für die Nachwelt. Die Spuren (sie sehen aus wie kurze Kratzer) im Kristallgitter sind über sehr lange Zeit stabil, wenn die Temperatur des Kristalls nicht zu hoch ist; deren Speicherung beginnt deshalb ungefähr dann, wenn der Basalt abgekühlt ist, also den Meeresboden erreicht hat. Der Basalt weist umso mehr solcher Spuren auf, je älter er ist und je mehr ^{238}U er enthält. Der ^{238}U-Gehalt wird im Labor festgestellt, z. B. anhand der α-Aktivität oder massenspektroskopisch (siehe Kapitel »Verschlüsselte Botschaften«); die Anzahl der Spuren wird unter dem Mikroskop abgezählt. Aus diesen beiden Messungen läßt sich somit das radiologische Alter des Basalts, also die seit dem Erkalten verstrichene Zeitspanne, berechnen.

Gespeicherte Magnetfelder

Es gibt noch ein weiteres mit der Bruchzone zusammenhängendes aufsehenerregendes Ergebnis: Der Meeresboden beiderseits der Bruchzone ist magnetisiert und zwar streifenweise in umgekehrten Richtun-

99

gen! Fig. 8 zeigt ein schematisch vereinfachtes Bild dieser Situation. Wie kommt die Magnetisierung zustande? Was bedeutet dieses merkwürdige Magnetisierungsmuster?

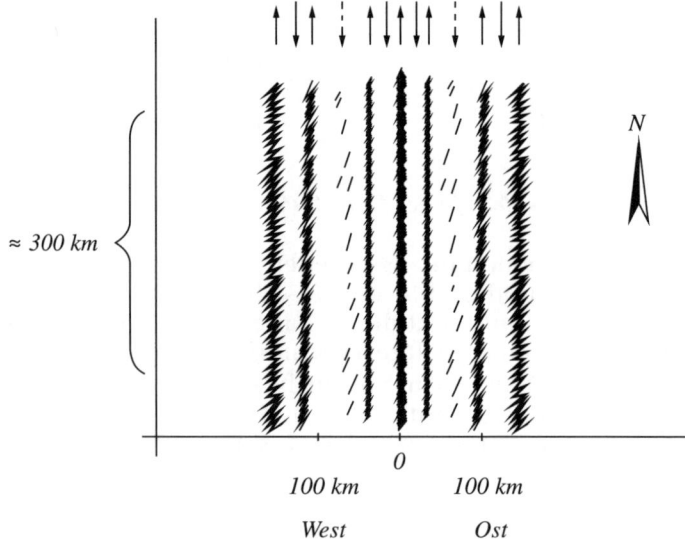

Fig. 8. Schematisch vereinfacht: Magnetisierung des Meeresbodens im Nordatlantik (Draufsicht), in der Umgebung der Bruchzone (Zentrum 0). Die dunkel schraffierten Gebiete sind magnetisiert nach Norden (siehe Pfeile am oberen Bildrand); dazwischen ist die Richtung der Magnetisierung umgekehrt! 100 km Driftstrecke entsprechen etwa 3.000.000 Jahren. Innerhalb dieser Zeit ist die Richtung des Erdmagnetfeldes mehrmals umgeklappt.

Um die Erklärung zu verstehen, sollte man sich zunächst an typische magnetische Materialeigenschaften erinnern:

a) Spontane Magnetisierung eines Ferromagneten in mikroskopisch kleinen Raumbereichen (»Weißsche Bereiche«), sobald die Temperatur des Materials unter einen bestimmten Wert absinkt (»Curie-Temperatur«). Innerhalb dieser kleinen Raumbereiche haben sich die atomaren Elementarmagnete spontan alle parallel ausgerichtet, so daß jeder kleine Raumbereich einen »kleinen Magneten« darstellt. Die räumliche Orientierung der »kleinen Magnete« ist zunächst unterschiedlich, grob gesagt ungeordnet, so daß eine größere Materialprobe insgesamt keine Magnetisierung aufweist.

b) Liegt ein äußeres Magnetfeld vor (z.B. das der Erde), so orientieren sich die vorher ungeordneten »kleinen Magnete« daran und klappen alle um in die vorgegebene Richtung. Nun hat die gesamte Materialprobe eine makroskopische Magnetisierung, wie z.B. ein Stück Eisen im Inneren einer stromdurchflossenen Spule.

c) In manchen Materialien ist die einheitliche Orientierung der »kleinen Magnete« so stabil, daß diese weitgehend erhalten bleibt, auch wenn das äußere Magnetfeld verschwindet (»Permanentmagnet«). Die Vorzugsrichtung bleibt sogar dann noch erkennbar, wenn das äußere Magnetfeld eine andere Richtung hat, falls dieses nicht zu stark ist.

Kehren wir nun zurück zur Bruchzone im Meeresboden. Der dort herausgequollene Basalt ist magnetisierbar (Beimengung von Magnetit); bei zunächst hoher Temperatur (noch vor Verlassen der Bruchzone) hat er keine auffälligen magnetischen Eigenschaften. Sobald er abgekühlt ist, entsteht die spontane Magnetisierung innerhalb mikroskopisch kleiner Raumbereiche (siehe a). Wenn während des Erkaltens ein äußeres Magnetfeld (z.B. Erdfeld) anliegt, so geschieht die in b beschriebene makroskopische Magnetisierung. Selbst wenn sich später das äußere Magnetfeld (nicht allzu stark) verändert, bleibt die Magnetisierung des Materials weitgehend erhalten (siehe c). Auf diese Weise speichert der herausquellende Basalt die Richtung des Erdmagnetfeldes zum Zeitpunkt seines Erkaltens.

Interpretieren wir nun das Streifenmuster von Fig. 8. Es wurde auf folgende Weise gewonnen: Ein Schiff fährt in Ost-West-Richtung und hat ein Magnetometer im Schlepptau. Das Magnetometer mißt dabei die Stärke des lokalen Magnetfeldes; dieses setzt sich zusammen aus dem heutigen Magnetfeld der Erde und dem Magnetfeld des am Meeresboden liegenden magnetisierten Basalts. Da man das ungestörte heutige Magnetfeld der Erde kennt, kann man aus dieser Messung auf das Magnetfeld des Basalts und auf dessen Richtung schließen. Das gesamte Streifenmuster erhält man natürlich erst nach vielen Ost-West-Fahrten in verschiedener geographischer Breite. Die Symmetrie der Streifen zur Bruchzone bestätigt die in Fig. 6 und 7 entwickelte Vorstellung vom ständigen Herausquellen neuen Meeresbodens aus der Bruchzone und vom Auseinanderdriften der beiden Krustenteile. Man sieht aber auch, daß in den einzelnen Streifen die Richtung der Magnetisierung des Basaltes abwechselt! Das kann nur bedeuten, daß die Richtung des Erdmagnetfeldes in der Vergangenheit (einige Millionen Jahre) mehrere Male umgeklappt ist.

Schlußbemerkung

Wenn wir hier unseren »Streifzug« abbrechen, dann deshalb, weil hier zu sehen ist, daß sich immer wieder neue Fragen stellen: Warum hat das Magnetfeld der Erde seine Richtung umgekehrt? Welche Folgen für das Leben auf der Erde könnten sich dadurch ergeben haben? Woher kommt das Magnetfeld der Erde überhaupt? Warum driften die Kontinente? Warum ist die Erdkruste auseinandergerissen? Vielleicht fühlen Sie sich angeregt, eine dieser Fragen weiterzuverfolgen ...

Aufquellende Haufenwolken, sogenannte Cumulustürme, vom Flugzeug aus gesehen

Wolken, Wind und Wetter

»Wozu nachdenken über Wolken und Wind? Mir genügt die Wettervorhersage!« Nein, uns geht es hier nicht vordergründig um das Wetter, sondern es ist eher eine gewisse Neugier, die Natur zu belauschen. Nicht die Frage »braucht man heute einen Regenschirm« stellen wir uns, sondern wir versuchen einen Einblick zu erhalten in die Zusammenhänge und Geschehnisse, die zum Phänomen »Wetter« führen, oder mindestens eine Andeutung eines Einblicks. Mit Hilfe einiger von der Schulphysik gelieferter Kenntnisse können wir typische Prozesse in der Atmosphäre, die zum »Wetter« führen, beschreiben. Allerdings darf man nicht erwarten, damit schon das Instrumentarium zu einer ausgeprägten, quantitativen Wettervorhersage geliefert zu bekommen; wir werden nur einige typische Prozesse isoliert und meist qualitativ betrachten und erklären. Es ist ungefähr so, wie man einige wenige Arien mit Klavierbegleitung anbietet und damit versucht, eine ungefähre Vorstellung von einer ganzen Oper mit Soli, Chor, Orchester und Bühne zu erwecken.

Die Lufthülle der Erde

Vielleicht stellen Sie sich unsere Lufthülle vor wie eine (verdünnte) Wasserschicht, welche die Erde umgibt? Ist bis zu einer bestimmten Höhe Luft vorhanden und oberhalb davon nicht mehr? Sicher haben Sie schon davon gehört, daß in größerer Höhe die Luft »dünner« wird: Sportler müssen sich auf eine ungewohnte Höhenlage einstellen, und in hoch fliegenden Flugzeugen gibt es eine Sauerstoff-Notversorgung für den Fall, daß die Kabine undicht wird. Man kann die Lufthülle also nicht mit einer Wasserschicht vergleichen, denn in einer Wasserschicht ist die Dichte in jeder Höhe praktisch gleich, in Luft dagegen nicht. Eine Wasserschicht hat eine ausgeprägte Oberfläche, die Lufthülle aber nicht. Die Abnahme der Dichte der Luft bei zunehmender Höhe hat auch entscheidenden Einfluß auf das Wetter.

Woher kommt es, daß Luft näher an der Erdoberfläche eine größere Dichte aufweist als in größerer Höhe? Es kommt daher, daß Luft leicht zusammendrückbar ist (halten Sie eine Fahrrad-Luftpumpe vorne fest zu und drücken Sie den Pumpengriff hinein: Man kann das eingeschlossene Luftvolumen leicht auf etwa die Hälfte zusammendrücken), und daher, daß Luft auch Masse hat und deshalb von der Erde angezogen wird (jeder Physiklehrer kann zeigen, daß 1 Liter unserer normalen Luft etwa die Masse 1 g hat; genauer gesagt, die Dichte der Luft unter normalen Bedingungen beträgt $\rho_0 = 1{,}29 \text{ kg/m}^3$). Wegen der Erdanziehung ergibt sich in jeder Höhe über der Erdoberfläche ein Luftdruck, der aus dem Gewicht der darüberliegenden Luftsäule resultiert (genauso wie der Wasserdruck aus dem Gewicht der darüberliegenden Wassersäule resultiert), d. h. in geringerer Höhe ist er größer, in größerer Höhe ist er geringer; deshalb ist die Dichte der Luft in geringerer Höhe größer, in größerer Höhe geringer.

Einen quantitativen Einblick in den Zusammenhang zwischen Druck, bzw. Luftdichte und Höhe erreicht man bereits, wenn man das Boyle-Mariottesche Gesetz kennt und vereinfachend annimmt, daß die Luft ruhen und überall gleiche Temperatur haben soll. Das Boyle-Mariottesche Gesetz $pV = \text{const} = p_0 V_0$ beschreibt Druck p und Volumen V einer bestimmten Luftmenge, die z.B. in einem Zylinder oder in einem Ballon eingeschlossen ist*); es besagt, daß z.B. bei Verkleinerung des Volumens auf die Hälfte (verdoppelte Dichte!) der Druck doppelt so groß ist. Es beschreibt also auch den Zusammenhang zwischen Dichte ρ und Druck, $p/\rho = \text{const} = p_0/\rho_0$, wobei p_0 und ρ_0 die an der Erdoberfläche geltenden Werte sein sollen:

$$\rho = \rho_0 \frac{p}{p_0} \qquad (1)$$

Stellen Sie sich nun einen Luftdruckmesser in der Höhe h_a und in der Höhe h_b angebracht vor (Fig. 1). Um wieviel unterscheiden sich die dort gemessenen Drucke p_a und p_b? Die Antwort ist einfach (wenn h_a und h_b nicht zu sehr unterschiedlich groß sind): Der Druckunterschied muß aus dem Unterschied der Gewichte der Luftsäulen resultieren. Dieser Gewichtsunterschied beträgt $\Delta G \approx (h_b - h_a) \cdot A \cdot \rho_a \cdot g$. (Eigentlich müßte man anstelle von ρ_a einen zwischen ρ_a und ρ_b richtig gemittel-

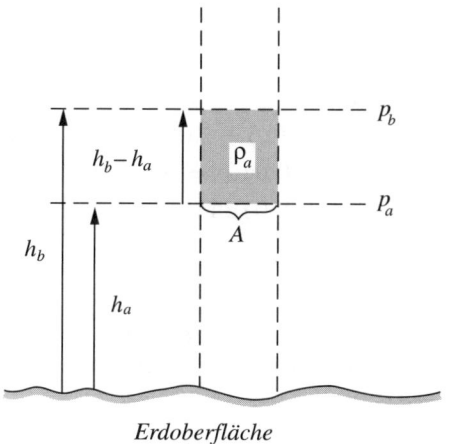

Erdoberfläche

Fig. 1 Eine Luftsäule, in welcher der Druck in der Höhe h_a und in der Höhe h_b über dem Erdboden gemessen wird. Die Differenz der Drucke, $p_b - p_a$, kann berechnet werden (siehe Gl. 2).

---

*) Da wir hier nur Gleichgewichtszustände betrachten, kann man sich unter p vorstellen: Entweder den Druck, der von außen auf das Gas drückt (z. B. auf den Kolben des Zylinders), oder den Druck, mit dem das eingeschlossene Gas dagegen drückt (und so von innen dem von außen hereindrückenden Kolben das Gleichgewicht hält).

ten Wert einsetzen; diese Vereinfachung dürfen wir uns aber erlauben, weil h_a und h_b nicht stark unterschiedlich groß sein sollen.) Damit wird:

$$p_a = p_b + \frac{\Delta G}{A} \quad ; \quad p_b - p_a = -(h_b - h_a)\rho_a\, g$$

Kürzer ausgedrückt: Macht man an der Stelle h_a einen kleinen Höhenschritt $\Delta h = h_b - h_a$ nach oben, so bemerkt man die Druckänderung

$$\Delta p_a = -\rho_a\, g\, \Delta h$$

Die Dichte ρ_α in der Höhe h_a kann man mit Hilfe von Gl. 1 ausdrücken, und so wird

$$\Delta p_a = -\frac{\rho_0}{p_0} p_a\, g\, \Delta h \tag{2}$$

Dieses Ergebnis ist leicht zu durchschauen: Die Druckabnahme (Minuszeichen) beim Schritt Δh nach oben ist proportional zum dort vorliegenden Druck. Wählt man z. B. einen Höhenschritt $\Delta h = 100$ m, so nimmt der Druck dabei um 1,25% ab (mit $\rho_0 = 1,29$ kg/m^3, $p_0 = 1.013$ hPa $= 1,013 \cdot 10^5$ N/m^2, $g = 9,81$ m/s^2, $\Delta h = 100$ m ergibt sich aus Gl. 2: $\Delta p = -0,0125 p$). Mit mehreren aufeinanderfolgenden solchen Höhenschritten ergibt sich jedesmal eine Abnahme um 1,25% des jeweils vorliegenden Drucks:

Höhe		
	0 m:	$p_0 = 1.013$ hPa
	100 m:	$p_{100} = p_0 - p_0 \cdot 0,0125 = 1.000$ hPa
	200 m:	$p_{200} = p_{100} - p_{100} \cdot 0,0125 = 988$ hPa
	300 m:	$p_{300} = p_{200} - p_{200} \cdot 0,0125 = 976$ hPa

usw. (siehe auch Fig. 2)

So ergibt sich, daß in ca. 5.500 m Höhe über der Erdoberfläche der Luftdruck und die Luftdichte etwa die Hälfte des Wertes an der Erdoberfläche annehmen. Der Höhe 6.000 m entspricht auf einem Globus von 1 m Durchmesser gerade etwa die Höhe 0,5 mm!

Anstatt hier weitere mathematische Überlegungen anzustellen, sei der Blick wieder auf die tatsächlich vorliegende Lufthülle gerichtet: Sie ist (meistens) nicht in Ruhe, und sie hat auch nicht konstante Temperatur, wie im oben beschriebenen Modellfall angenommen; außerdem ist sie ein Gemisch, bei dessen Wärmehaushalt der Wassergehalt eine wesentliche Rolle spielt. Von all diesen Einflüssen sei zunächst die Temperatur in unsere Betrachtung einbezogen.

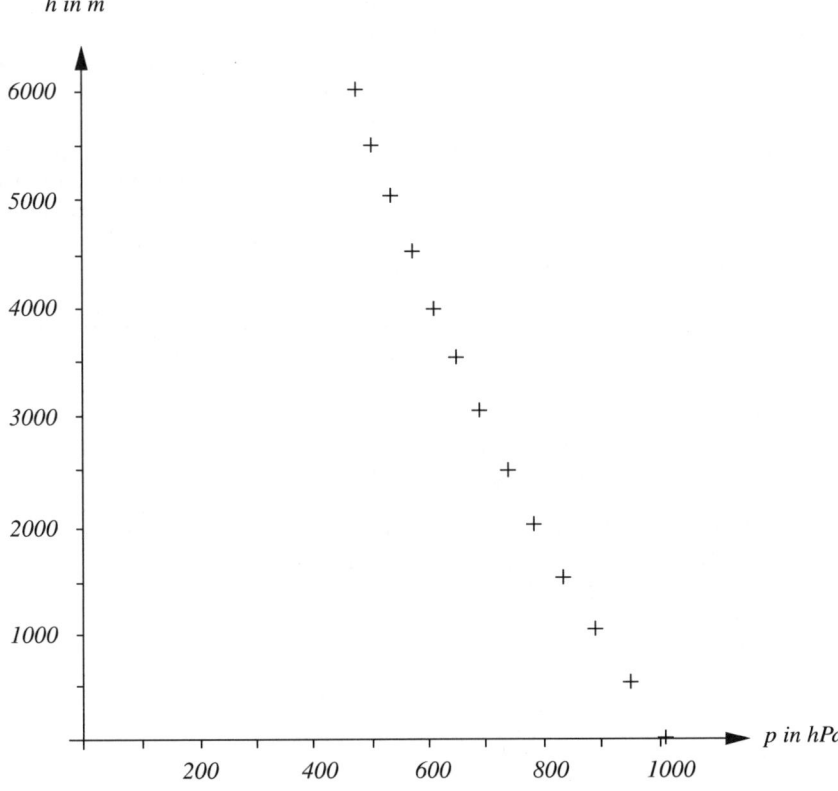

*Fig. 2 Zusammenhang zwischen Luftdruck (hPa) und Höhe über dem Erdbo-
den (m), wenn am Erdboden die Luftdichte ρ_0 und der Luftdruck p_0 (Zahlenwerte im Text) vorliegt und die Temperatur in jeder Höhe gleich ist.*

Absinkende und aufsteigende Luft

Was wird geschehen, wenn man ein bestimmtes Luftvolumen in großer Höhe einschließt (in eine Ballonhülle, die leicht verformbar ist und
deshalb von sich aus keinen Druck auf die eingeschlossene Luft aus-
übt) und nach unten transportiert? Natürlich, es wird zusammenge-
drückt, die Luftdichte im Ballon wird größer. Aber es geschieht dabei
noch etwas anderes: Die Temperatur der eingeschlossenen Luft steigt!
Diese Temperaturerhöhung kommt nicht durch Wärmezufuhr von
außen, sondern sie kommt von der Kompression der Luft. Sie kennen
diese Temperaturerhöhung von der Fahrradluftpumpe her: Das vordere Pumpenende wird warm, was man besonders leicht merkt, wenn
man mehrere Pumpstöße hintereinander macht. Die Temperaturerhöhung der in der Pumpe eingeschlossenen Luft kommt daher, daß
man beim Hineinbewegen des Kolbens Arbeit erbringt (die Luftmole-

küle, welche von innen gegen den Kolben prallen, nehmen beim Hineinbewegen des Kolbens Energie auf – wie ein Tennisball vom bewegten Schläger – und so findet sich die von außen erbrachte Arbeit wieder in der erhöhten kinetischen Energie der Luftmoleküle). Wenn dabei von der Luft keine Wärme nach außen abgegeben wird (wenn z. B. die Pumpe gegen Wärmeverlust isoliert ist), dann nennt man den beschriebenen Prozeß »adiabatisch« (d. h. »ohne Wärmeaustausch mit der Umgebung«). Auch die Kompression des Luftvolumens im Ballon beim Transport in tiefere Luftschichten verläuft praktisch »adiabatisch«. Das Ausmaß dieser adiabatischen Erwärmung beträgt ca. 1° C bei etwa 1,25% Druckerhöhung, d. h. ein absinkendes (bzw. aufsteigendes) Luftvolumen erfährt eine Temperaturerhöhung (bzw. Temperaturabnahme) von ca. 1° C je 100 m Höhendifferenz.

Tatsächlich hat die Atmosphäre manchmal diesen Temperaturverlauf (Fig. 3 a), manchmal aber ist die Temperatur nahe der Erdoberfläche höher (Fig. 3 b), z. B. als Folge der Sonneneinstrahlung und der dadurch entstehenden Aufheizung der Erdoberfläche. Es gibt aber auch den umgekehrten Fall: Die sogenannte »Inversionslage«. In ihr nimmt die Temperatur nach oben zu (Fig. 3 c); für das Zustandekommen der Inversionslage gibt es mehrere Möglichkeiten, z. B. in wolkenloser

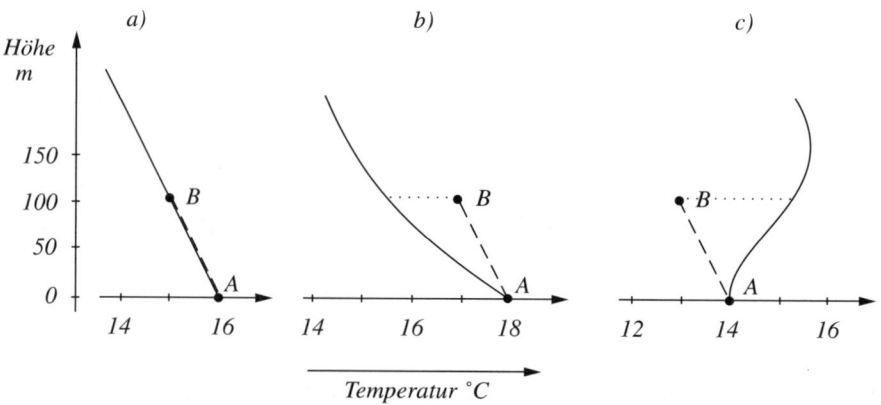

Fig. 3 Drei mögliche Fälle des Temperaturverlaufs (durchgezogene Kurven) mit der Höhe, die zu unterschiedlichem Stabilitätsverhalten führen:
a) »Indifferentes Gleichgewicht«; ein Probevolumen, von A nach B gebracht, hätte immer die gleiche Temperatur wie die Umgebung.
b) »Instabil«; das Probevolumen hätte in B eine höhere Temperatur als die Umgebung und würde deshalb noch weiter aufsteigen.
c) »Stabil«; das Probevolumen hätte in B eine tiefere Temperatur als die Umgebung und würde deshalb wieder absinken.

Nacht verliert die Erdoberfläche besonders viel Energie durch ungehindertes Abstrahlen, kühlt dabei stark ab und kühlt dadurch bevorzugt die tiefer liegenden Luftmassen (die Abstrahlung der Luft selbst ist geringer, da die Kohlendioxyd- und Wassermoleküle der Luft nicht breitbandig Energie abstrahlen können).

Man kann sich nun überlegen, ob eine Luftschichtung mit gegebenem vertikalen Temperaturverlauf stabil oder instabil ist. Wir gehen dabei genauso vor, wie es bei Beispielen aus der Mechanik üblich ist: Man lenkt das System (z. B. eine Kugel in einer Mulde, ein Pendel, hier ein herausgegriffenes Luftvolumen) ein wenig aus seiner momentanen Lage aus und sieht zu, ob es »von selbst« wieder in seine ursprüngliche Lage zurückkehrt: Ist dies der Fall, so bezeichnet man das System als stabil; entfernt es sich noch weiter, so bezeichnet man es als instabil (vergleiche Pendel und Balancierstab). Fassen wir also z. B. nahe der Erdoberfläche ein bestimmtes Luftvolumen (in der leicht verformbaren Ballonhülle) und lenken wir es ein wenig aus seiner momentanen Lage aus, indem wir es vorsichtig um z. B. 100 m anheben. Dabei wird es sich, wie oben schon mitgeteilt, um ca. 1° C abkühlen. Diese adiabatische Zustandsänderung ist in Fig. 3 a, 3 b, 3 c, jeweils als Übergang von A nach B gestrichelt eingetragen. Sehen Sie nun selbst im Diagramm nach, in welcher Umgebungstemperatur sich der nach oben bewegte Ballon befindet! Im Fall a) hat die Umgebung die gleiche Temperatur und damit auch die gleiche Dichte wie die Luft im Ballon; die Auftriebskraft auf den Ballon ist genauso groß wie sein Gewicht, d. h. er wird dort bleiben. Diese Luftschichtung ist also »indifferent«. Im Fall b) ist die Umgebung kälter, die Umgebungsluft also dichter als die Luft im Ballon, d. h. der Ballon erfährt einen vergrößerten Auftrieb und wird sich von selbst noch weiter entfernen. Die Luftschichtung b ist also »instabil«, sie führt zu aufsteigenden Luftmassen, ein Fall den Sie sicher schon beobachtet haben: Die nach oben wachsenden und sich auftürmenden Haufenwolken! Dagegen im Fall c) ist an der Stelle B die Umgebungsluft wärmer, also weniger dicht als die Luft im Ballon, d. h. der Ballon ist schwerer als die von ihm verdrängte Aussenluft; er sinkt wieder ab und kehrt nach A zurück. Die Luftschichtung c ist also »stabil«, sie verhindert einen Luftaustausch, ein Fall, den Sie auch kennen: Der oft lang anhaltende Smog bei Inversionslagen.

Bisher haben wir die adiabatische Kompression oder Expansion von trockener Luft betrachtet, was ein einfacher Sonderfall des wirklichen Geschehens ist. Meistens befinden sich in der Luft auch noch Wassermoleküle (einzeln, ohne mit anderen verbunden zu sein), aber wieviele dies maximal sein können, hängt ab von der Lufttemperatur: Wassermoleküle können sich aneinander anlagern und bilden – wenn es genügend viele sind – ein kleines Tröpfchen (»kondensieren«). Einige typische Beobachtungen, die mit dem Kondensieren zusammenhängen, haben Sie sicher schon selbst gemacht: In ausgeatmeter Luft bildet sich Nebel (viele kleine Tröpfchen), sobald diese genügend stark abgekühlt wird. Auch wenn die warme Zimmerluft (die ebenfalls

Wassermoleküle enthält) genügend abgekühlt wird, z. B. an der kalten Fensterscheibe, so bilden sich dort Wassertropfen. Weniger bekannt, aber für den Wärmehaushalt der Luft und für das Wetter sehr bedeutsam ist die Tatsache, daß beim Kondensieren Energie freigesetzt wird (das kalte Fenster wird durch die kondensierende Feuchtigkeit erwärmt, was man aber praktisch kaum merkt, weil das Fenster auch dauernd von außen gekühlt wird). Die freigesetzte Energie entspricht der vorher zum Verdampfen oder Verdunsten des Wassers aufgewendeten Energie.

Wiederholen wir oben beschriebenen Gedankengang, der zur Temperaturdifferenz 1° C bei 100 m Höhendifferenz geführt hat, nun mit Luft, welche Wassermoleküle enthält: Feuchte Luft in eine leicht verformbare Ballonhülle einschließen und in größere Höhe bringen. Wir erhalten wieder adiabatische Abkühlung, nun aber kann Tröpfchenbildung eintreten und dabei wird Energie freigesetzt. Feuchte Luft wird sich also bei adiabatischer Expansion nicht so stark abkühlen wie trockene Luft. Zum Beispiel für gesättigte feuchte Luft (die Erklärung des Begriffs »gesättigt« folgt) ergibt sich beim Anfangsdruck 1.000 hPa und der Anfangstemperatur 20°C eine Temperaturabnahme von nur 0,4° C bei einem Höhenschritt von 100 m; beträgt die Anfangstemperatur dagegen – 40° C, so erreicht man bis auf wenige Prozent die in trockener Luft auftretende Temperaturabnahme (1° C beim Höhenschritt von 100 m), denn bei dieser niedrigen Anfangstemperatur ist ohnehin nur noch sehr wenig Feuchtigkeit in der Luft enthalten, so daß auch nur noch sehr wenig Kondensationswärme frei wird. Erinnert man sich an die mit Hilfe von Fig. 3 durchgeführte Betrachtung zur Stabilität von Luftschichtungen, so erkennt man, daß auch der Feuchtigkeitsgehalt der Luft eine Rolle für die vertikale Stabilität einer Luftschichtung spielt.

Der Wassergehalt der Luft

Am Ende des vorigen Kapitels war die Rede davon, daß sich in Luft meist auch Wassermoleküle befinden und daß sich Tröpfchen bilden, wenn die Temperatur genügend abnimmt. Um die damit zusammenhängenden Phänomene Nebel und Regen in ihrer Vielfalt einigermaßen erklären zu können, muß man »Wasser in Luft« genauer beschreiben; hierbei spielt der »Dampfdruck« eine wesentliche Rolle.

Wenn Sie beim Begriff »Dampfdruck« an einen explodierenden Dampfkessel denken, oder an das Überdruckventil beim Druck-Kochtopf, dann liegen Sie damit zwar richtig, aber hier haben wir es mit viel kleineren Werten des Dampfdrucks zu tun; auch zum Beispiel in der menschlichen Lunge liegt ein Dampfdruck vor und auch in der Meeresbrise und in Nebel und Regen. Was aber, genau, versteht man unter »Dampfdruck«?

Ein in einem Behälter (z. B. Zylinder mit Kolben, oder Luftballon) eingeschlossenes Gas drückt von innen gegen die Wand des Behälters; dies ist der »Gasdruck«. Er kommt dadurch zustande, daß laufend Gasmoleküle von innen gegen die Behälterwand prallen und von ihr zurückgeworfen werden. Ist Luft in dem Behälter eingeschlossen, dann prasseln Sauerstoffmoleküle, Stickstoffmoleküle und noch andere Beimengungen, z. B. Wassermoleküle, gegen die Wand. Würde man nun z. B. nur den durch die auftreffenden Sauerstoffmoleküle entstehenden Druck gegen die Wand betrachten oder messen, so wäre das der »Partialdruck des Sauerstoffs«; analog ergeben allein die Stickstoffmoleküle den »Partialdruck des Stickstoffs«. Betrachtet man allein den durch die auftreffenden Wassermoleküle entstehenden Druck, so hat man auch einen Partialdruck, und dieser wird »Dampfdruck« genannt. Der Gesamtdruck eines Gases setzt sich additiv aus den Partialdrukken zusammen (Gesetz von Dalton).

Ein typischer Wert des Dampfdruckes e, der in einer feuchtwarmen Wetterlage bei 20° C vorliegen kann, ist z. B. $e = 20$ hPa $= 2000$ N/m^2. Wieviel Wassermasse m_W erhält man, wenn man alle Wassermoleküle aus 1 m^3 solcher Luft herausholt? Um dies abzuschätzen, betrachten wir vereinfacht den Wasserdampf als ideales Gas (d. h. es wird angenommen, daß die Wassermoleküle kein Eigenvolumen beanspruchen und bei Zusammenstößen sich wie harte Kugeln verhalten). Wir wenden also die Zustandsgleichung des idealen Gases an

$$pV = nRT$$

(n = Anzahl Mol, die im Volumen V enthalten ist). Hieraus ergibt sich für Wasserdampf beim gegebenen Dampfdruck e und mit $n = m_W/M$ (M ist die Molmasse des Wassers, $M = 18$ g/Mol und $R = 8,3$ Joule/Mol·K)

$$\frac{m_W}{V} = \frac{e\,M}{R\,T} = \frac{2000 \cdot 18}{8,3 \cdot 293}\,\frac{\text{N}}{\text{m}^2}\,\frac{\text{g}}{\text{Mol}}\,\frac{1}{\frac{\text{Joule}}{\text{Mol·K}}\,\text{K}} = 15\,\frac{\text{g}}{\text{m}^3}$$

Dieser Wassergehalt der oben gegebenen feuchten Luft erscheint zwar zunächst einigermaßen gering. Unterstellt man aber, daß z.B. eine Schicht solcher Luft von nur 100 m Dicke etwa 2/3 seines Wassergehalts ablädt (dies geschieht durch Abkühlung auf etwa 2° C), so trifft auf jeden Quadratmeter Erdoberfläche immerhin 1,0 Liter Regen (Wasserschicht von 1,0 mm Tiefe). Einigermaßen dramatisch werden die Zahlenwerte, wenn man eine noch wärmere und dickere Luftschicht annimmt: Zum Beispiel in Luft von 30° C kann der Dampfdruck bis etwa $e = 42$ hPa betragen. Lädt man wieder etwa 2/3 der dabei in der Luft gespeicherten Wassermenge ab (Abkühlung auf ca. 12° C), so liefert eine Luftschicht von 1.000 m Dicke auf jeden Quadratmeter Erdoberfläche etwa 20 Liter Regen (Wasserschicht von 2 cm Tiefe).

Für solche Betrachtungen ist es offenbar besonders bedeutsam, wieviel Wasser in der Luft (im Gleichgewicht mit einem Wasservorrat) maximal enthalten sein kann, oder genauer gefragt, wie hoch der Dampfdruck bei bestimmter Temperatur überhaupt werden kann. Der vor dem Einsetzen einer Kondensation maximal erreichbare Dampfdruck (– der aber unter besonderen Umständen noch überschritten werden kann, s.w.u. –) heißt »Sättigungsdampfdruck«. Wenn Luft mit Sättigungsdampfdruck vorliegt, dann kann die Kondensation (Tau, Tröpfchenbildung und Nebel, evtl. Regen) unmittelbar bevorstehen. Die folgende Tabelle 1 zeigt, wie hoch der Sättigungsdampfdruck bei verschiedenen Temperaturen ist:

TABELLE 1

Sättigungsdampfdruck bei verschiedenen Temperaturen

Temperatur in °C	–10	0	10	20	30	40 ...	100
Sättigungs-dampfdruck hPa	2,7	6,1	12,3	23,3	42,4	73,8 ...	1.013

Man sieht, daß der Sättigungsdampfdruck höher ist bei höherer Temperatur; dies bedeutet, daß bei höherer Temperatur mehr Wassermoleküle sich im Aggregatzustand »gasförmig« befinden können.

Haben Sie vielleicht, etwa in der Wettervorhersage, schon den Ausdruck »relative Luftfeuchtigkeit« gehört? Zum Beispiel »relative Luftfeuchtigkeit 53%« bedeutet, daß in der Luft ein Dampfdruck vorliegt, der 53% des Sättigungsdampfdruckes beträgt. Man sieht aus der Tabelle, wie weit die Temperatur dieser Luft absinken muß, damit der Sättigungsdampfdruck erreicht wird: Beträgt z.B. die Lufttemperatur 20°C und die relative Luftfeuchtigkeit 53%, so ist der Dampfdruck $e =$ 53/100 · 23,3 hPa = 12,3 hPa. Dieser Wert ist aber der Sättigungsdampfdruck bei 10°C (siehe Tabelle). Kühlt man also die gegebene Luft (20°, 53%) auf 10°C ab, so ist dann die Luft mit Wasserdampf gesättigt und die Kondensation (z.B. Taubildung) kann unmittelbar bevorstehen (man sagt, die gegebene Luft hat den »Taupunkt« 10°C).

Auf diese Weise ist die relative Luftfeuchtigkeit einfach zu bestimmen (Taupunkthygrometer): Eine polierte Metallplatte wird der zu untersuchenden Luft (z.B. 30°C) ausgesetzt, langsam abgekühlt (z.B. durch Verdunsten von Äther) und dabei deren Temperatur gemessen. Bei einer bestimmten Temperatur (z.B. 10°C) beschlägt sich die Platte mit Tau; in der von der Platte auf 10°C gekühlten Luft ist dann gerade der Sättigungsdampfdruck erreicht. Man sucht nun in der Tabelle den dazugehörigen Sättigungsdampfdruck (bei 10°C beträgt dieser 12,3 hPa) und weiß damit, wie groß der Dampfdruck in der zu untersuchenden Luft ist. Diese 12,3 hPa sind 29% des Sättigungsdampfdrucks der nicht gekühlten Luft (bei 30° C), d. h. die zu untersuchende Luft hatte die relative Luftfeuchtigkeit 29%.

Bevor wir die Tröpfchenbildung genauer betrachten, sei kurz geschildert, wie man den Sättigungsdampfdruck messen kann, wie also die in der Tabelle angegebenen Werte gewonnen worden sind: Die entscheidenden Voraussetzungen für diese Messung sind, daß nur der Partialdruck des Wasserdampfes im Meßgefäß vorliegt (man muß also die Luft aus dem Meßgefäß entfernen) und daß man den bei gegebener Temperatur höchstmöglichen Dampfdruck, also den Sättigungsdampfdruck, herstellt (dies erreicht man durch einen Wasservorrat im Meßgefäß). Fig. 4 zeigt die gesamte Anordung schematisch: Das Meßgefäß ist ein Topf, der auf eine bestimmte Temperatur gebracht werden kann. Er hat oben eine verschließbare Öffnung (wie z. B. ein Druck-Kochtopf), und er hat auch ein Meßinstrument, welches den Druck im Inneren anzeigt. Zunächst heizt man, bei offenem Verschluß, bis das Wasser siedet; der Druckmesser zeigt etwa 1.000 hPa. Der während des Siedens im Topf gebildete Dampf strömt zum Teil durch die Öffnung ab und nimmt dabei Luft aus dem Topf mit heraus. Nach einiger Zeit, während das Wasser dauernd siedet, befindet sich praktisch keine Luft mehr im Topf, sehr wohl aber Dampf. Nun schließt man den Verschluß und stellt die Heizung ab; die Temperatur des Topfes (und des Wassers und des Dampfes in ihm) nimmt nun langsam ab. Dabei beobachtet man, daß auch der Druck im verschlossenen Topf abnimmt. Diese Druckabnahme haben Sie wahrscheinlich selbst schon

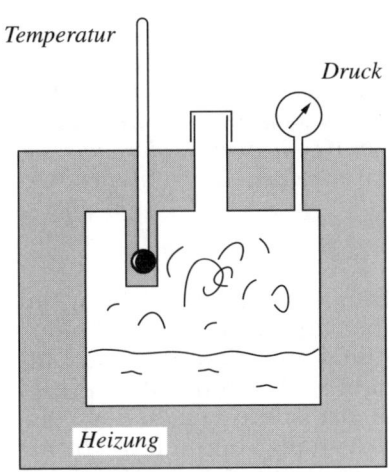

Temperatur

Druck

Heizung

Fig. 4 Topf zur Messung des Dampfdrucks bei bestimmter Temperatur. Die Umhüllung des Topfes soll dafür sorgen, daß überall im Topf die gleiche Temperatur vorliegt.

beobachtet: Wenn ein heißer, geschlossener Druck-Kochtopf abkühlt, so wird das Überdruckventil nach innen gezogen; denken Sie auch an das Einweckglas, dessen Deckel nach Abkühlung festsitzt (er wird angepreßt, weil innen ein geringerer Druck als außen besteht). Man braucht nun nur die zusammengehörigen Werte von Temperatur und Druck zu notieren und erhält die in der Tabelle angegebenen Werte. – Eine modellmäßig bildliche Darstellung von den im Aggregatzustand »gasförmig« befindlichen Wassermolekülen zeigt Fig. 5a. Damit soll auch dargestellt werden, daß manche Wassermoleküle gerade aus der Wasseroberfläche herausgekommen sind und daß andere in diese eintreten werden. Eine Bilanz der innerhalb einer Zeitspanne herauskommenden und eintretenden Wassermoleküle ist ausgeglichen, wenn die Temperatur einige Zeit gleich bleibt. Bei sinkender Temperatur wird die kinetische Energie der Moleküle im Mittel geringer; die Zahl der Moleküle, welche dann noch die Wasseroberfläche verlassen können, wird dadurch geringer. Die Bilanz ist dann so lange nicht mehr ausgeglichen, bis die Zahl der Moleküle außerhalb der Flüssigkeit genügend weit abgenommen hat (Fig. 5b): Der Dampfdruck ist gesunken, es hat Kondensation stattgefunden.

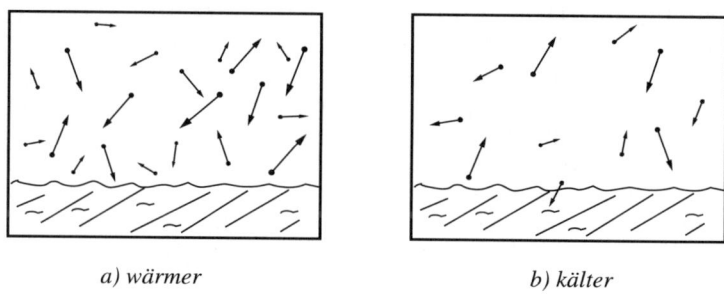

a) wärmer   b) kälter

Fig. 5 Modellmäßig bildliche Darstellung (»Momentaufnahme«) der Wassermoleküle, die sich im Aggregatzustand »gasförmig« über einer Wasseroberfläche im Gleichgewicht mit dieser befinden. Jede der kleinen Kugeln stellt ein Wassermolekül dar. Die Pfeile bedeuten deren Momentangeschwindigkeit nach Betrag und Richtung im Sinn einer zufälligen Möglichkeit. In Wirklichkeit sind es über siedendem Wasser bei Normaldruck ca. $2 \cdot 10^{19}$ Moleküle/cm^3; deren mittlere Geschwindigkeit beträgt $7 \cdot 10^4$ cm/s.

Man kann sich nun vorstellen was in der freien Natur geschieht, wenn zum Beispiel eine trockene Luftschicht über eine große Wasseroberfläche hinwegstreicht (vereinfachend sei angenommen, daß die Luft und das Wasser die gleiche Temperatur haben): Es treten Wassermoleküle aus der Wasseroberfläche aus. Zunächst ist die Anzahl der Wassermoleküle in der Luft noch gering und deshalb kommen auch nur sehr wenige zurück in die Wasseroberfläche hinein. So steigt die Anzahl der Wassermoleküle in der Luft weiter an und zwar – wenn keine Störung eintritt – so lange, bis im Mittel genau so viele Moleküle in die Wasseroberfläche wieder eintreten, wie aus ihr herauskommen; die Luft ist dann mit Wasserdampf gesättigt, es liegt 100% relative Luftfeuchtigkeit vor.

Was aber geschieht in dieser dampfgesättigten Luft, wenn diese abkühlt und dabei nicht mehr die ebene Wasseroberfläche zum Austausch der Wassermoleküle zur Verfügung steht, wie es im Topf und in Fig. 5 der Fall war? Diese Situation ist ja nicht ungewöhnlich, wenn man an die (weiter oben schon besprochene) Möglichkeit denkt, daß die Luftschichtung instabil sein kann, wodurch tiefere Luftschichten nach oben verfrachtet werden, dabei expandieren und auch abkühlen. Welcher Mechanismus ermöglicht es den einzelnen Wassermolekulen, sich zu Wassertröpchen zusammenzulagern?

Nebel, Regentropfen

Man wird vermuten: Wenn eine Wasseroberfläche nicht genügend nahe ist, dann werden sich eben mehrere einzelne Moleküle (diejenigen, die zufällig eine genügend geringe kinetische Energie haben) aneinander anlagern und ein kleines Tröpfchen bilden; mehr und mehr Wassermoleküle werden sich dann anlagern, bis daraus ein dicker Regentropfen geworden ist. Diese Vermutung ist zwar richtig (im Nebel kann man die kleinen in der Luft schwebenden Wassertröpfchen manchmal deutlich sehen; den Nebel, oder aus einiger Entfernung die Wolke, sieht man wegen der Streuung des Lichts an den kleinen Wassertröpfchen)*), aber trotzdem gibt es dabei eine Überraschung: Die kleinen Wassertröpfchen im Nebel (warum diese praktisch nicht herunterfallen, wird später erklärt) liefern einen Dampfdruck, der größer ist als über einer ebenen Wasseroberfläche (bei gleicher Temperatur)! Diese Vergrößerung des Dampfdrucks ist umso stärker, je kleiner

---

*) Wenn z. B. vom oben abgeschätzten Wassergehalt (15 g/m^3) etwa 1/3 in Form von Tröpfchen vom Radius 0,01 mm (siehe auch Tabelle 2) vorliegt, so sind dies etwa 1.200 Tröpfchen in jedem Kubikzentimeter; der mittlere Abstand zwischen benachbarten Tröpfchen beträgt dabei ca. 1 mm.
Um abzuschätzen, wie groß in diesem Nebel die »Sichtweite« etwa ist, denke man sich ein davon erfülltes gerades Rohr der Grundfläche 1 cm^2. Wie lang muß dieses Rohr sein, damit für ein durch das Rohr hindurchzielendes Lichtbündel der Rohrquerschnitt praktisch völlig durch Wassertröpfchen abgedeckt ist (die Wassertröpfchen lenken das Licht aus seiner ursprünglichen Richtung ab, es wird »gestreut«)? Die Antwort ist einfach: Das Rohr muß mindestens so lang sein, daß alle Tröpfchen in ihm, dicht nebeneinander gelegt, die Grundfläche einmal völlig abdecken. Da ein Tröpfchen etwa die Fläche $3 \cdot 10^{-6}$ cm^2 abdeckt, braucht man etwa $3 \cdot 10^5$ Tröpfchen, um einen Quadratzentimeter abzudecken; dabei sind aber noch kleine Zwischenräume zwischen den aneinandergrenzenden Kugeln offen geblieben. Um diese abzudecken, müssen wir noch eine zweite Schicht drauflegen. Wir brauchen also etwa $6 \cdot 10^5$ Tröpfchen; das Rohr muß dazu etwa 5 m lang sein. In Wirklichkeit trägt nicht jedes Tröpfchen im Rohr zur Flächenabdeckung bei, denn die Tröpfchen liegen – in Richtung des einfallenden Lichts gesehen – nicht alle nebeneinander, sondern auch hintereinander. Immerhin aber liefert diese Abschätzung eine ungefähre Vorstellung von der in diesem Nebel vorliegenden »Sichtweite«, die hier in der Größenordnung 10 Meter liegt.

das Tröpfchen ist (siehe Fig. 6). Es ist deshalb eigentlich nicht unmittelbar einzusehen, wie ein Tröpfchen – selbst wenn es sich zufällig gebildet haben sollte – stabil sein und vielleicht sogar noch wachsen kann. Ein einfaches Zahlenbeispiel zeigt es deutlich: Wenn zum Beispiel Luft von 20° C mit 100% Luftfeuchtigkeit vorliegt, so ist der Dampfdruck 23,3 hPa; wird nun ein sehr kleines Tröpfchen irgendwie eingebracht, so ist der Dampfdruck über diesem Tröpfchen größer, z.B. 25 hPa. Dies bedeutet, daß für das Tröpfchen die Bilanz zwischen

Fig. 6 Einzelne Moleküle (kleine Kreise) in der Oberfläche eines kugelförmigen Tröpfchens, links größerer Tröpfchenradius, rechts kleinerer Tröpfchenradius. Jedes Molekül wird von den im Inneren des Tröpfchens liegenden Molekülen angezogen, was in der Summe eine Kraft zum Kugelmittelpunkt ergibt (Pfeile). Im kleineren Tröpfchen kann deshalb ein Molekül von seinen Nachbarn leichter hinausgequetscht werden (bzw. es löst sich leichter, wenn es einen kleinen Stoß von innen erfährt). Folge: Das kleinere Tröpfchen kann leichter verdampfen; es hat einen größeren Dampfdruck.

Verdampfen und Kondensieren nicht ausgeglichen ist: Die Anzahl der das Tröpfchen verlassenden Moleküle überwiegt, das Tröpfchen verdampft, obwohl es von dampfgesättigter Luft umgeben ist.

Wie also kann sich überhaupt ein Tröpfchen bilden und noch dazu anwachsen, bis daraus ein großer Regentropfen wird? Es sind sehr kleine Teilchen (Größenbereich etwa 10^{-7} cm bis 10^{-5} cm), eigentlich Fremdkörper in der Luft, die hierbei eine entscheidende Rolle spielen: Bodenstaub, Pollen, Salzkriställchen aus Meeresgischt, insbesondere aber Teilchen, welche aus der chemischen Reaktion von Verbrennungsprodukten (z.B. CO_2, SO_2 u.a.) mit Wassermolekülen und evtl. nachfolgender Koagulation entstehen. Wenn hierbei auch erhebliche lokale Unterschiede bestehen, so gibt doch die Größenordnung 100 bis 1.000 Teilchen/cm^3 eine ungefähre Vorstellung von deren Häufigkeit, wenn die Teilchen nicht gerade kurz vorher durch Regen ausgewaschen worden sind. Inwiefern wirken nun solche Teilchen als »Kondensationskeime«? Betrachten wir als Modellfall die Wirkung von wasserlöslichen Teilchen, also z. B. von winzigen Kochsalzkristallen.

Wie man weiß, bewirkt Kochsalz in Wasser eine Gefrierpunktserniedrigung und eine Siedepunktserhöhung, d. h. es verringert den Dampfdruck. Diese durch den Salzgehalt bewirkte Dampfdruckverringerung und die in Zusammenhang mit Fig. 6 besprochene Dampfdruckerhöhung wirken zusammen so, daß Tröpfchen bestimmter Größe in (praktisch) gesättigter feuchter Luft stabil existieren können.

Eine etwas deutlichere Einsicht hierzu gewinnt man mit Fig. 7: Die Ordinate zeigt die relative Luftfeuchtigkeit; alle Werte oberhalb 100% bedeuten »Sättigungsüberschuß« (d. h. der dann vorliegende Dampfdruck ist höher als der z. B. in Tabelle 1 angegebene Sättigungsdampf-

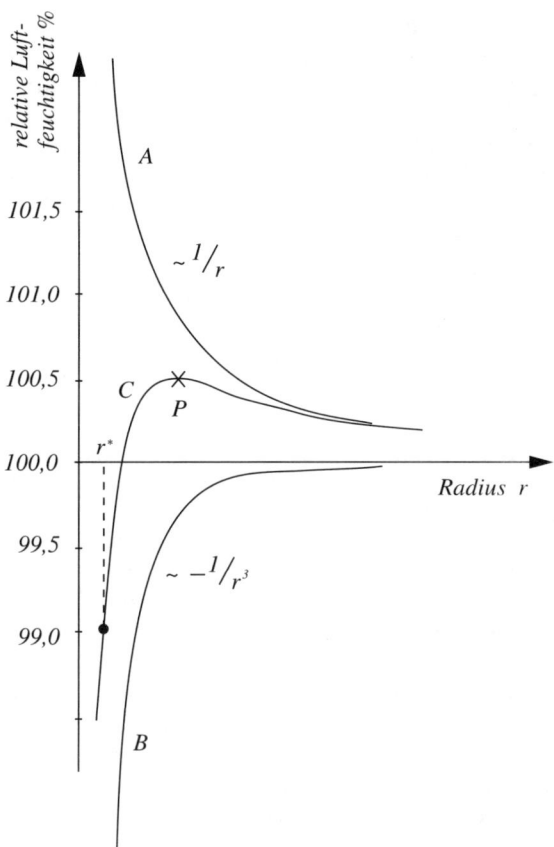

Fig. 7 Schematisch: Relative Luftfeuchtigkeit, welche im Verdampfungsgleichgewicht ist mit reinen Tröpfchen von Radius r (Kurve A), bzw. mit einer Salzlösung gegebener Salzmenge im Volumen r³ (Kurve B) bei ebener Oberfläche. Die Überlagerung beider Kurven gibt Kurve C: Links von P ist der Bereich, in dem sich die Tröpfchengröße auf die vorliegende Luftfeuchtigkeit einpendelt. Rechts von P: Spontane Zunahme der Tröpfchengröße.

druck); analog bedeuten alle Werte unterhalb »Sättigungsdefizit«. Kurve A zeigt, bei welcher relativen Luftfeuchtigkeit ein reines Tröpfchen vom Radius r im Gleichgewicht zwischen Verdampfen und Kondensieren ist; hieran sieht man, daß der Dampfdruck eines Tröpfchens umso größer ist, je kleiner der Radius ist. Kurve B zeigt, bei welcher relativen Luftfeuchtigkeit eine Salzlösung ebener Oberfläche im Gleichgewicht zwischen Verdampfen und Kondensieren ist, wobei eine bestimmte, kleine Menge Kochsalz in einem Kubus Wasser vom Volumen r^3 aufgelöst ist; mit wachsendem r wird die Salzlösung also mehr und mehr verdünnt und die Dampfdruckverringerung verschwindet mehr und mehr. Beide Effekte zusammen ergeben Kurve C. Stellen wir uns nun eine Atmosphäre vor, in der die relative Luftfeuchtigkeit z. B. zunächst 99 % beträgt und dazu ein Tröpfchen (mit darin aufgelöstem Salzkörnchen): Wenn dieses genau den Radius r^* hat, so ist es im Gleichgewicht mit dieser Atmosphäre. Hat es dagegen einen Radius kleiner als r^*, so ist sein Dampfdruck geringer als der in der Atmosphäre vorliegende, wie Kurve C zeigt; es wird sich Feuchtigkeit auf ihm niederschlagen, also wachsen. Für ein Tröpfchen, das einen Radius größer als r^* hat, gilt das umgekehrte, es wird kleiner werden. Die Folge ist, daß der Tröpfchenradius praktisch immer der jeweils vorliegenden Luftfeuchtigkeit entspricht und zwar überall im aufsteigenden Ast der Kurve C, also für alle r-Werte links von Punkt P. Das Tröpfchen ist dann noch genügend klein, um nur sehr langsam herunterzufallen.

Nun sei angenommen, daß die relative Luftfeuchtigkeit steigt (durch Abkühlung), so daß schließlich Punkt P erreicht wird (hier z. B. 100,5 %): Wenn ein Tröpfchen jetzt (zufällig) einen größeren Radius hat, so ist sein Dampfdruck geringer als der in der Atmosphäre vorliegende, d. h. Feuchtigkeit kondensiert auf ihm, es wächst, sein Dampfdruck sinkt weiter, und so wächst es weiter, solange die relative Luftfeuchtigkeit höher ist als durch die Kurve rechts von Punkt P gegeben.

Stellen wir uns nun der Frage, warum kleine Tröpfchen praktisch nicht herunterfallen, größere aber sehr wohl. Jedes Tröpfchen erreicht im Fallen eine konstante Endgeschwindigkeit, die aber bei kleineren Tröpfchen kleiner, bei größeren Tröpfchen größer ist. Dies ist folgendermaßen einzusehen: Wären die Tröpfchen allein der Erdanziehungskraft ausgesetzt (»Gewicht«), so würden alle in gleicher Weise konstant beschleunigt werden (ein wohlbekanntes Ergebnis zum Kapitel »freier Fall«). Die Gewichtskraft ist aber nicht die einzige auf ein Tröpfchen wirkende Kraft: Auch die Luftwiderstandskraft spielt mit! Sie wirkt entgegen der Bewegungsrichtung und wächst mit der Fallgeschwindigkeit. Bei genügend großer Fallgeschwindigkeit kommt die Luftwiderstandskraft W ins Gleichgewicht mit der Gewichtskraft G, d. h. die resultierende Kraft wird Null, die Beschleunigung des Tröpfchens wird Null, seine Geschwindigkeit bleibt konstant. Diese konstante Endgeschwindigkeit v_e hängt davon ab, wie groß der Radius r des Tröpfchens ist; ein Zahlenbeispiel macht dies klar. Vergleichen Sie zwei Tröpfchen: Eines habe den doppelt so großen Radius wie das andere. Das größere hat das achtfache Gewicht, aber – bei gleicher Geschwindigkeit – nur den doppelten Luftwiderstand (dies folgt aus dem Stokesschen Reibungsgesetz $W \sim r\, v$). Folglich kommen am größeren Tröpfchen die beiden Kräfte erst bei viermal größerer Geschwindigkeit ins Gleichgewicht; das größere Tröpfchen erreicht also die größere Endgeschwindigkeit v_e. Aus $W = G$ sieht man $r\, v_e \sim r^3$; also $v_e \sim r^2$.

Dieser Zusammenhang ist auch in Tabelle 2 an den beiden kleinsten Wertepaaren zu sehen (bei den größeren Tröpfchen machen sich bereits Abweichungen vom Stokesschen Reibungsgesetz bemerkbar). Man sieht deutlich: Bei den kleineren Tröpfchen ist die Endgeschwindigkeit erstaunlich gering, d. h. es genügt schon ein sehr geringer Aufwind (Luftströmung nach oben, und gerade diese führt ja zu Expansion und Abkühlung, damit zu steigender relativer Luftfeuchtigkeit und zu Tröpfchenbildung) zur Kompensation der Fallbewegung; so wird es möglich, daß eine Wolke in praktisch konstanter Höhe »schwebt«. Bei größeren Tropfen aber kann ein (mäßiger) Aufwind das Herunterfallen nicht verhindern, es regnet.

TABELLE 2

Endgeschwindigkeit von Wassertröpfchen in Luft

Tröpfchenradius in mm	10^{-3}	10^{-2}	10^{-1}	1
Endgeschwindigkeit cm/s	0,013	1,3	72	650

Oft ist der Aufwind (z. B. im Inneren einer Gewitterwolke) so stark, daß die Wassertröpfchen in eine Höhe entführt werden, in der die Temperatur unter 0° C liegt (im Sommer etwa bei 3.500 bis 4.000 m). Dort gefrieren sie, wachsen weiter; fallen schließlich, schmelzen beim Durchfallen der tieferen wärmeren Luftschichten und sammeln dabei noch kleinere Tröpfchen auf. Manchmal werden die gefrorenen Tröpfchen besonders groß, so daß sie beim Durchfallen der tieferen Luftschichten nicht schmelzen: Hagel.

Die Richtung des Windes

Beobachten läßt sich die Windrichtung leicht, besonders in Bodennähe, aber auch in größerer Höhe, wenn dort Wolken sind; außerdem erfährt man einiges mehr darüber im Wetterbericht. Wie aber kommt es zustande, daß uns manchmal z. B. feuchte Meeresluft, manchmal trockene Festlandsluft, manchmal Polarluft überzieht? Wenn wir die detaillierte Vielfalt von Wettererscheinungen auch nicht vollständig überblicken können, so lohnt es sich doch, einige wenige typische Ursachen der Bewegung von Luftmassen und Folgerungen daraus zu überdenken.

Ziemlich leicht zu überblicken ist das Zustandekommen des Windes und seiner Richtung, falls die dabei typisch vorkommenden Entfernungen nicht besonders groß, etwa in der Größenordnung 10 km, sind: Wenn man eine sich bewegende Luftmasse betrachtet und dabei bedenkt, daß diese – besonders in Nähe der Erdoberfläche – einer bremsenden Reibungskraft ausgesetzt ist, so erkennt man, daß eine Kraft wirken muß, welche die Luft vorwärts treibt; die Reibungskraft und die vorwärtstreibende Kraft sind im Gleichgewicht, wenn die Luftmasse sich gleichförmig bewegt. Woher kommt diese vorwärtstreibende Kraft? Sie kommt vom Luftdruck, genauer gesagt von der Differenz der Luftdrucke an verschiedenen Stellen. Um die Größe des Luftdrucks an verschiedenen Stellen z. B. der Erdoberfläche zu beschreiben, verwendet man eine einfache, natürliche Methode: Man stelle sich eine Landkarte vor, in die an möglichst vielen Stellen der zu einem bestimmten Zeitpunkt vorliegende Luftdruck eingetragen ist; nun verbindet man diejenigen Punkte, in denen der gleiche Druck vorliegt, durch jeweils eine Linie; jede solche Linie heißt »Isobare«. Isobaren sind deshalb so praktisch, weil man mit deren Hilfe erkennt, in welcher Richtung die vorwärtstreibende Kraft auf die Luft wirkt und wie groß diese ist.

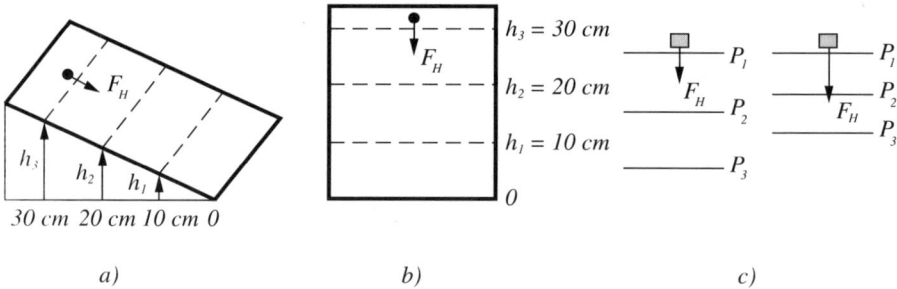

$a)$ $b)$ $c)$

Fig. 8 Schiefe Ebene, in perspektivischer Ansicht (a) und in Draufsicht (b). Gestrichelt sind die »Linien gleicher Höhe«, sogenannte. »Höhenlinien«. c: Zwei Beispiele von Druckfeldern, die jeweils einer schiefen Ebene entsprechen.

An einem bekannten Beispiel wird dies sofort klar: Eine »Schiefe Ebene« (Fig. 8a) kann in Draufsicht beschrieben werden durch »Höhenlinien« (Fig. 8b). Die Kraft, welche einen Körper die schiefe Ebene hinabtreibt, die »Hangabtriebskraft«, wirkt bekanntlich senkrecht zu den Höhenlinien, und sie ist größer, wenn die schiefe Ebene steiler ist, wenn also die entsprechenden Höhenlinien näher beisammenliegen. Kehren wir nun zurück zu den Isobaren (Fig. 8c): Für die Beschreibung der die Luft vorwärtstreibenden Kraft haben die Isobaren die gleiche Bedeutung wie die Höhenlinien der schiefen Ebene. Die vorwärtstreibende Kraft wirkt senkrecht zu den Isobaren und sie ist größer, wenn die Isobaren näher beisammen liegen.

Ein Beispiel für eine Strömung in Richtung eines Druckgefälles – immer noch soll die oben genannte Einschränkung zum Entfernungsmaßstab gelten – ist der an einem wolkenlosen Tag in einer Küstenregion vom Meer in Richtung Land wehende Wind: Die Landmasse wird von der einfallenden Sonnenstrahlung stärker erwärmt als das Wasser und so wird auch die Luft über dem Land wärmer. Die unten liegende warme Luft steigt auf und damit wird die Luft in größerer Höhe ebenfalls wärmer. Nun liegt über dem Land eine wärmere Luftsäule und die Luftdichte ρ_0 am Boden ist geringer als über dem Wasser. Nach Gl. 2 ist damit der Druckabfall bei einem Höhenschritt Δh über dem Land geringer als über dem Meer; in größerer Höhe herrscht also in der über dem Land liegenden Luftsäule ein höherer Druck als über dem Meer. Die Luft beginnt nun in die Richtung geringeren Druckes zu strömen, vom Land zum Meer in großer Höhe. In

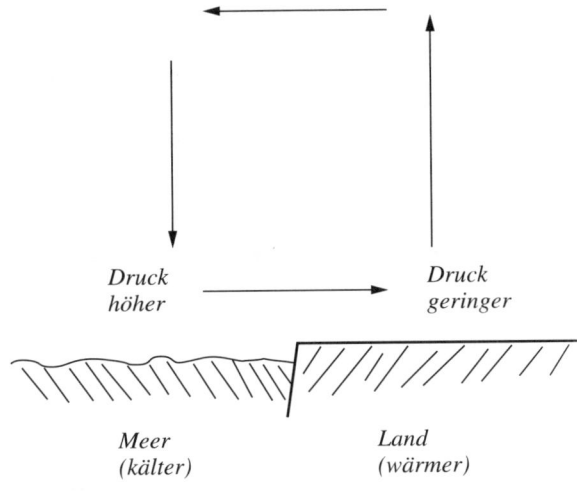

Druck höher — Druck geringer

Meer (kälter)   Land (wärmer)

Fig. 9 Nach Sonneneinstrahlung ergibt sich in großer Höhe eine Druckdifferenz zwischen Land und Meer, welche die Luft dort vom Land zum Meer treibt. In geringer Höhe ist die Druckdifferenz umgekehrt: Die Luft wird vom Meer zum Land getrieben (»Seewind«).

geringer Höhe dagegen ergibt sich über dem Meer ein Druckanstieg (wegen der oben zuströmenden Luft) und über dem Land ergibt sich Druckabfall (wegen der oben abströmenden Luft), und nun wird auch hier die Luft in Richtung geringeren Druckes zu strömen beginnen: Vom Meer zum Land in geringer Höhe, der »Seewind« (Fig. 9). – Analoge Situationen, auch mit umgekehrter Richtung, sind nach diesem

Muster erklärbar: Der »Landwind« (das Land kühlt nachts stärker ab als das Meer), der »Bergwind« (Aufheizen eines Berghanges), der Talwind, der Gletscherwind, u.a.m.

Komplizierter wird die Betrachtung, wenn man die Windrichtung in größeren Entfernungsmaßstäben, z. B. 100 km, 1.000 km oder mehr, erklären will. Auch hierbei ist die Sonneneinstrahlung und die unterschiedliche Erwärmung verschiedener Gebiete die Energiequelle für den Wind, aber die Richtung der Kraft, welche die Luftmassen in Bewegung setzt, ist nicht mehr allein durch die Aussage »senkrecht zu den Isobaren« zu beschreiben.

Der Grund dafür liegt darin, daß der Mensch bei seinen Beobachtungen (normalerweise) Bezug nimmt auf eine bestimmte mit der Erde fest verbundene Richtung, die Erde dabei aber rotiert. Ein Bewegungsablauf, der in einem ruhenden Bezugssystem gleichförmig ist, erscheint in einem rotierenden Bezugssystem (Erde, Karussell)) nicht mehr als gleichförmig. Sie können sich dies unmittelbar selbst im Modell klarmachen (Fig. 10): Auf einem Tisch (»ruhendes Bezugssystem«) soll ein Bleistift in Richtung der beiden geraden Pfeile – also parallel zur Tischkante – bewegt werden (Windrichtung). Das Blatt Papier, über das der Bleistift hinwegstreicht, soll aber nicht ruhen, sondern Sie sollen es drehen und zwar entgegen dem Uhrzeigersinn (den gleichen Drehsinn hat die Erde bei Draufsicht auf den Nordpol). Was zeichnet der Bleistift auf das sich drehende Blatt Papier? Es ist eine

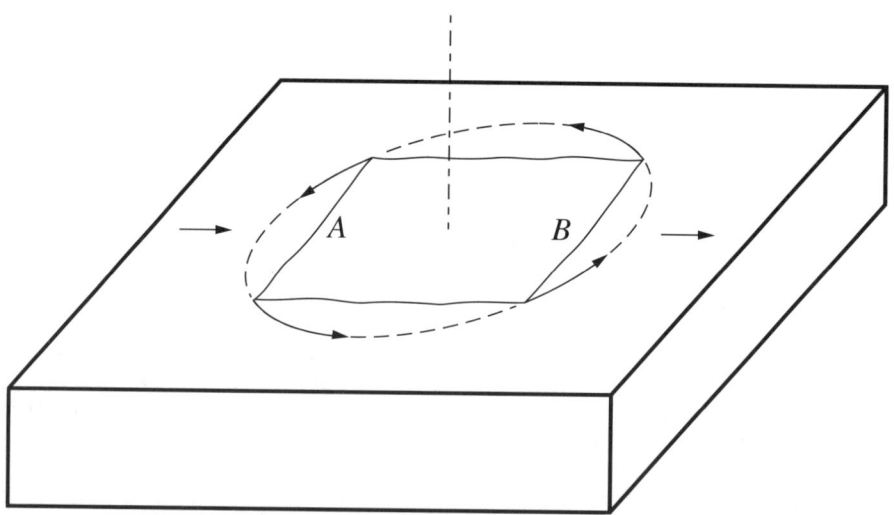

Fig. 10 Bewegen Sie einen Bleistift geradlinig von links nach rechts (Richtung der beiden geraden Pfeile), also parallel zur vorderen Tischkante über das Blatt Papier und drehen Sie dieses zugleich im Sinn der vier gekrümmten Pfeile: Der Bleistift zeichnet auf dem Blatt eine nach rechts gekrümmte Linie.

Linie, die – in Bewegungsrichtung des Bleistiftes gesehen – nach rechts abgelenkt ist. Ein anstelle des Bleistifts sich auf dem Tisch bewegender Körper würde, bei vernachlässigbarer Reibung, auf dem Blatt Papier eine Spur schreiben wie der Bleistift. Auf dem rotierenden Papier erscheint die Bahn des Körpers nicht mehr als gleichförmige Bewegung, sondern sie sieht aus, als ob eine nach rechts ablenkende Kraft gewirkt hat. Diese ablenkende Kraft – sie tritt nur auf, wenn das Bezugssystem, in dem die Beobachtung vorgenommen wird, (Blatt Papier; Erde) sich dreht und eine Bewegung in ihm abläuft (Bleistiftstrich; Wind) – heißt »Coriolis-Kraft«. Ergebnis dieser Betrachtung: Für den Beobachter auf der sich drehenden Erde erscheint der Wind aus seiner ursprünglichen Richtung (diese steht nach Fig. 8 c senkrecht auf den Isobaren) abgelenkt und zwar – auf der Nordhalbkugel – in Bewegungsrichtung gesehen nach rechts. Diese qualitative Erkenntnis reicht aus, um ein erstes Verständnis für die großräumige Luftströmung zu gewinnen.

Betrachten wir nun nochmal, wie ein einfaches Druckgefälle sich auf die Windrichtung auf der rotierenden Erde auswirkt (Fig. 11): Wenn bei hohem Druck (P6) ein Luftpaket losgelassen wird, so wird es

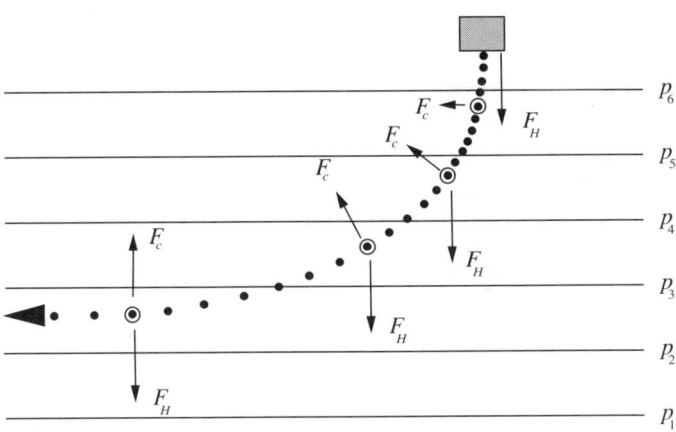

Fig. 11 Die Spur einer Luftmasse, wie sie sich unter dem Einfluß des Druckgefälles (analog zur Wirkung der Hangabtriebskraft F_H) und der Rechtsablenkung ergibt, ist punktiert gezeichnet; der wachsende Punktabstand soll die wachsende Geschwindigkeit anzeigen (wie eine langzeitbelichtete Fotografie bei stroboskopischer Beleuchtung). An einigen Stellen (kleine Kreise) sind die dort wirkenden Kräfte angegeben. Man sieht, wie die Corioliskraft längs der Bahn größer wird. Das kommt von der wegen F_H wachsenden Geschwindigkeit. Erst bei Bewegung parallel zu den Isobaren liegt keine vorwärtstreibende Kraft mehr vor (dynamisches Gleichgewicht zwischen F_H und F_C). – Neben dieser hier betrachteten Luftmasse werden noch alle anderen ähnlich in Bewegung gesetzt, wodurch sich auf breiter Front eine Strömung parallel zu den Isobaren ergibt.

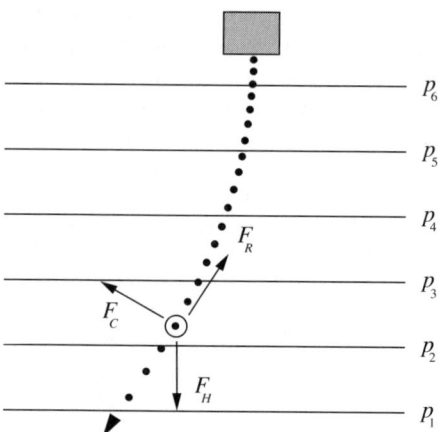

Fig. 12 Gleiches Druckgefälle wie in Fig. 11, wobei aber jetzt eine Reibungskraft F_R (entgegen der Bewegungsrichtung) vorkommt. Alle drei wirkenden Kräfte können sich kompensieren, aber dabei ist die Bewegungsrichtung nur wenig aus der Richtung des Druckgefälles abgelenkt und die Endgeschwindigkeit ist geringer als in Fig. 11.

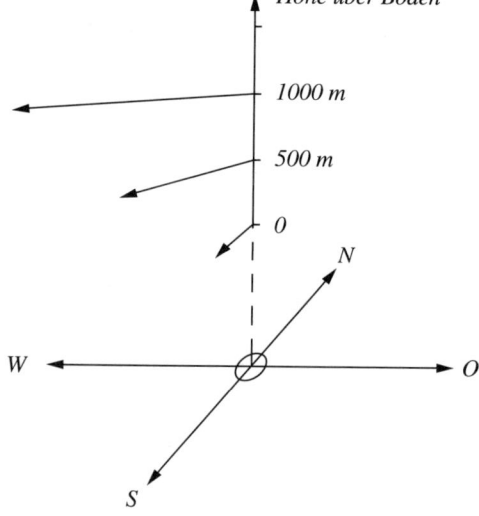

Fig. 13 Beispiel für Windrichtung und Windstärke (Pfeile) in verschiedener Höhe, perspektivisch dargestellt (man denke sich die Pfeile auf die am Boden liegende Windrose projiziert). Große Höhe: Windgeschwindigkeit groß, Richtung (nahezu) West. In Bodennähe: Windgeschwindigkeit klein, Richtung (nahezu) Süd.

durch die aus dem Druckgefälle resultierende Kraft beschleunigt, wie ein Körper auf der schiefen Ebene. Sobald es eine Geschwindigkeit hat, macht sich die Rechtsablenkung bemerkbar. Gleichgewicht zwischen Druckkraft und Corioliskraft stellt sich ein, wenn die Bewegungsrichtung parallel zu den Isobaren verläuft; nun bleibt die Geschwindigkeit konstant. Liegen die entsprechenden Isobaren näher beisammen (stärkeres Druckgefälle), so ergibt sich eine höhere Strömungsgeschwindigkeit im Gleichgewicht der Kräfte. Dabei war angenommen, daß auf die bewegte Luft praktisch keine Reibungskraft wirkt, also große Höhe über der Erdoberfläche. In der Nähe der Erdoberfläche aber (Fig. 12), wird der Wind durch Reibung gebremst. Das Gleichgewicht zwischen Druckkraft, Corioliskraft und Reibungskraft wird dann schon bei geringerer Geschwindigkeit erreicht und es liegt noch eine Geschwindigkeitskomponente in Richtung des Druckgefälles vor. Wahrscheinlich haben Sie die Folge daraus schon selbst beobachtet: Oft weht der Wind in großer Höhe (Bewegungsrichtung der Wolken) rechtsabgelenkt im Vergleich zur Windrichtung in Bodennähe (Fig. 13).

Bei gekrümmten Isobaren ergibt sich – im Anschluß an Fig. 11 – für die Windrichtung in großer Höhe die bekannte Regel: Um ein Hoch-

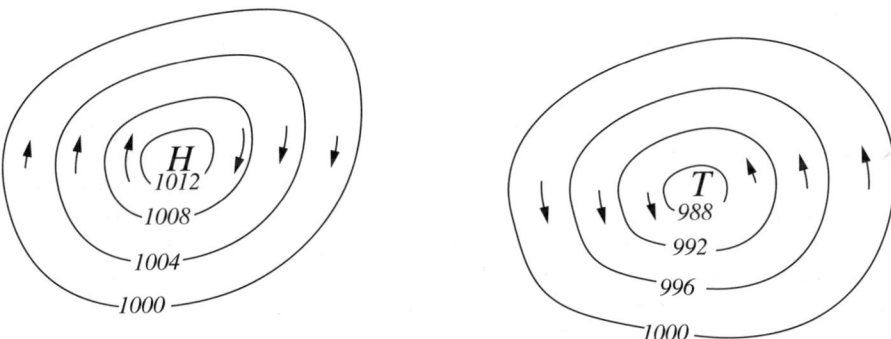

Fig. 14 *Hochdruckgebiet (H) und Tiefdruckgebiet (T), beschrieben durch Isobaren (Zahlen: Druckwerte in hPa reduziert auf Meereshöhe). Die Pfeile zeigen, wie in großer Höhe die Luft um das Zentrum herumströmt. Nicht nur im Drehsinn, sondern auch im Geschwindigkeitsbetrag unterscheidet sich H von T: Wegen der gekrümmten Strömungsbahn tritt auch eine Zentrifugalkraft auf! Diese wirkt beim H wie eine Erhöhung des nach außen gerichteten Druckgefälles. Analog wirkt beim T die Zentrifugalkraft wie eine Verringerung des nach innen gerichteten Druckgefälles.*
Wenn die Entfernung der gezeichneten Isobaren etwa 400 km beträgt, so ergibt sich bei mittlerer geografischer Breite (45°) und beim Bahnradius 400 km die Windgeschwindigkeit 9,5 m/s (im H) bzw. 6,5 m/s (im T); beim Bahnradius 1.200 km ergibt sich 8,0 m/s (H) bzw. 7,1 m/s (T).

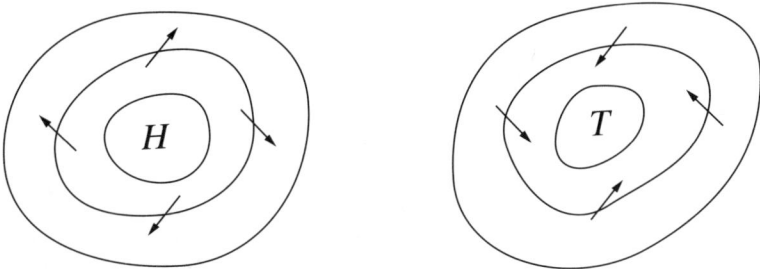

Fig. 15 *Umströmung eines Hochdruck- und eines Tiefdruckgebietes in Bodennähe. Das Zustandekommen der Bewegungskomponente in Richtung des Druckgefälles ist in Fig. 12 gezeigt.*

druckgebiet strömt der Wind parallel zu den Isobaren rechts herum (Uhrzeigersinn); um ein Tiefdruckgebiet strömt er links herum (Fig. 14), immer parallel zu den Isobaren. Wegen dieser tangentialen Umströmung kann das Hochdruckgebiet und das Tiefdruckgebiet in großer Höhe nicht so einfach abgebaut werden, wie man es sich zunächst (durch Strömung senkrecht zu den Isobaren) vorstellt. Nur durch die in Zusammenhang mit Fig. 12 beschriebene Auswirkung der Bodenreibung ergibt sich in Bodennähe eine Bewegungskomponente senkrecht zu den Isobaren (Fig. 15), und dadurch können sich dort die Hoch- und Tiefdruckgebiete langsam abbauen (ins Tiefdruckgebiet einströmende Luft expandiert, steigt auf, kühlt ab; Feuchtigkeit kondensiert).

Wir haben nun eine Vorstellung davon, daß die Hoch- und Tiefdruckgebiete von riesigen Wirbeln in unserer Atmosphäre umgeben sind. Wie aber kommt z. B. ein Tiefdruckgebiet zustande? Welchen Entstehungsmechanismus soll man sich dafür vorzustellen versuchen? Ganz kurz gesagt: Luftmassen verschiedener Temperatur strömen großräumig aneinander entlang, und dabei entstehen Wirbel (etwa so, wie wenn man Wasser und Öl übereinanderschichtet und die Schichten vorsichtig gegeneinander verschiebt).

Daß auf unserer Erde großräumig Luftmassen verschiedener Temperatur bewegt werden und irgendwie gegeneinanderstoßen (so wie Eisschollen auf einem Fluß), kommt vom Temperaturunterschied zwischen den äquatorialen und polaren Gebieten. Die großräumige Zir-

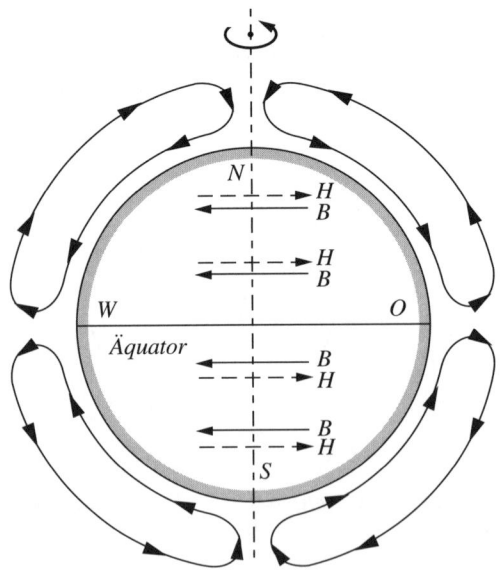

Fig. 16 Vorläufige Vorstellung über die großräumige Zirkulation der Luft um die Erde: Aufsteigen in warmen Zonen, Absinken in kalten Zonen (analog zu Fig. 9). Aufgrund der Corioliskraft ergäbe sich am Boden (B) eine Ost-West-Strömung, in größerer Höhe (H) eine West-Ost-Strömung. Der Höhenmaßstab außerhalb des Globus ist hier stark vergrößert, in Wirklichkeit ist die Luftschicht viel dünner.

126

kulation, die man zunächst zwischen diesen Gebieten vermuten würde, zeigt Fig. 16: Die Begründung für diese Vermutung ist die gleiche, wie die in Zusammenhang mit Fig. 9 beschriebene: Nach oben über dem stärker erwärmten Bereich (hier: Äquator; dort: wärmeres Land), nach unten über dem weniger stark erwärmten Bereich (hier: Pole: dort: kälteres Wasser), und die dazugehörigen horizontalen Strömungen. Wegen der Corioliskraft müßte die Bewegung auf der Nordhalbkugel jeweils nach rechts abgelenkt sein, also in Bodennähe aus der Richtung von Nord nach Süd abgelenkt sein in die Richtung von Ost nach West, und in großer Höhe aus der Richtung von Süd nach Nord in die Richtung von West nach Ost. – So sehr einsichtig diese Vermutung auch ist, leider sind die tatsächlichen Verhältnisse komplizierter: Die dabei in großer Höhe auftretende Windgeschwindigkeit wäre so groß*), daß dadurch – wie es bei großer Strömungsgeschwindigkeit oft der Fall ist – Wirbelbildung auftritt, das ursprüngliche Strömungssystem zusammenbricht und sich ein anderer Strömungstyp einstellt. Einigermaßen nachempfinden kann man dies in einem Modellversuch: Eine zylindrische Wanne, gefüllt mit Wasser, wird außen geheizt (»Äquator«) und in Achsennähe gekühlt (»Nordpol«); da auch Wasser sich bei Erwärmung ausdehnt (allerdings weniger als Luft), kann man die Wasserschicht als (grobes) Modell für die auf der Erde sich zwischen Äquator und Pol erstreckende Luftschicht betrachten. Nachdem eine Temperaturdifferenz zwischen Rand und Mitte hergestellt ist, beginnt das Wasser zu zirkulieren (Fig. 17); der Wasserumlauf ist analog zu der in Fig. 16 dargestellten Vermutung. Läßt man die Wanne nun um die Zylinderachse (Nordpol) rotieren, so ändert sich am Strömungsbild nicht viel, solange die Drehbewegung genügend langsam ist. Läßt man die Wanne aber genügend schnell rotieren, so ergibt sich ein anderer Strömungstyp (Fig. 18): Die Ablenkung durch die Corioliskraft ist so groß, daß das Oberflächenwasser auf seinem Weg vom Äquator zum Pol dort nicht direkt ankommt; es kann sogar so stark abgelenkt sein, daß es eine kurze Schleife durchläuft und dabei ungefähr wieder zu seinem Ausgangspunkt am Äquator zurückkehrt. Da es auch auf diesem kurzen Weg schon eine gewisse Abkühlung erfährt, wird die kurze Schleife nicht nur »rechts herum« gerichtet sein, sondern auch von oben nach unten (Fig. 18). Ähnliche Strömungsschleifen werden sich am gekühlten Zentrum der Wanne ausbilden. Zwischen den äußeren (wärmeren) und den inneren (kälteren) Strömungsschleifen liegt eine Zone (Z – Z), über welche hinweg der Wärmeaustausch stattfinden muß: Hier bildet sich eine komplizierte Strömung mit Wirbeln aus.

---

*) Eine vom Äquator senkrecht aufsteigende Luftmasse, welche sich dann in größerer Höhe nach Norden in Bewegung setzt, hätte auf der geografischen Breite 45° relativ zur Erdoberfläche in West-Ost-Richtung bereits die Geschwindigkeit ca. 330 m/s.

Betrachten Sie nun Fig. 19, die schematische Darstellung der tatsächlich auf der Nordhalbkugel der Erde vorkommenden großräumigen Strömung: Man sieht den Bezug zu Fig. 18 (die äquatornahen und pol-

Querschnitt

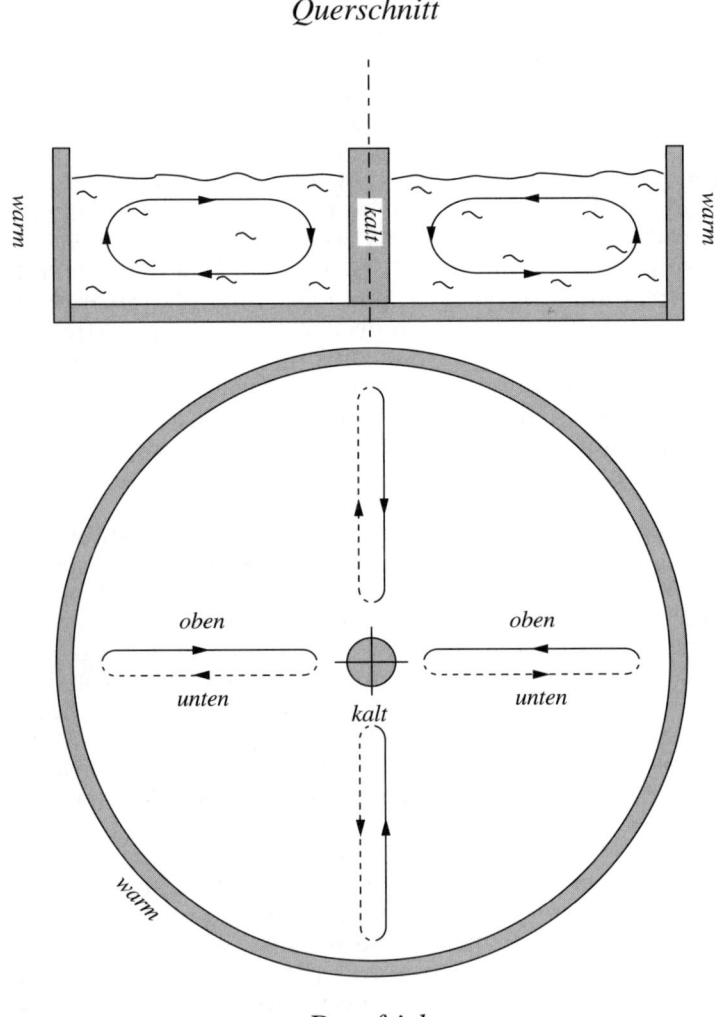

Draufsicht

Fig. 17 Wassertrog als Modellexperiment für die großräumige Strömung zwischen Äquator (geheizte Außenseite) und Pol (gekühlter Mittelpunktsbereich).

nahen Strömungsschleifen mit Vertikalströmung) und das Entstehen der Hochdruckgebiete (Bereich der nach unten bewegten Luft der äquatorialen Strömungsschleifen) und der Tiefdruckgebiete (Bereich der nach oben bewegten Luft der polaren Strömungsschleifen) und der

128

Strömungsrichtungen an der Erdoberfläche (z. B. den Nord-Ost-Passat). Gerade in den mittleren Breiten befindet sich der Bereich Z – Z, über den der Wärmeaustausch zwischen dem Süden und dem Norden stattfinden muß und der auch unser Wettergeschehen beinhaltet.

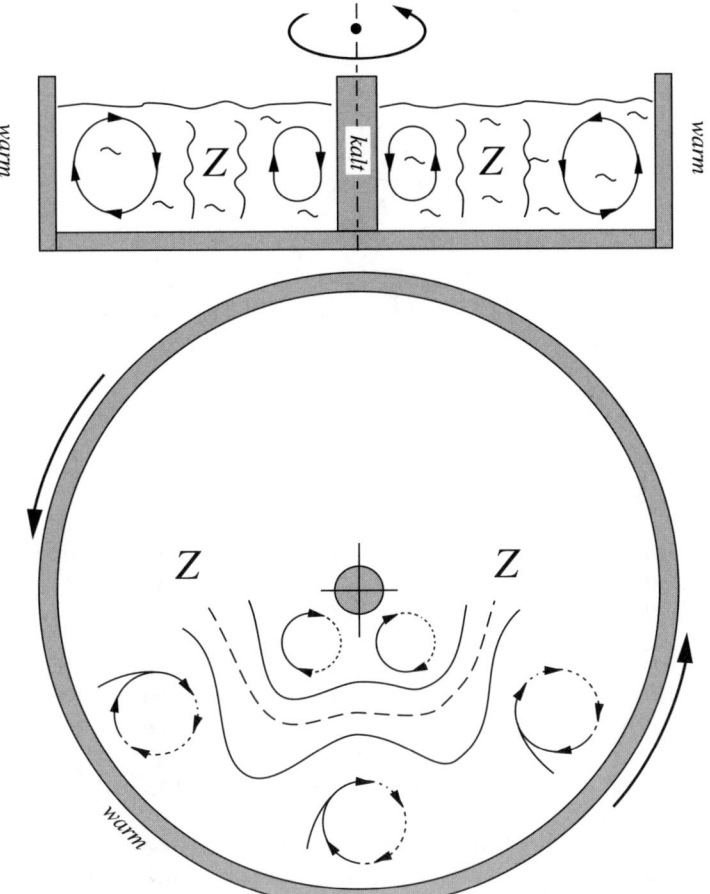

Fig. 18 Fortsetzung des Modellexperiments: Der Wassertrog rotiert; es stellt sich ein anderer Strömungstyp ein. – So wie ein auf der rotierenden Erde stehender Beobachter die Windrichtung bezüglich der Erde beobachtet, so soll auch zur Beobachtung der Wasserströmung der Beobachter mitrotieren (d. h. z. B. auf dem Rand des Troges sitzen); er beobachtet etwa die (schematisch) gezeichneten Strömungsschleifen.

Abschließend sei das Aufeinandertreffen von warmen und kalten Luftmassen im Bereich Z – Z diskutiert. Zunächst stelle man sich vor, daß eine Warmluftmasse gegen eine Kaltluftmasse anläuft: Die warme, weniger dichte Luft wird sich über die kältere Luft oben hinwegschieben (Fig. 20). Während die Warmfront aufgleitet und die Kaltluft zurückdrängt, sinkt am Boden der Luftdruck, da ja die Warmluft die geringere Dichte hat. In größerer Höhe dagegen ist der Druck in der Warmluft größer als in der Kaltluft (die Druckabnahme bei einem

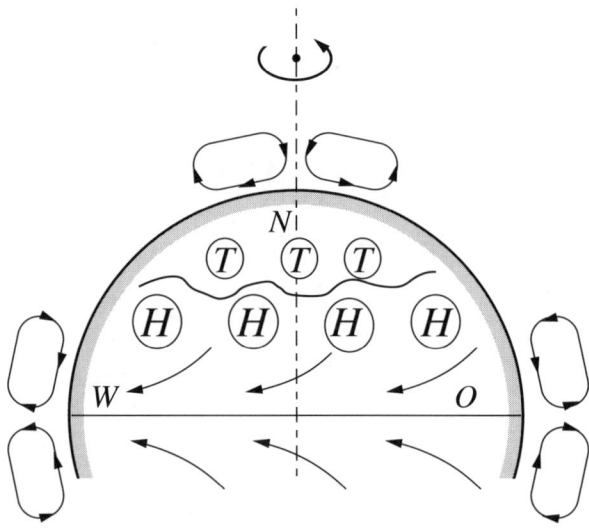

Fig. 19 Großräumige Strömung um die Nordhalbkugel (schematisch, kleinere Details weggelassen, nicht maßstabsgetreu). Der Bezug zum Modellexperiment wird klar, wenn man Fig. 18 (oberer Teil) betrachtet.

Höhenschritt ist in warmer Luft geringer als in kalter Luft), d. h. entsprechend dem dortigen Druckgefälle müßte der Höhenwind von der Warmluft zur Kaltluft wehen; wegen der Corioliskraft aber ist er nach rechts abgelenkt, d. h. er weht entlang der Grenzfläche (Fig. 21a). Dabei aber gibt es – wie bei zwei verschiedenen Flüssigkeiten, die aneinander entlang strömen – Störungen, welche sich zu Wirbeln aufschaukeln können; die Warmfront schiebt sich wie ein Keil stärker in die Kaltluftmasse hinein (Fig. 21b) und nach oben. Dadurch sinkt dort der Druck und es gibt Kondensation und evtl. Niederschlag. Die verdrängte Kaltluft hat die Möglichkeit in die Warmluftmasse einzudringen (Fig. 21c) und noch mehr Warmluft dem ersten Keil nachzuschieben: Es ist ein Tiefdruckwirbel entstanden. Im Kern des Tiefdruckwirbels steigt feuchte Warmluft nach oben, wird expandiert und dabei abgekühlt, was Wolkenbildung und Niederschlag zur Folge hat. Umgekehrt: Im Hochdruckgebiet wird Luft nach unten gedrückt, was zur Folge hat: Erwärmung durch Kompression, Abnahme der relativen Luftfeuchtigkeit, Auflösen der Wolken, Schönwetter.

Halten Sie sich einen Wetterfrosch oder wollen Sie lieber auch eigene Gedanken entwickeln? Wenn Sie das Wetter beobachten, werden Ihnen noch manche Details auffallen, die auf diesen Seiten nicht beschrieben

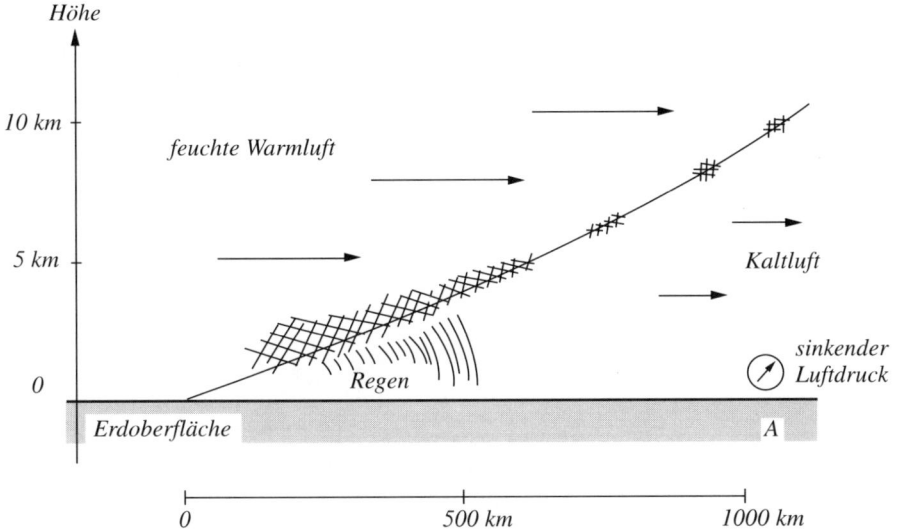

Fig. 20 Aufgleiten einer Warmluftmasse auf eine Kaltluftschicht; die Entfernungs-
maßstäbe (Höhe und Oberfläche) sind nur zur Beschreibung der Größenordnung angegeben. Typisch für einen Beobachtungsort A ist: Zunächst sinkender
Luftdruck, in großer Höhe Federwolken und evtl. »Wirbelstraßen« (Wirbelbildung durch die übereinandergleitenden Luftmassen); später dichtere Bewölkung
und Regen.

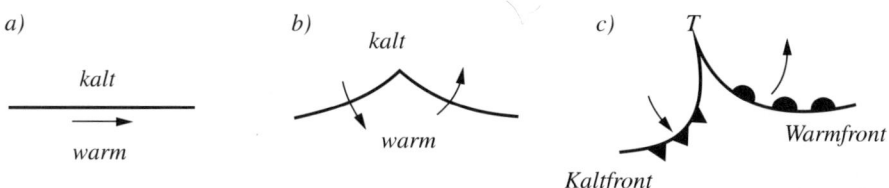

Fig. 21 Ausschnitt aus einer Wetterkarte (Draufsicht, schematisch): a) Zwei aneinander angrenzende Luftmassen verschiedener Temperatur. Der Strich ist die
Spur der Grenzfläche zwischen warm und kalt; die Grenzfläche steht schräg auf
der Zeichenebene (warm über kalt). b) Kleine Störung im »glatten« Verlauf der
Grenzfläche. Ähnliches Verhalten sieht man, wenn man zwei verschiedene Flüssigkeiten (z.B. Wasser und Öl) übereinandergleiten läßt. c) Die Störung hat sich
aufgeschaukelt. (Spitzen bzw. Halbkreise: Vereinbarung zur Kennzeichnung einer Kaltfront bzw. Warmfront)

sind. Vielleicht versuchen Sie, darin einige der hier erläuterten physikalischen Zusammenhänge wiederzuerkennen? Vielleicht sind Sie
schon auf dem Weg vom Wetterfrosch zum Naturwissenschaftler.

Albrecht Dürer: Der Zeichner der Laute

Nachdenken über Perspektive

Es fällt Ihnen sicher nicht schwer, qualitativ ungefähr anzugeben, in welcher Entfernung sich verschiedene Gegenstände befinden: Zum Beispiel ein Tisch ziemlich nah, dahinter auf freiem Feld in größerem Abstand ein Baum, daneben ein Auto, der Waldrand noch weiter entfernt und besonders weit dahinter der Bergkamm ...

Für kleinere Entfernungen resultiert das »räumliche Sehen« bekanntlich hauptsächlich aus dem zweiäugigen Betrachten der Umgebung: Das linke Auge betrachtet einen Gegenstand aus einer anderen Richtung als das rechte, und beide Ansichten zusammen werden im Gehirn zum »räumlichen Sehen« überlagert. Bei größeren Entfernungen aber – und allein darauf beziehen sich die folgenden Überlegungen – sind die Blickrichtungen beider Augen praktisch parallel, und damit spielt die Überlagerung zweier verschiedener Ansichten praktisch keine Rolle mehr; trotzdem hat man, auch wenn man absichtlich nur »einäugig« blickt, eine ungefähre Vorstellung von der Entfernung der Gegenstände: Hierbei spielt die aus der Erfahrung gewonnene Vorstellung von der Größe eines Gegenstandes eine Rolle. Auf dem (meist unbewußten) Vergleich der gesehenen Größe mit der (erfahrungsgemäßen oder vermuteten) wahren Größe entsteht die Vorstellung über die Entfernung des Gegenstandes. Allerdings können dabei erhebliche Irrtümer auftreten: Würde man z. B. ein kleines Modellflugzeug irrtümlich für ein echtes Verkehrsflugzeug halten, so wäre auch die dazugehörige Vorstellung über dessen Entfernung falsch (anderes Beispiel: Nah vorbeifliegende Mücke und hoch fliegende Schwalbe).

Der Eindruck von der räumlichen Tiefe

»Ein Gegenstand wird umso kleiner gesehen, je weiter er entfernt ist«. Die dadurch entstehende perspektivische Vorstellung ist am Abbildungssystem, zum Beispiel dem menschlichen Auge, orientiert. Der entscheidende Faktor für den Abbildungsmaßstab, aber auch für dessen Veränderung mit der Gegenstandsentfernung ist die Brennweite des abbildenden Systems. So wird die perspektivische Vorstellung unterschiedlich ausfallen, je nachdem ob man eine Szene mit dem freien Auge betrachtet oder z. B. durch eine langbrennweitige Videokamera abgebildet auf dem Fernsehschirm.

Ein Beispiel dafür ist Ihnen vielleicht schon aufgefallen: Sie wissen, wie es (mit dem freien Auge gesehen) aussieht, wenn man von einer Autobahnbrücke aus auf die Autobahn bei dichtem Verkehr (oder bei Stau) blickt. Manchmal zeigt das Fernsehen diesen Anblick ebenfalls, wobei die Aufnahmen dazu mit besonders großer Brennweite (Teleobjektiv) gemacht wurden. Dieses Fernsehbild der Autokolonne ist merkwürdig verzerrt: Die Autos scheinen verkürzt zu sein, folgen besonders dicht aufeinander, und sie scheinen alle auch ein wenig schräg zur Fahrtrichtung orientiert zu sein. Auch eine aufgelockerte, wenig dicht stehende Menschenmenge, von schräg oben mit Teleobjektiv fotografiert, erscheint als dichtes Menschengedränge. Offenbar bewirkt die Abbildung mit Teleobjektiv einen Eindruck von verkürzter Raumtiefe. Dies ist nicht etwa ein »Linsenfehler« (wie manchmal vermutet wird), sondern eine zwangsläufige Folge der Strahlengeometrie.

Um dies zu verstehen, konstruieren wir zunächst eine vereinfachte Modellsituation: Wir nehmen zwei senkrecht stehende Pfähle B und C, die so angeordnet sind, daß sie vom Betrachter O aus gesehen ungefähr hintereinander stehen. Die Höhe H der Pfähle sei z.B. $H = 2$ m, die Abstände $\overline{OB} = 10$ m und $\overline{OC} = 20$ m, d.h. der Abstand zwischen B und C beträgt $\overline{BC} = 10$ m. Der Beobachter sieht den Pfahl B unter dem Blickwinkel (d.i. Winkel zwischen Boden und Pfahlspitze) $\alpha = H/\overline{OB} = 2/10$ (Bogenmaß) und den Pfahl C sieht er unter dem Winkel $\beta = H/\overline{OC} = 2/20$. Aus der Größe von α und dem erheblich kleineren β resultiert der Eindruck der hintereinanderstehenden Pfähle. Die im Auge oder in einer Kamera (Brennweite f_1) in der Bildebene entstehenden Bilder der Pfähle haben die Größe $B_1 = \alpha f_1$ und $C_1 = \beta f_1$. Mit z. B. $f_1 = 5$ cm wird $B_1 = 1{,}0$ cm und $C_1 = 0{,}5$ cm.

Betrachten wir nun die selben Pfähle aus erheblich größerer Entfernung (die Ausrichtung sei unverändert), z.B. $\overline{OB} = 100$ m. Wegen $\overline{BC} = 10$ m wird nun $\overline{AB} = 110$ m und $\alpha = 2/100$, sowie $\beta = 2/110$. Die beiden Blickwinkel sind nun viel kleiner und unterscheiden sich auch nicht mehr so stark wie vorher. Hierdurch entsteht die Vorstellung: »Viel weiter entfernt als vorher und der Pfahlabstand ist klein im Vergleich zur Entfernung«. Nun kommt der entscheidende Schritt, der zum Eindruck verkürzter Raumtiefe führt: Weil die Pfahlbilder bei Verwendung von f_1 zu klein werden (ca. 0,1 cm), verwenden wir ein Objektiv mit größerer Brennweite f_2. Diese wählen wir so, daß z. B. Pfahl B genauso weit entfernt zu sein scheint wie vorher, also genauso groß abgebildet wird wie vorher, d. h. $f_2 = 50$ cm. Damit ergibt sich $B_2 = B_1 = 1{,}0$ cm, $C_2 = 0{,}91$ cm. C_2 ist erheblich größer als C_1; Pfahl C scheint also in diesem Bild weniger weit von Pfahl B entfernt zu sein als vorher! Vergrößerte Brennweite verändert die Perspektive so, daß die Raumtiefe verkürzt erscheint (der umgekehrte Effekt ergibt sich bei verkleinerter Brennweite, also beim Weitwinkelobjektiv).

Konstruktion

Dazu wählen wir als Gegenstand z.B. ein Haus (mit Flachdach und einer Grundfläche von rechteckiger Form), dessen vier vertikale Kanten durch je einen Pfahl markiert seien. Betrachten wir zunächst einen einzigen Pfahl:

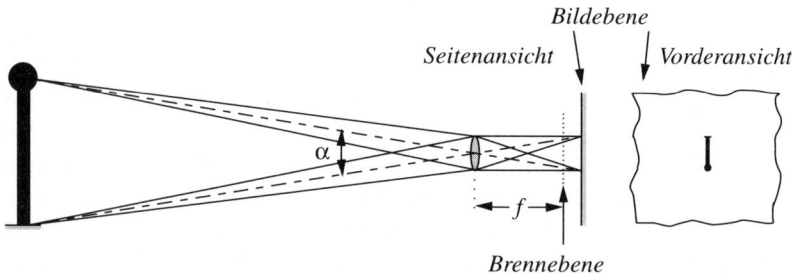

Fig. 1 Strahlengang zwischen zwei Objektpunkten (Pfahl, links) und deren Bildpunkten (rechts). Der Abstand der Bildebene von der Brennebene wird für unsere Zwecke vernachlässigbar klein, wenn die Entfernung g des Objektes von der Linse erheblich größer ist als die Brennweite f (z.B. wenn g > 10 f). Unter dieser Voraussetzung werden die folgenden Fälle diskutiert.

Wenn dieser genügend weit von der abbildenden Linse (Augenlinse, oder Kameralinse) entfernt ist, so fällt die Bildebene genügend genau mit der Brennebene zusammen und die Größe des abgebildeten Gegenstandes ist durch den Blickwinkel α und die Brennweite f bestimmt (siehe Fig. 1). In den folgenden Figuren wird nicht mehr der jeweilige ganze Lichtkegel gezeichnet, sondern nur noch die Achse des Kegels, dies ist der durch die Linsenmitte gehende Strahl (»Mittelpunktstrahl«), dessen Richtung vor und hinter der Linse gleich ist. Nun zum gesamten Haus mit den vier Kanten: Fig. 2a zeigt es links in Seitenansicht (die Seitenwand des Hauses steht nicht genau parallel zur Zeichenebene, deshalb sind drei seiner vertikalen Kanten direkt sichtbar; die vierte Kante, gestrichelt gezeichnet, ist verdeckt) und nach rechts die von den Spitzen A, B, C, D der vier Pfähle ausgehenden Mittelpunktstrahlen; deren Schnittpunkte mit der Brennebene markieren die Bildpunkte der Pfahlspitzen. Diese Punkte liegen in der Figur sehr nahe beisammen, und man kann deshalb deren Position nicht genügend genau erkennen. Wir helfen uns, indem wir dieses kleine Bild proportional vergrößern; dies geschieht einfach durch zentrische Streckung (geradliniges Verlängern der Mittelpunktstrahlen, bis diese eine genügend weit entfernte Projektionsebene E treffen). Die so alle um den gleichen Faktor vergrößerten Pfahlbilder OA', OB' usw. werden wir noch weiter verwenden.

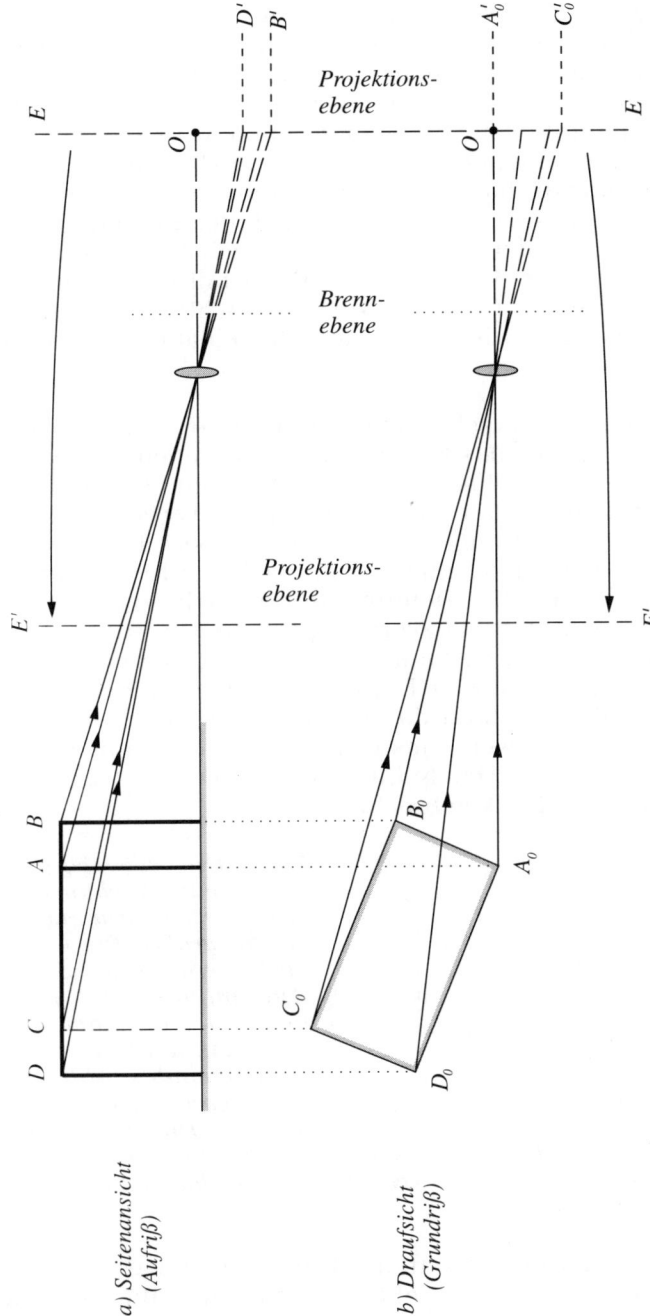

*Fig. 2 a) Aufriß eines (vereinfacht angenommenen) Hauses mit Flachdach. b) Grundriß des selben Hauses.
Gezeichnet sind ferner (Pfeile nach rechts) die von einigen charakteristischen Punkten ausgehenden Mittelpunktsstrahlen
und deren Schnittpunkte mit der Brennebene, bzw. (zur proportionalen Vergrößerung dieses Bildes) mit einer genügend
weit entfernten Projektionsebene E oder E'.*

137

Nun haben wir zwar eine Vorstellung davon, in welcher relativen Größe zueinander die vier Pfähle auf dem Bild erscheinen, aber wir wissen noch nicht, wie diese nebeneinander seitlich versetzt im Bild stehen. Fig. 2 b (unten) zeigt links den Grundriß des Hauses (die Anordnung der Pfähle im Boden, von oben gesehen; vergleichen Sie diese Anordnung mit der genau darübergezeichneten Seitenansicht!) und wieder die Mittelpunktstrahlen, diesmal ausgehend von jedem Pfahlfußpunkt. Die Kamera ist so ausgerichtet, daß der Fußpunkt A_o von Pfahl A die Bildmitte markiert. Die Schnittpunkte der von den anderen Fußpunkten ausgehenden Mittelpunktstrahlen mit der oben eingeführten Projektionsebene E (nach der zentrischen Streckung) sind A_o', B_o' usw. Damit ist gezeigt, wie die Pfähle nebeneinander seitlich versetzt im Bild stehen.

Betrachten wir nun die verschiedenen Bildpunkte in der Projektionsebene E, die zusammen das Bild des Hauses ergeben sollen. Wenn man vom rechten Rand der Figur 2 a und 2 b gegen die Projektionsebene blickt, so sieht man, daß »oben« mit »unten« vertauscht ist (wie auch schon in Fig. 1) und auch »rechts« mit »links«. Diese Vertauschung kann man rückgängig machen entweder durch Drehen des Bildes um 180° (wobei die Blickrichtung die Drehachse ist) oder noch einfacher dadurch, daß man die Projektionsebene E von der rechten Seite der Linse bei gleichem Abstand auf deren linke Seite verlegt (siehe Pfeile in Fig. 2 a und 2 b, E → E'). Die gesuchten Bildpunkte sind unmittelbar ersichtlich: Es sind die Schnittpunkte der Mittelpunktstrahlen mit E'. Genau dieser Konstruktionsweg und sein Ergebnis wird auch in der bekannten Darstellung Albrecht Dürers (»Der Zeichner der Laute«) zum Ausdruck gebracht.

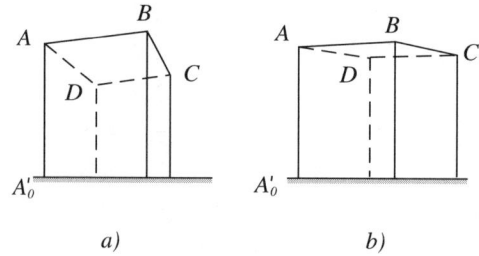

a)   b)

Fig. 3 Der selbe Gegenstand (Haus mit Flachdach) aus zwei verschiedenen Entfernungen fotografiert (nach Fig. 2); die Kamera wurde dabei unter Beibehaltung ihrer Ausrichtung längs der Kameraachse (Richtung des vom Fußpunkt A_o kommnden Mittelpunktstrahls) verschoben. Die Entfernung der Kante A von der Kamera ist im Fall b) viermal so groß wie im Fall a). Um die gleiche Höhe der Kante A in beiden Fällen zu erreichen, wurde das Bild b viermal so stark vergrößert wie das Bild a.

Fig. 3 a zeigt das auf diese Weise in der Brennebene bzw. (proportional vergrößert) in der Projektionsebene entstehende Bild: Die Höhe der Hauskanten (Pfähle) und deren gegenseitige seitliche Versetzung sind aus Fig. 2 a und 2 b entnommen.

Entsprechend der am Anfang beschriebenen Erfahrung wollen wir nun das gleiche Haus aus erheblich größerem Abstand fotografieren; z.B. soll Pfahl A viermal so weit von der abbildenden Linse entfernt sein wie in Fig. 2. Um wieder die gleiche Bildgröße von Pfahl A zu erhalten wie in Fig. 3 a, muß nun die Brennweite bzw. der Abstand der Projektionsebene von der Linse ebenfalls viermal größer werden. Führt man die vorher beschriebene Konstruktion mit dieser Vereinbarung nun nochmal durch, so erhält man Fig. 3 b.

Vergleichen Sie Fig. 3 a mit Fig. 3 b! Beide Bilder zeigen das gleiche Haus; in Fig. 3 b erscheint die Länge perspektivisch verkürzt und die Ansicht der Seitenfläche hervorgehoben. Genauso entsteht der eingangs beschriebene verzerrte Eindruck von der Autokolonne.

Berechnung

Falls Sie eher eine rechnerische Behandlung favorisieren – auch diese ist möglich. Als Beispiel dazu wählen wir aber ein anderes Objekt: Ein gerades Eisenbahngleis (zwei Schienen und viele Schwellen), auf das man in Fahrtrichtung schräg von oben herabblickt. Zunächst sei das Gleis und die Position der Augenlinse K (oder der Kameralinse) in Seitenansicht (siehe Fig.4 a, entspricht der Ansicht von Fig. 2 a) und in Draufsicht (siehe Fig. 4 b, entspricht der Ansicht von Fig. 2 b) gegeben. Um analytisch rechnen zu können, müssen wir für den Objektbereich ein Koordinatensystem (X, Y) definieren: Sein Ursprung P soll in Augenhöhe und genau über der linken Schiene im Unendlichen liegen; die Richtung von Y sei vertikal, die von X sei horizontal parallel zu den Schwellen. Das Bild entsteht in der Brennebene, das wir wieder durch zentrische Streckung vergrößert auf der Projektionsebene erhalten. Das Abbild des Koordinatensystems in der Projektionsebene bezeichnen wir mit (x, y), dessen Ursprung mit P'. Die Schwellen sind numeriert und nur die Vorderkante jeder Schwelle ist gezeichnet; die beiden Endpunkte jeder Schwelle markieren zugleich jeweils einen Punkt der linken und rechten Schiene.

Mit Hilfe der gezeichneten Mittelpunktstrahlen läßt sich aus Fig. 4 a zunächst die y-Koordinate jedes Schwellenbildes angeben (d ist der Abstand nebeneinanderliegender Schwellen; L ist der horizontale Abstand des Auges von der Schwelle 0):

Schwelle 0: $$\frac{-y_0}{F} = \frac{H}{L}$$

Schwelle 1: $$\frac{-y_1}{F} = \frac{H}{L + d}$$

Schwelle 2: $\qquad \dfrac{-y_2}{F} = \dfrac{H}{L + 2d}$

Schwelle n: $\qquad y_n = -F\,\dfrac{H}{L + nd}$ (1)

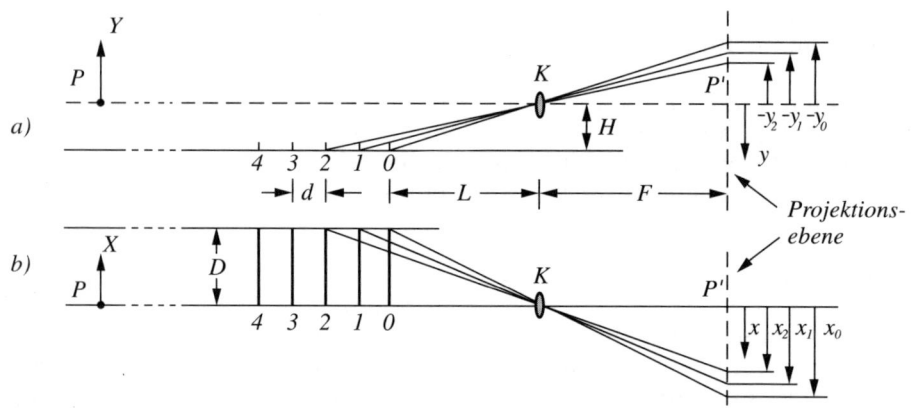

Fig. 4 Eine Eisenbahnschiene wird in die Projektionsebene abgebildet: a) ist wieder (wie in Fig. 2 a) die Seitenansicht, b) ist wieder (wie in Fig. 2 b) die Draufsicht. Zur Berechnung der Position (x, y) typischer Bildpunkte in der Projektionsebene.

Welche X-Koordinate jeder Schwelle wollen wir nun in die Projektionsebene, also in die x-Koordinate übersetzen? Wählen wir zunächst denjenigen Endpunkt der Schwelle, welcher an die rechts liegende Schiene (Blickrichtung von K nach P) anstößt (D = Schwellenlänge, Spurbreite):

Schwelle 0: $\qquad \dfrac{x_0}{F} = \dfrac{D}{L}$

Schwelle 1: $\qquad \dfrac{x_1}{F} = \dfrac{D}{L + d}$

Schwelle n: $\qquad x_n = F\,\dfrac{D}{L + nd}$ (2)

Aus (1) und (2) ersieht man unmittelbar

$$y_n = -x_n\,\frac{H}{D}$$ (3)

d. h. in der Projektionsebene liegen die rechten Schwellenendpunkte und damit auch Punkte der rechten Schiene auf einer Geraden der Neigung $-H/D$.

Für den linken Endpunkt jeder Schwelle ergibt sich $x_n = 0$, d. h. in der Projektionsebene liegen die Punkte der linken Schiene auf einer Geraden, die mit der y-Achse zusammenfällt, da zu jedem y-Wert immer der Wert $x = 0$ gehört. Die beiden Schienen stellen sich also als Geraden dar und deren Bezug zum Koordinatensystem (x, y), sowie dessen Orientierung ist in Fig. 5 dargelegt (das Koordinatensystem ist dabei schon um 180° gedreht, was auch dadurch bewirkt wird, daß in Fig. 4 die Projektionsebene E verlagert wird auf die andere Seite der Linse, wie in Zusammenhang mit Fig. 2 beschrieben).

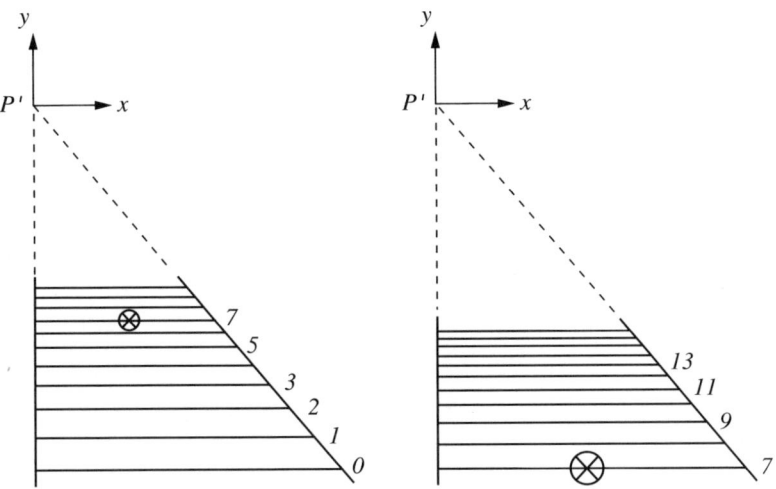

Fig. 5 Zwei Bilder vom Eisenbahngleis bei gleicher Kameraposition und Kameraorientierung, wobei aber in einem Fall (rechts) eine größere Brennweite verwendet wurde. Man vergleiche: Richtung der rechten Schiene, die markierte Schwelle Nr. 7, die gegenseitigen Abstände benachbarter Schwellen.

Die Orientierung der beiden Schienen im Bild ist nach (3) offenbar unabhängig von der Brennweite der abbildenden Linse (bzw. von der Entfernung F der Projektionsebene), sehr wohl aber hängt die Position (y_n) und die Länge (x_n) der Schwellenbilder davon ab. Fig. 5 zeigt ein gemäß (1) und (2) berechnetes und danach gezeichnetes Bild für die Parameter $H = 1{,}8$ m, $L = 6$ m, $D = 1{,}5$ m (genauer Wert der Spurweite 1.435 mm), $d = 0{,}6$ m, abgebildet mit $F = 33{,}3$ cm (links) und $F = 56{,}8$ cm (rechts). Die Numerierung der Schwellen in beiden Fällen ist die gleiche, wie auch durch Markierung der Schwelle Nr. 7 klar wird. Die größere Brennweite bewirkt nicht nur ein vergrößertes Bild (man vergleiche die Längen der Schwellen gleicher Nummer), sondern auch die in den anderen Beispielen schon gesehene Verdichtung der Raumtiefe (man vergleiche die gegenseitigen Abstände der Schwellen in beiden Bildern).

Straßenverkehr im Mittelalter

Die optimale Route

»Die kürzeste Verbindung zwischen zwei Punkten ist die Gerade«. Diese bekannte Aussage empfinden Sie wohl als Selbstverständlichkeit und auch als nicht besonders aufregend. Sicher kennen Sie dagegen Situationen, die etwas komplizierter sind. Wenn Sie sich zum Beispiel für eine Verkehrsverbindung zwischen zwei Städten entscheiden wollen, so werden Sie vielleicht ein bestimmtes Entscheidungskriterium haben – z.B. das Verkehrsmittel, die Reisezeit, die Kosten, der Komfort, der landschaftliche Reiz – vielleicht werden Sie Ihrer Entscheidung auch eine Kombination aus solchen Kriterien zugrunde legen und dazu die für Sie optimale Wahl treffen. Neben solchen Fällen, die im persönlichen Ermessen liegen und nur unscharf faßbar sind, gibt es auch Beispiele zur Optimalisierung aus dem praktischen Alltag, die sich schärfer fassen und diskutieren lassen und so zumindest ein qualitatives Verständnis beim naturwissenschaftlich orientierten Beobachter ermöglichen.

Flugroute: Übers Eismeer

Vielleicht ist Ihnen schon aufgefallen, daß die zwischen Europa und Nordamerika verlaufenden Flugrouten alle »einen Bogen nach Norden« beschreiben. So zum Beispiel erreicht die direkte Route zwischen Frankfurt (geografische Breite 50°) und San Francisco (37°) den nördlichen Polarkreis (67°): Flug übers Eismeer.

Diese direkte Flugroute entspricht (im Prinzip) der kürzesten Verbindung zwischen Start- und Zielpunkt. Auf den üblichen Landkarten (welche die Längenkreise als parallele Linien und die Breitenkreise als Senkrechte dazu darstellen) ist die Oberfläche der Erdkugel in bestimmter Weise verzerrt wiedergegeben: Eigentlich müßten die Längenkreise auf einen Punkt (Nordpol) zusammenlaufen, wie auf dem Globus. Eine Ost-West-Strecke bestimmter Länge (z.B. 500 km) erscheint aufgrund dieser Verzerrung in einer solchen Landkarte umso größer, je weiter im Norden diese Strecke liegt. Umgekehrt gesagt: Auf der Landkarte bedeutet eine Ost-West-Strecke der Länge 1 cm umso weniger Strecke in der Realität, je weiter nördlich sie liegt. Man kann also qualitativ nachempfinden, daß auf der Landkarte die reale kürzeste Verbindung zwischen zwei auf einem Breitenkreis liegenden Orten nicht als gerade Linie erscheint, sondern als eine nach Norden hinausgebogene Kurve.

Deutlicher wird die Situation, wenn man einen Globus zu Rate zieht. Hier sieht man unmittelbar, daß z.B. Moskau und Vancouver etwa auf dem gleichen Breitengrad liegen, daß aber die Flugrichtung Ost-West nicht die kürzestmögliche Route ist. Ungefähr erkennt man, daß der optimale Kurs von Moskau aus etwa Nordwest ist, also nahe am Nordpol vorbeiführt.

Es gibt einen einfachen Satz aus der Kugelgeometrie, der diese Fragestellung beschreibt und beantwortet: »Die kürzeste Verbindung zweier
Punkte auf der Kugeloberfläche liegt auf dem Großkreis, der diese
Punkte verbindet«. Unter »Großkreis« versteht man folgendes: Jede
Ebene, die den Kugelmittelpunkt enthält, schneidet die Kugeloberflä-
che in einem Kreis, dessen Radius zugleich der Kugelradius ist; dies ist
ein »Großkreis«. Um also die kürzeste Verbindung zwischen zwei
Punkten A und B zu finden (Fig. 1), denke man sich eine Ebene, die
den Erdmittelpunkt enthält und orientiere diese so, daß sie auch A und
B beinhaltet. Die Schnittlinie zwischen Ebene und Globus ist der ge-
suchte Großkreis, und der zwischen A und B liegende kürzere Teil des
Kreises ist die kürzeste Verbindung.

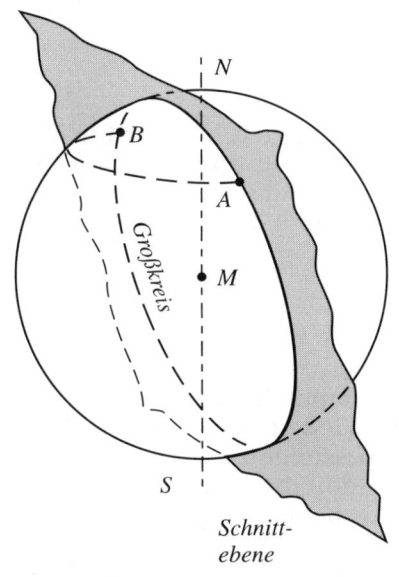

*Fig. 1. Ein Großkreis ist die Schnitt-
linie zwischen Kugeloberfläche und
einer den Kugelmittelpunkt enthaltenden Ebene. Auf dem Großkreis
durch A und B liegt deren kürzeste
Verbindung auf der Kugeloberfläche. Jede andere Verbindung zwischen A und B auf der Kugeloberfläche (z.B. längs eines Breitenkreises,
siehe gestrichelte Linie) ist länger.*

An einem speziellen, leicht über-
schaubaren Beispiel kann man
sich den Unterschied zwischen
»Flugstrecke bei Ost-West-Route« und »Flugstrecke längs Großkreis« auch quantitativ klar machen: Punkt A sei Boston, Punkt
B sei der Mittelpunkt der Wüste
Gobi (er liegt etwa halbwegs zwischen Peking und Ulan Bator);
beide Punkte liegen auf dem gleichen Breitengrad (45°) und auf gegenüberliegenden Längenkreisen (71° westl. Länge, bzw. 109° östl.
Länge), siehe Fig. 2. Die beiden Längenkreise zusammen bilden den
gesuchten Großkreis, auf dem in diesem speziellen Fall auch der
Nordpol N liegt. Das Kreisumfangsstück ANB ist also die kürzeste
Verbindung zwischen A und B; es erstreckt sich über den Winkelbe-
reich 90°, ist also ein Viertelkreis der Länge $1/4 \cdot 2\pi R$ = 10.000 km. Wie
groß ist demgegenüber die Ost-West-Route? Sie führt entlang des
Breitenkreises 45° und hat die Länge des halben Kreisumfanges. Der
Radius dieses Kreises ist $r = 1/2 \cdot \sqrt{2} R$ (siehe Fig. 2), die Ost-West-Route
beträgt also $1/2 \cdot 2\pi r = \sqrt{2}/2 \cdot \pi R$ = 14.142 km. Man sieht, der Unterschied zwischen beiden Routen ist beträchtlich.

145

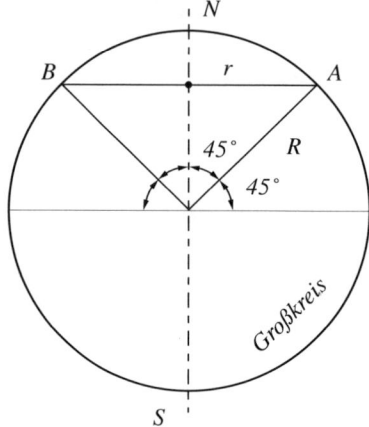

Fig. 2. Schnitt durch die Erde. Der Erdmittelpunkt liegt in der Zeichenebene; der Kreis ist ein Großkreis (zwei gegenüberliegende Längenkreise). Die Punkte A und B liegen auf dem Breitenkreis 45°. Die kürzeste Verbindungsstrecke ist ANB (Teil des Großkreises). Eine Route in Ost-West-Richtung, z.B. längs des 45°-Breitenkreises, ist wesentlich länger.

Neben diesen rein geometrischen Überlegungen können für die optimale Flugroute noch andere Aspekte eine Rolle spielen: Zum Beispiel kann ein gewisser Umweg sinnvoll sein, wenn dadurch eine Zone mit günstiger Windrichtung erreicht und dadurch Treibstoff oder Flugzeit eingespart wird.

Fahrdynamische Streckenführung

Ein anderes Beispiel zur Optimierung einer Route findet sich in der Streckenführung der Untergrundbahn. Vielleicht haben Sie schon eine U-Bahnstation zum Einsteigen oder Aussteigen benutzt, von der aus der Tunnel so verläuft, daß man den einfahrenden oder den abfahrenden Zug über eine längere Strecke beobachten kann; z.B. in der Station »Universität« in München ist dies der Fall. Man kann dort beobachten, daß der einfahrende Zug von unten kommt, also bergauf fährt und der abfahrende Zug sie bergab wieder verläßt. Vielleicht denkt man sich zunächst, daß es wohl die Untergrundbeschaffenheit erfordert hat, die Tunnelstrecke beiderseits des Bahnsteigs tiefer zu legen; oder hat man den Bahnsteig höher gelegt, um den Zugang von der Oberfläche her zu erleichtern? An einem längeren Streckenprofil (Fig. 3) sieht man, daß zwar an manchen Stellen eine durch die Untergrundstruktur erforderliche Veränderung der Tunneltiefe vorkommt, daß aber die Stationen praktisch immer die höchsten Stellen der Streckenabschnitte sind. Ist der Grund dafür die Forderung nach leichterem Zugang von der Oberfläche, oder gibt es einen anderen?

Den entscheidenden Hinweis gibt der Fachausdruck, den die U-Bahn-Ingenieure für dieses »Auf und Ab« im Streckenprofil vor und hinter den Stationen verwenden: »Fahrdynamische Streckenführung«. Das

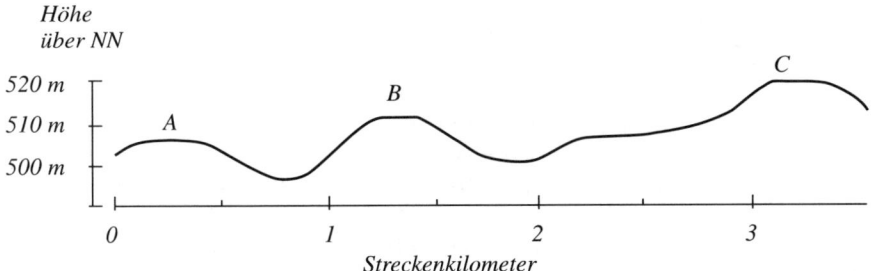

Fig. 3. Ausschnitt aus einem Streckenprofil der Münchener U-Bahn. Man sieht deutlich, daß die Strecke zwischen den Stationen A, B, C jeweils tiefer verläuft. Überhöhung des Profils 1:20.
A: Max-Weber-Platz; B: Ostbahnhof; C: Innsbrucker Ring. Quelle: U-Bahn-Referat München.

Wort »Fahrdynamik« weist hin auf die Beschleunigung und das Abbremsen des Zuges. Man kann verstehen, daß dieses »Auf und Ab«, also die Absenkung der Strecke zwischen den Stationen, günstiger ist als eine horizontale Verbindung:

Wenn der Zug bei der Abfahrt eine nach unten geneigte Strecke vorfindet, also eine schiefe Ebene hinabfährt, so hilft die Schwerkraft mit, den Zug zu beschleunigen. Betrachten wir die Energiebilanz beim Anfahren hangabwärts, und vergleichen wir diese mit der Energiebilanz beim Anfahren in einer horizontalen Strecke: Wendet man in beiden Fällen eine bestimmte elektrische Energie auf, so erreicht man beim Anfahren hangabwärts eine höhere Endgeschwindigkeit, denn dabei wurde potentielle Energie in kinetische Energie umgewandelt. Anders ausgedrückt: Wünscht man eine bestimmte Maximalgeschwindigkeit, so benötigt der hinabfahrende Zug dazu weniger elektrische Energie als der Zug auf der horizontalen Strecke.

Bei der Einfahrt in die nächste Station muß der Zug abbremsen und dabei bergauf fahren; auch hier ist die Situation günstiger als bei der Horizontalfahrt: Beim Hinauffahren hilft die Schwerkraft mit, den Zug abzubremsen; ein Teil der kinetischen Energie wird wieder in potentielle Energie umgewandelt. Es braucht also im Hinauffahren weniger stark gebremst zu werden als auf einer horizontalen Strecke. Summarisch sieht man: Auf einer horizontalen Strecke benötigt man mehr elektrische Energie zum Erreichen der Tunnelreisegeschwindigkeit, und dieses Mehr an Energie wird beim Einfahren in die nächste Station über die Bremsen in Wärme verwandelt. Vorteil der fahrdynamischen Streckenführung: Es wird weniger Energie »verheizt« und der Verschleiß der Bremsen ist geringer.

Wieviel Energie bei einer Fahrt zwischen zwei Stationen auf diese Weise eingespart wird, läßt sich leicht im Vergleich angeben. Ein realistischer Wert für die Höhendifferenz zwischen dem Gleisniveau in der Station und der tiefsten Stelle dazwischen ist etwa 3 Meter (dies ist nur eine ungefähre Angabe; der genaue Wert kann je nach lokalen Bedingungen auch größer oder kleiner sein). Die bergab und bergauf umgesetzte potentielle Energie beträgt Mgh, wobei M die Masse des ganzen Zuges, g der Ortsfaktor (9,81 m/s^2) und h die Höhendifferenz ist. Anstatt Mgh nun zahlenmäßig auszurechnen ist es aufschlußreicher, die potentielle Energie, also den eingesparten Energiebetrag, zu vergleichen mit der gesamten Beschleunigungsarbeit, die für die Fahrt auf einer horizontalen Strecke erforderlich wäre, $1/2 \cdot M\,v^2$, wobei v die maximale Geschwindigkeit des Zuges ist ($v \approx 70$ km/h ≈ 20 m/s):

$$\frac{Mgh}{\frac{1}{2}Mv^2} = \frac{2gh}{v^2} = \frac{2\cdot 10\ \text{m/s}^2 \cdot 3\text{m}}{20^2\ \text{m}^2/\text{s}^2} = 0,15$$

Dieses Ergebnis bedeutet, daß durch die fahrdynamische Streckenführung bei jeder Fahrt etwa 15% der bei Horizontalfahrt erforderlichen Beschleunigungsarbeit eingespart werden.

In diese Betrachtung ist der Energieaufwand zur Überwindung von Luft- und Reibungswiderstand nicht einbezogen. Dessen Anteil am gesamten zwischen zwei Stationen erforderlichen Energieaufwand wächst mit der Entfernung der Haltepunkte. Bei großen Entfernungen (wie z.B. bei oberirdischen Fernbahnstrecken) ist dieser Anteil so groß, daß die Beschleunigungsarbeit dagegen klein ist und damit auch die durch fahrdynamische Streckenführung erzielbare Ersparnis den dazu nötigen baulichen Aufwand nicht lohnen würde.

Kürzere Fahrzeit bei längerem Weg?

Vielleicht stellen Sie nach dem Betrachten der fahrdynamischen Streckenführung folgende Frage: Ist damit die Fahrzeit anders als auf einer horizontalen Strecke? Nehmen wir an, zwischen zwei Stationen zwei Fahrstrecken nebeneinander zum Vergleich zu haben, eine horizontal (H) verlaufende und eine mit fahrdynamischer (F) Streckenführung. Auf beiden Strecken sollen nun zwei gleiche Züge mit gleicher Antriebsleistung gleichzeitig losfahren. Der auf der Strecke F fahrende Zug hat also immer eine größere Geschwindigkeit als der auf der Strecke H fahrende, aber er hat auch den längeren Weg zurückzulegen. Man erkennt sofort, daß der Zug auf Strecke F das Rennen gewinnt, wenn nur die Stationen genügend weit voneinander entfernt sind: Dieser ist ja schneller und wird den Zug auf Strecke H überholen. Vielleicht interessiert es Sie, diese Möglichkeit »kürzere Fahrzeit auf längerer Wegstrecke« anhand eines einfachen Modellversuchs näher zu betrachten.

Denken Sie sich an einer senkrechten Wand einen Punkt P_1 (links oben) und einen Punkt P_2 (rechts unten) etwa wie in Fig. 4. Zwischen P_1 und P_2 seien verschiedene Verbindungsbahnen hergestellt, auf denen sich ein Körper praktisch reibungsfrei fortbewegen kann (z.B. U-förmige Schienen, längs derer jeweils eine kleine Kugel rollen soll); eine dieser Bahnen ist die geradlinige Verbindung zwischen P_1 und P_2 (I in Fig. 4), aber es gibt auch andere, ein wenig längere (z. B. II). Wenn Sie nun auf jede der Bahnen in P_1 eine Kugel einsetzen und alle gleichzeitig loslassen: Wie werden diese in P_2 ankommen? Gleichzeitig? Oder nacheinander und in welcher Reihenfolge?

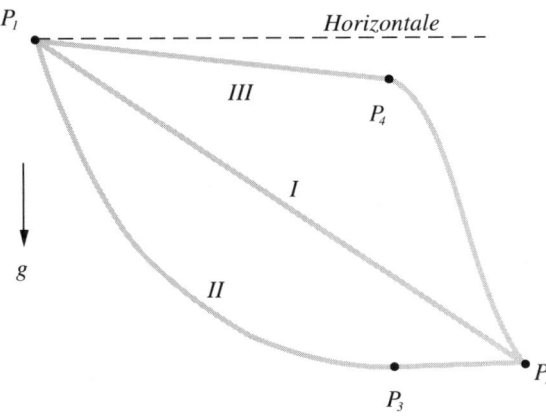

Fig. 4. *Verschiedene Routen (I, II, III) in einer vertikalen Ebene (Zeichenebene), um von P_1 nach P_2 zu gelangen. Die Schwerkraft wirkt in Richtung des Pfeiles g.*

Wenn Sie meinen, daß die Kugeln gleichzeitig in P_1 ankommen, dann irren Sie sich. Sie irren sich auch wenn Sie meinen, daß die Kugel auf Strecke I zuerst ankommt. Richtig ist, wenn Sie sagen, daß die Kugeln die gleiche Endgeschwindigkeit (in P_2) haben müssen (denn die gleiche Abnahme an potentieller Energie bedingt ja die gleiche Zunahme an kinetischer Energie); aber die Endgeschwindigkeit ist nicht entscheidend für den gesamten Zeitbedarf! Längs Strecke II hat die Kugel ihre Endgeschwindigkeit schon in P_3 erreicht, also eine größere Teilstrecke mit größerer Geschwindigkeit zurückgelegt. Anders ausgedrückt: Längs II ist die durchschnittliche Geschwindigkeit größer als längs I. Daß dies trotz der längeren Bahn zu einer kürzeren Laufzeit führen kann, läßt sich auch einfach nachrechnen. Vorher aber sollen Sie wirklich davon überzeugt sein, daß verschiedene Laufzeiten nicht prinzipiell auszuschließen sind. Dies sehen Sie an folgendem Sonderfall: Betrachten Sie Bahn III (Fig. 4) und fragen Sie sich nach der dafür nötigen Laufzeit zwischen P_1 und P_2. Auf III braucht die Kugel sehr lange bis sie ihre Endgeschwindigkeit erreicht, weil das Anfangsstück fast horizontal liegt und die Kugel deshalb am Anfang nur sehr gering beschleunigt wird (die Kraft längs der Bahn, die Hangabtriebskraft, ist sehr gering); man kann sich ohne weiteres vorstellen, daß eine Kugel auf Bahn I oder II längst in P_2 angekommen ist, auf Bahn III aber Punkt P_4 noch nicht erreicht ist.

Ein einfacher Sonderfall zur vergleichenden Berechnung des Zeitbedarfs ist in Fig. 5 dargestellt: Die kürzeste Verbindungsstrecke $\overline{P_1P_2}$ besteht in einer Geraden, die 30° gegen die Horizontale geneigt ist; sie

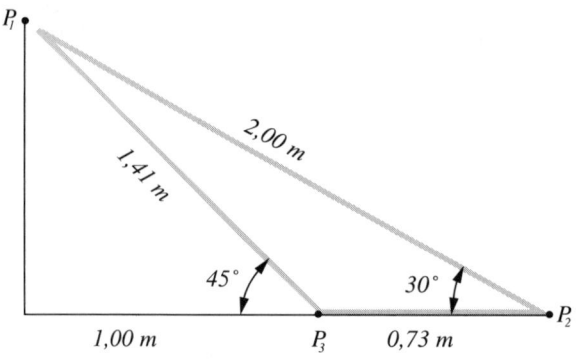

Fig. 5. Zwei verschiedene Routen zwischen P_1 und P_2 zum rechnerischen Vergleich der Laufzeiten.

sei 2,00 m lang. Auf dieser 30°-Schiene beträgt die Hangabtriebskraft gerade die Hälfte der Gewichtskraft; die Beschleunigung ist also $a = g/2 = 4,90$ m/s². Hieraus ergibt sich mit der bekannten Beziehung $l = 1/2 \cdot at^2$ die Laufzeit zwischen P_1 und P_2 zu

$$t_{12} = \sqrt{\frac{2l}{a}} = \sqrt{\frac{2 \cdot 2,0 \text{ m}}{4,90 \text{ m/s}^2}} = 0,90 \text{ s.}$$

Zum Vergleich betrachten wir die aus den Teilen $\overline{P_1P_3}$ = 1,41 m und $\overline{P_3P_2}$ = 0,73 m zusammengesetzte Strecke; P_1 ist gegen die Horizontale um 45° geneigt, $\overline{P_3P_2}$ ist horizontal. Die Hangabtriebskraft auf $\overline{P_1P_3}$ führt zur Beschleunigung $a = 6,93$ m/s². Die Laufzeit auf der Strecke $\overline{P_1P_3}$ beträgt somit

$$t_{13} = \sqrt{\frac{2l}{a}} = \sqrt{\frac{2 \cdot 1,41 \text{ m}}{6,93 \text{ m/s}^2}} = 0,64 \text{ s.}$$

Die Geschwindigkeit im Punkt P_3 beträgt $v_3 = a \cdot t_{13} = 6,93$ m/s² $\cdot 0,64$ s = 4,43 m/s. Nun besteht noch ein Zeitbedarf für die horizontale Strecke $\overline{P_3P_2}$. Dort behält die Kugel die Geschwindigkeit v_3 bei, da wir Reibung ja ausgeschlossen haben (um unerwünschte Nebeneffekte durch die plötzliche Richtungsänderung in P_3 zu vermeiden, sei dort ein stetiger Übergang zwischen beiden Schienenteilen eingebaut). Der Zeitbedarf für Teilstück $\overline{P_3P_2}$ ist also

$$t_{32} = \frac{0,73 \text{ m}}{4,43 \text{ m/s}} = 0,16 \text{ s.}$$

Der gesamte Zeitbedarf für die Strecke $\overline{P_1 P_3 P_2}$ ist somit 0,64 s + 0,16 s = 0,80 s, also deutlich weniger als zum Durchlaufen der geraden Verbindung $\overline{P_1 P_2}$ (0,90 s).

Der hier getroffene Vergleich ist nur ein spezielles Beispiel zu einem Problem, das schon um das Jahr 1696 wissenschaftlich gestellt wurde (D. Bernoulli): Welche Bahnkurve ist zwischen gegebenen Punkten P_1 und P_2 diejenige mit der kürzestmöglichen Laufzeit (bei reibungsfreier Bahn und gegebener Richtung der Schwerkraft)? Die mathematische Lösung dieses Problems ergibt tatsächlich, daß es eine ganz bestimmte Bahn gibt, welche die kürzeste Laufzeit hat. Diese Bahn ist allerdings nicht, wie im Beispiel der Fig. 5, aus geraden Bahnstücken zusammengesetzt, sondern sie ist kontinuierlich gekrümmt. Fig. 6 zeigt diese Bahn (IV) für den Sonderfall der vorher gewählten Punkte P_1 und P_2.

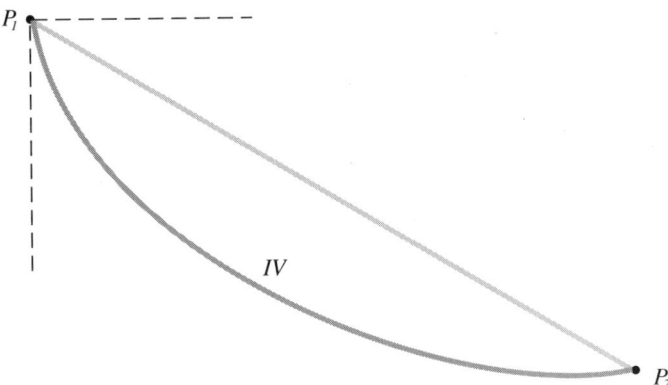

Fig. 6. Die Route (IV) mit kürzester Laufzeit zwischen P_1 und P_2 (gleiche Richtung der Schwerkraft wie in Fig. 4).

Man sieht, daß die im Beispiel von Fig. 5 getroffene Wahl, an den Bahnanfang ein steiles Stück einzusetzen und dafür einen kleinen Umweg in Kauf zu nehmen, auch hier zur Verkürzung der Laufzeit führt. Ein noch längeres Steilstück am Bahnanfang würde zwar noch früher zu größerer Geschwindigkeit führen, aber der durch den so entstehenden Umweg entstehende Zeitverlust würde nicht mehr aufgeholt werden. IV ist hier die »optimale Route«.

Leider ist der Aufwand zum Auffinden und zur mathematischen Darstellung dieser optimalen Strecke ziemlich hoch; dies liegt daran, daß sich die Geschwindigkeit und die Bahnneigung auf jedem Bahnstück ändert. Wesentlich einfacher wird das Problem, wenn Umstände vorliegen, durch welche auf längeren Strecken eine gleichbleibende Geschwindigkeit gegeben ist. Dies ist im nächsten Beispiel der Fall.

Zuerst schnell, dann langsam

Stellen Sie sich folgende Situation vor: Sie stehen auf einer horizontalen Ebene an einem Punkt P_1 und sollen in möglichst kurzer Zeit einen gegebenen Punkt P_2 erreichen. Sie können dabei in der Umgebung von P_1 sich rasch vorwärts bewegen, müssen aber überwechseln in ein Gelände mit ungünstiger Bodenbeschaffenheit: In der Umgebung P_2 ist der Boden tiefgründig, so daß Sie sich mühsam vorwärtskämpfen müssen, und dabei eine geringere Geschwindigkeit als am

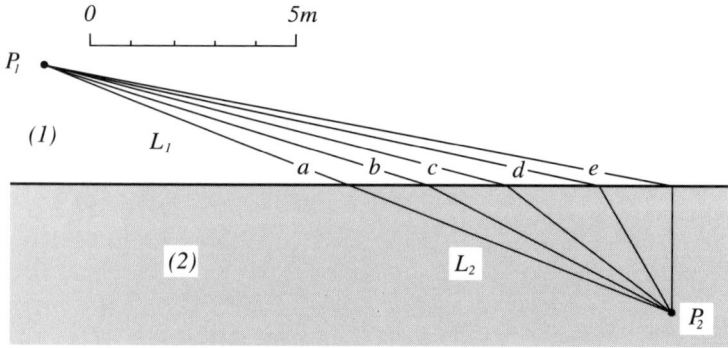

Fig. 7. Die Zeichenebene liegt horizontal; dargestellt sind verschiedene Routen (a, b, c, d, e) zwischen Ausgangspunkt P_1 und Zielpunkt P_2. Die Laufgeschwindigkeiten v_1 und v_2 in den Bereichen (1) und (2) sind konstant, aber $v_1 > v_2$. Die Strecken L_1 und L_2 sind hieraus entnommen und in die Tabelle eingetragen, wo die entsprechenden Laufzeiten berechnet werden.

Anfang erzielen. Betrachten Sie hierzu Fig. 7: Sie zeigt diese Situation in Draufsicht; der schraffierte Bereich (2) ist der tiefgründige, auf dem Sie nur mit der geringen Geschwindigkeit v_2 vorwärtskommen; im nichtschraffierten Bereich (1) können Sie sich mit der größeren Geschwindigkeit v_1 bewegen. Welche Route zwischen P_1 und P_2 wählen Sie?

Sie werden spontan einsehen, daß die geradlinige Verbindung zwischen P_1 und P_2 nicht sehr günstig ist. Es müßte günstiger sein, im Bereich (1) von der geradlinigen Verbindung nach links (in Blickrichtung $P_1 \rightarrow P_2$) auszuweichen, weil man dadurch erreicht, daß die Wegstrecke im schwierigen Bereich (2) kürzer wird. Dadurch wird zwar die Teilstrecke in (1) länger; wegen der großen Geschwindigkeit dort bedeutet dies aber keinen großen Mehrbedarf an Zeit. Die Teilstrecke in (2) dagegen wird kürzer und dadurch entsteht ein erheblicher Zeitgewinn.

Um uns davon zu überzeugen, daß dieses Ausweichen – solange es nicht übertrieben wird – wirklich zu einem kürzeren Zeitbedarf führt, berechnen wir diesen für die verschiedenen in Fig. 7 gezeichneten Routen a, b, c, d, e. Folgende Tabelle zeigt die aus Fig. 7 zu entnehmenden Längen L_1 und L_2 der Teilstrecken in (1) und (2), den Zeitbedarf zum Durchlaufen der Teilstrecke L_1 (bei $v_1 = 2$ m/s) und den Zeitbedarf für die Teilstrecke L_2 (bei $v_2 = 1$ m/s), sowie den daraus resultierenden gesamten Zeitbedarf t für jede der gezeichneten Routen.

Route	L_1	L_2	$t_1 = \dfrac{L_1}{v_1}$	$t_2 = \dfrac{L_2}{v_2}$	$t = t_1 + t_2$
a	8,60 m	8,60 m	4,30 s	8,60 s	12,90 s
b	10,45 m	6,70 m	5,22 s	6,70 s	11,92 s
c	12,40 m	5,00 m	6,20 s	5,00 s	11,20 s
d	14,25 m	3,64 m	7,12 s	3,64 s	10,76 s
e	16,26 m	3,00 m	8,13 s	3,00 s	11,13 s

Man sieht, daß unter den betrachteten Routen auf der mit d bezeichneten die kürzeste Laufzeit erreicht wird.

Eine mathematische Behandlung dieses Problems ermöglicht es, allgemein die Route mit kürzester Laufzeit aufzufinden. Betrachten Sie zunächst Fig. 8. Dort ist die Position der Punkte P_1 und P_2 durch die Größe der Strecken A, B und C vorgegeben. Um angeben zu können, wie die beiden geradlinigen Teilstrecken optimal zu wählen sind, braucht man nur zu wissen, an welcher Stelle P_x der Übertritt von (1) nach (2) erfolgen soll; die gesuchte Position von P_x ist durch die zunächst unbekannte Strecke x beschrieben.

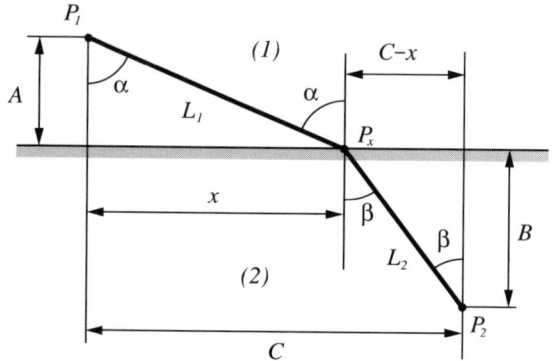

Fig. 8. Zur analytischen Auffindung der Route mit der kürzesten Laufzeit. Es wird die Lage des Punktes P_x gesucht, wo der Übertritt von (1) nach (2) erfolgen muß.

Der erste Rechenschritt ist, den gesamten Zeitbedarf t für irgendein x zu berechnen:

$$t = \frac{L_1}{v_1} + \frac{L_2}{v_2} = \frac{\sqrt{A^2 + x^2}}{v_1} + \frac{\sqrt{B^2 + (C-x)^2}}{v_2} \tag{1}$$

Der zweite Rechenschritt besteht im Aufsuchen eines Extremwertes von t unter Variation von x. Dies geschieht durch die Forderung $dt/dx = 0$. Ausgeschrieben bedeutet dies

$$\frac{dt}{dx} = 0 = \frac{1}{2v_1} \cdot \frac{2x}{\sqrt{A^2 + x^2}} - \frac{1}{2v_2} \cdot \frac{2(C-x)}{\sqrt{B^2 + (C-x)^2}} \tag{2}$$

Anstatt diese Gleichung nun nach x aufzulösen und zu zeigen daß t für dieses x wirklich einen Minimalwert annimmt, genehmigen wir uns eine leichter durchschaubare Fortsetzung. Man kann Gleichung (2) auch schreiben

$$\frac{1}{v_1} \cdot \frac{x}{L_1} = \frac{1}{v_2} \cdot \frac{(C-x)}{L_2} \tag{2a}$$

und sieht daraus unmittelbar unter Verwendung der in Fig. 8 eingetragenen Winkel α und β, daß diese Gleichung identisch ist mit

$$\frac{\sin \alpha}{\sin \beta} = \frac{v_1}{v_2} \tag{2b}$$

Wenn die Winkel α und β, unter denen man von der Übertrittsstelle P_x aus die Punkte P_1 und P_2 sieht, gerade der Gleichung (2b) genügen, so sind auch die Gleichungen (2a) und (2) erfüllt; damit ist also P_x die gesuchte optimale Übertrittsstelle, welche die Punkte P_1 und P_2 mit der kürzestmöglichen Laufzeit verbindet. Auf diese Weise erkennt man auch gewissermaßen nebenbei, daß dadurch die kürzeste Laufzeit gegeben ist zwischen allen auf der Geraden $\overline{P_1 P_x}$ und der Geraden $\overline{P_x P_2}$ liegenden Punkten.

Ein wenig überrascht sind Sie vielleicht, wenn Sie die Lichtbrechung und das dazugehörige Brechungsgesetz kennen: Ein Lichtbündel, das aus einem optischen Medium (1) (z.B. Luft) in ein anderes Medium (2) (z.B. Glas) übertritt, erfährt dabei eine Richtungsänderung (Brechung); beschreibt man die Richtung des einfallenden und des gebrochenen Bündels mit α und β wie in Fig. 8, so besteht der Zusammenhang

$$\frac{\sin \alpha}{\sin \beta} = n \tag{3}$$

Dabei ist n ein Zahlenwert (die sogenannte Brechzahl), der davon bestimmt ist, aus welchem Medium (1) das Licht kommt und in welches Medium (2) es eintritt. Z.B. für den Übergang von Luft (1) nach Flintglas (2) gilt $n = 1,61$, für den Übergang von Luft (1) in Wasser (2) gilt $n = 1,33$.

Auf der Lichtbrechung beruht die Wirkungsweise aller optischen Geräte mit Glaslinsen, worauf wir aber hier nicht weiter einzugehen brauchen. Weniger bekannt ist der Aspekt, der durch den Vergleich zwischen dem Brechungsgesetz (3) und der durch (2b) beschriebenen optimalen Route auftaucht: Es ist die Vermutung, daß der experimentell gefundene Zahlenwert n nichts anderes ist als das in (2b) an dessen Stelle stehende Verhältnis zweier Geschwindigkeiten.

Diese Vermutung kann durch weitere Experimente bestätigt werden: Tatsächlich sind die Lichtgeschwindigkeiten in den Medien (1) und (2) verschieden und deren Verhältnis v_1/v_2 ergibt genau die Brechzahl n. Man sieht daran, daß auch der vom Licht gewählte Weg derjenige mit der kürzest möglichen Laufzeit ist! Im Eifer der Anwendung des Brechungsgesetzes wird dessen typisch physikalischer Aspekt meist kaum gesehen: Die unterschiedlichen Ausbreitungsgeschwindigkeiten und die kürzest mögliche Laufzeit. Hier stoßen wir auf neue physikalische Fragen (die aber in diesem Abschnitt nicht mehr beantwortet werden): Warum ist die Lichtgeschwindigkeit in verschiedenen Materialien verschieden? Wodurch wird sie bestimmt? Und wie kommt es, daß das Licht den kürzest möglichen Weg findet?

Oberflächenstruktur eines Molybdändisulfid-Kristalls, aufgenommen von W. Heckl (Universität München) mit dem Rastertunnelmikroskop. Die Kantenlänge des abgebildeten Quadrats beträgt ca. $7,5 \cdot 10^{-9}$ m.
Das fehlende Atom (dunkler Fleck Mitte rechts) ist »das kleinste Loch der Welt«, für dessen Produktion W. Heckl und J. Maddocks in das Guiness-Buch der Rekorde aufgenommen wurden.

Wie groß sind Atome?

Wer hat noch nicht versucht, ein Stück Materie mit einer Lupe oder einem Mikroskop genauer zu betrachten, den Flügel eines Schmetterlings, ein Pollenkörnchen, ein Salzkriställchen, eine Schneeflocke, einen Wassertropfen? Haben Sie sich vielleicht dabei gefragt: Wenn man mehr und mehr vergrößern könnte, was würde man sehen?

Zum Beispiel bei einem gefrorenen Wassertropfen, einem kleinen Stückchen Eis, kann man den Eindruck haben, daß Eis eine gleichförmige, kontinuierliche Masse ist. Aber trotzdem – leider kann man dies im Lichtmikroskop prinzipiell nicht sehen – die vermeintlich kontinuierliche Eis-Materie besteht aus einer Ansammlung von vielen gleichen »kleinsten Teilchen«; diese Teilchen nennt man »Wassermoleküle«. In einem Eiskubus der Kantenlänge 0,01 mm sind etwa $3 \cdot 10^{13}$ Wassermoleküle enthalten. Egal, ob das Wasser gefroren, flüssig oder als Dampf vorliegt, immer besteht es aus Wassermolekülen, nur deren räumliche Anordnung ist dabei verschieden. Man kann die Wassermoleküle zwar in noch kleinere Bruchstücke zerlegen, aber die aus diesen Bruchstücken bestehende Materie verhält sich anders als Wasser.

Die »kleinsten Teilchen« der Stoffe, die der Chemiker als »chemische Verbindung« benennt, bezeichnet man als »Moleküle«; jede chemische Verbindung (z.B. Wasser, Kohlendioxyd, Alkohol) besteht aus einer bestimmten Sorte von Molekülen. Es gibt aber auch Stoffe, die der Chemiker als »Elemente« bezeichnet (z.B. Kohlenstoff, Kupfer, Schwefel). Sie sind die Ausgangsbasis für jeden chemischen Stoffaufbau; die »kleinsten Teilchen« der Elemente nennt man »Atome«. Jedes Element besteht aus einer bestimmten Sorte von Atomen. Werden gleichartige oder verschiedenartige Atome zu Molekülen zusammengesetzt, so ist eine chemische Verbindung entstanden; z.B. das Wassermolekül besteht aus einer Verbindung aus zwei Wasserstoffatomen und einem Sauerstoffatom.

Die wissenschaftliche Begründung der Aussagen über den Aufbau der Materie durch Moleküle und Atome und deren Struktur setzt sich aus vielen Detailbefunden zusammen; es ist nicht beabsichtigt, im Rahmen dieser Abhandlung ein systematisches und komplettes Bild davon zu zeichnen. Aber es ist instruktiv, einige Ideen, deren experimentelle Realisierung und die daraus folgenden Erkenntnisse sich anzusehen.

Die Suche nach der Größenordnung

Das Lichtmikroskop kann nur Strukturen darstellen, die nicht wesentlich kleiner sind als etwa die Wellenlänge des sichtbaren Lichts (ca. $4 \cdot 10^{-4}$ mm); dies ist eine zwangsläufige Folge der Wellennatur des

Lichts (Beugung an der Bündelbegrenzung). Würde man z.B. ein einzelnes, ruhendes Wassermolekül im Mikroskop betrachten, so sähe man günstigstenfalls einen unscharfen verwaschenen Fleck, der auch von einem Objekt etwa der Größe 10^4 mm stammen könnte. In einem Objekt dieser Größe befinden sich aber viele Moleküle nebeneinander (und auch übereinander), und jedes davon würde einen solchen unscharfen verwaschenen Fleck an fast der gleichen Stelle liefern. Von dieser Ansammlung von Molekülen würde man also nur etwa den einen unscharfen verwaschenen Fleck sehen; dies ist gemeint, wenn man sagt, daß es nicht möglich ist Strukturen, die wesentlich kleiner sind als $4 \cdot 10^4$ mm, im Lichtmikroskop »darzustellen« oder »optisch aufzulösen«.

Natürlich könnte man Ausschau halten nach Methoden, die noch feinere Details darstellen können, die also ein höheres Auflösungsvermögen aufweisen. Aber wie hoch? Wie groß ungefähr sind einfachere Moleküle und Atome?

Hier liefert die Natur selbst einen Hinweis, den man nur aufzugreifen und weiterzuverfolgen braucht: Bei bestimmten dünnen Materieschichten gibt es Befunde, welche die Annahme nahelegen, daß in ihnen die Moleküle nicht mehr übereinander, sondern nur nebeneinander liegen. Die Dicke einer solchen Schicht – und damit der Durchmesser der Moleküle – kann aus dem Schichtvolumen und der Schichtfläche leicht berechnet werden.

Eine solche sehr dünne Materieschicht läßt sich folgendermaßen herstellen und vermessen: Ein kleines Öltröpfchen (dessen Volumen V bekannt ist) wird auf eine ruhige genügend große Wasseroberfläche abgesetzt; dort breitet es sich aus zu einer sehr dünnen, aber zusammenhängenden Ölschicht. Die Dicke d dieser Schicht braucht nicht direkt gemessen zu werden; man kann sie aus dem Volumen V und der leicht zu bestimmenden Schichtfläche F berechnen:

$$d = \frac{V}{F}$$

Wiederholt man mit immer neuen Öltröpfchen (die nicht immer das gleiche Volumen zu haben brauchen) diese Prozedur und bestimmt immer wieder die Dicke der Ölschicht, so ergibt sich folgender Befund: Die Schichtdicke beträgt meistens etwa $0,9 \cdot 10^{-6}$ mm. Manchmal stellt sich ein etwas größerer Wert ein, aber nie wird die Dicke signifikant kleiner; offenbar kann die Schichtdicke nicht kleiner werden.

Es ist, wie wenn man eine kleine Tüte Erbsen vorsichtig auf einen Suppenteller ausschüttet: Die Erbsen bleiben nicht aufgehäuft übereinander liegen, sondern sie ordnen sich in einer eng zusammenhängenden Einfachschicht an; die Schwerkraft sorgt auf der nach unten gewölbten Unterlage dafür.

Ähnlich stellt man sich den Ölfleck auf der Wasseroberfläche vor: Die Ölmoleküle können sich nicht übereinander halten, sondern sie ordnen sich in einer zusammenhängenden Einfachschicht an. Der Grund dafür ist nicht die Schwerkraft wie bei den Erbsen im Teller, sondern eine geringe gegenseitige Anziehungskraft zwischen den Ölmolekülen. Stellt man sich die Ölmoleküle als Kugeln vor so sieht man, daß die Ölschicht nicht dünner als der Kugeldurchmesser werden kann. Wenn wir also im folgenden eine Aussage über die Größe der Ölmoleküle gewinnen, so liegt dies an deren spezieller Eigenschaft, zu einer einlagigen Schicht auseinanderzulaufen. Wollte man andere Moleküle untersuchen, so müßte man zuerst nach einer entsprechend passenden Untersuchungsmethode ausschauen.

Einige Details zu diesem sogenannten »Ölfleck-Versuch«, der auch in jedem einschlägigen Lehrbuch ausführlich beschrieben ist: Man verwendet die Chemikalie »Ölsäure«; um ein genügend kleines Volumen davon innnerhalb eines definierten Tröpfchens auf einer Wasseroberfläche absetzen zu können, verdünnt man die Ölsäure mit Leichtbenzin, z.B. im Verhältnis 1:1.000. Das Volumen eines Tröpfchens aus diesem Öl-Benzin-Gemisch bestimmt man mit einer Tropfpipette: Zum Beispiel nach Abfließen von 100 Tröpfchen fehlen 2,2 cm^3 Gemisch in der Pipette. Das Ölvolumen V in einem einzigen Gemisch-Tröpfchen beträgt also $V = \dfrac{1}{1000} \cdot \dfrac{2,2}{100}$ cm^3 = 2,2·10^{-5} cm^3. Allein dieses Ölvolumen bildet die Ölschicht, denn das Leichtbenzin verdunstet rasch, nachdem das Tröpfchen auf der Wasseroberfläche abgesetzt ist. Bevor man das Tröpfchen absetzt, wird die Wasseroberfläche so präpariert, daß man den entstehenden Ölfleck auch deutlich sieht: Man bestäubt diese fein z.B. mit Mehl. Beim Aufsetzen des Tröpfchens zieht sich die mehlbedeckte Oberfläche aus dem ölbedeckten Bereich zurück. So erkennt man den etwa kreisförmigen Ölfleck und kann dessen Durchmesser D bestimmen. Es ergibt sich $D \approx 18$ cm (dies ist natürlich nur dann möglich, wenn die verfügbare Wasseroberfläche genügend groß ist!), also $F \approx 250$ cm^2. Die Dicke der Ölschicht ist damit
$d = V/F = 2,2·10^{-5}$ cm^3/250 cm^2 = 0,9·10^{-7} cm $\approx$ 10^{-6} mm.

Nun haben wir eine Teilantwort auf die oben gestellt Frage »wie groß ungefähr sind Moleküle?«: Der Durchmesser der Ölsäuremoleküle ist nicht größer als etwa 10^{-6} mm; dies ist ein oberer Grenzwert. Da das Ölsäuremolekül ziemlich viele Atome enthält (eine Information, die der Chemiker liefert: 34 Wasserstoffatome, 18 Kohlenstoffatome, 2 Sauerstoffatome) kann man ahnen, daß einzelne Atome mindestens etwa 60 mal weniger Volumen als das Ölsäuremolekül beanspruchen, daß also ihr Durchmesser mindestens etwa um den Faktor 4 kleiner ist. Für den Durchmesser von Atomen dürfen wir demnach als oberen Grenzwert etwa 2,5·10^{-7} mm annehmen.

Ein typischer Wert zum Vergleich ist der Durchmesser des einfachsten Atoms, des Wasserstoffatoms: Er beträgt gerade etwa $1{,}0 \cdot 10^{-7}$ mm (dieser Wert ist mit anderen Methoden bestimmbar; er soll hier nur eine ungefähre Vorstellung zum Platzbedarf eines Atoms in seiner Wechselwirkung mit anderen Atomen vermitteln). Es gibt aber auch Moleküle, die erheblich größer sind als das Ölsäuremolekül. Eines davon ist das DNA-Molekül (Desoxyribonukleinsäure), welches Träger von genetischer Information in Lebewesen ist und viele Milliarden Atome enthält.

Bevor man sich zu sehr daran gewöhnt, mit der Größenordnung 10^{-7} mm (kleinstes Atom) oder 10^{-6} mm (Dicke der Ölschicht) nur noch zu rechnen, sollte man versuchen, sich von diesen Größenordnungen eine Vorstellung zu machen: Könnte man Papier von einer Dicke herstellen, die mit der Dicke der Ölschicht vergleichbar ist und ein Buch daraus machen, so hätte eines mit 500 Blättern (ohne Buchdeckel) die Dicke 0,0005 mm; ein Stapel von 1.000 solchen Büchern wäre gerade 0,5 mm hoch! Man kann auch leicht abschätzen, wie viele Ölmoleküle insgesamt im Ölfleck etwa vorhanden sind: Wenn wir jedem Molekül den Platzbedarf $V_M = (10^{-6}\,\text{mm})^3 = 10^{-18}\,\text{mm}^3$ zuschreiben, so passen in das vorher gegebene Schichtvolumen $V = 2{,}2 \cdot 10^{-2}\,\text{mm}^3$ gerade $2{,}2 \cdot 10^{16}$ Moleküle. Wollte man diese Moleküle einzeln abzählen: Alle Bewohner einer Großstadt (10^6 Personen) als Zählpersonen würden, ununterbrochen 10 Moleküle pro Sekunde zählend, etwa 70 Jahre dazu brauchen! Die oben erhaltene Größenordnung ($2{,}5 \cdot 10^{-7}$ mm) ist auch von praktischem Interesse: Sie markiert eine physikalische Grenze z.B. für das Bestreben, immer mehr Information auf immer kleinerem Raum unterzubringen. Die gegenwärtig in der letzten Entwicklungsphase befindliche Massenproduktion des »16 Megabit-Chips« (ein elektronisches Bauelement, das 16 Millionen Informationseinheiten auf einer Fläche von etwa 1 cm² speichern kann) erfordert es, daß Strukturen der Größenordnung etwa 10^{-3} mm fertigungstechnisch, also gewissermaßen am Fließband, sicher beherrscht werden. Etwa »nur« noch drei bis vier weitere Größenordnungen feiner – und man ist an der durch die Atomgröße gegebenen Grenze angelangt!

Die kleinstmögliche elektrische Ladung

Der Begriff »elektrische Ladung« entsteht bekanntlich im Zusammenhang mit der Beschreibung der zwischen zwei Körpern wirkenden Kraft, welche auftritt, wenn man diese Körper z.B. aneinander reibt: Das klassische Beispiel dafür ist der mit einem Wolltuch geriebene Bernsteinstab. Aus dem altgriechischen Wort »Elektron« (»Bernstein«) ist unsere heutige Bezeichnung für den gesamten Sachbereich »Elektrizität« gebildet. Die Kraft zwischen den geriebenen Körpern resultiert aus einer bestimmten Veränderung im Zustand dieser Körper: Man sagt, sie sind »elektrisch geladen«; es ist auf jedem der Körper eine elektrische Ladungsmenge abgeladen, und diese beiden Ladungsmengen üben aufeinander Kraft aus. Wir setzen hier die üblichen Inhalte der Schulphysik (Richtung und Größe der Kraft, Vorzeichenvereinbarung und Definition der Maßeinheit für die elektrische Ladung, bewegte Ladung, u.a.) als bekannt voraus und richten unsere Aufmerksamkeit, wie auch schon im vorigen Kapitel, auf die Frage nach möglicherweise vorhandenen feineren Strukturierungen: Ist die große elektrische Ladungsmenge, die z.B. von einem Bernsteinstab, oder von einer Wolke (Aufladung durch Reibungsprozesse in der Atmosphäre), oder von einem aufgeladenen Menschen (gesträubte Haare), oder von einer aufgeladenen Kondensatorplatte getragen wird, ein »elektrisches Kontinuum«, das beliebig fein zerteilt werden kann? Oder besteht sie aus einer Summe von kleinsten elektrischen Ladungen, deren jede einzelne nicht weiter geteilt werden kann?

Die Antwort auf diese Frage lieferte ein von R. A. Millikan erdachtes und durchgeführtes Experiment; er wurde dafür 1923 mit dem Nobelpreis für Physik ausgezeichnet. Dieses Experiment ist nicht kompliziert oder aufwendig; es kann heutzutage von jedem Physikstudenten reproduziert werden. Im folgenden sind einige wesentliche Aspekte dieses Experiments beschrieben; dessen Ergebnis ist ein entscheidender Bestandteil des Wissens über die atomare Struktur der Materie.

Man wünscht eine möglichst kleine elektrische Ladung herzustellen und zu messen. Die kleine Ladung bringt man auf ein möglichst kleines, aber noch gut beobachtbares Materieteilchen auf, z.B. auf ein kleines Öltröpfchen. Aus dem Verhalten des Öltröpfchens in verschiedenen Kraftfeldern schließt man auf das Vorzeichen und die Größe der darauf aufgebrachten elektrischen Ladung. Als Mechanismus zum Aufladen wählt man natürlich nicht den Bernsteinstab; dieser wäre viel zu grob. Eine genügend feine Methode ist, die Luftmoleküle mit elektrischer Ladung zu versehen (dies geschieht z.B. durch Einwirken von Röntgenstrahlung) und darauf zu warten, daß durch Zusammenstoß eines oder mehrerer Luftmoleküle mit dem Öltröpfchen elektrische Ladung auf dieses übergeht.

Die experimentelle Anordnung (Fig. 1) zur Beobachtung des geladenen Öltröpfchens besteht aus einem Plattenkondensator (die Platten müssen horizontal ausgerichtet sein, Plattenabstand einige Zentimeter) und einem Mikroskop, mit dem man das Tröpfchen im Raum zwischen den Platten beobachten kann. Oberhalb der oberen Platte erzeugt man mit Hilfe eines Zerstäubers die kleinen Öltröpfchen in der mit Röntgenstrahlung bestrahlten Luft und läßt dann ein einzelnes Tröpfchen durch ein kleines Loch in den Plattenzwischenraum hineinfallen; dort kann es durchs Mikroskop beobachtet werden. Zunächst wird man sehen, daß das Tröpfchen langsam und gleichmäßig nach unten sinkt (es ist wie bei den kleinen Wassertröpfchen in der Luft, die ebenfalls sehr langsam nach unten sinken: Das Gewicht des Tröpfchens und die durch die Bewegung entstehende Luftwiderstandskraft sind im Gleichgewicht, d.h. die Fallgeschwindigkeit bleibt zeitlich konstant). Sodann wird man feststellen, ob das Tröpfchen überhaupt eine elektrische Ladung trägt: Hierzu lädt man die Kondensatorplatten auf (Anschließen an eine Spannungsquelle). Trägt das Tröpfchen eine elektrische Ladung, so ändert sich seine Bewegung, denn dann üben die geladenen Kondensatorplatten eine zusätzliche Kraft auf das Tröpfchen aus. Wenn die obere Kondensatorplatte positiv geladen wird und die Fallbewegung des Tröpfchens sich verringert, so ist dieses negativ geladen; wenn sich an der Fallbewegung aber nichts ändert, dann ist das Tröpfchen nicht geladen und zur weiteren Beobachtung uninteressant, d. h. es muß entfernt und das nächste Tröpfchen hereingeholt werden.

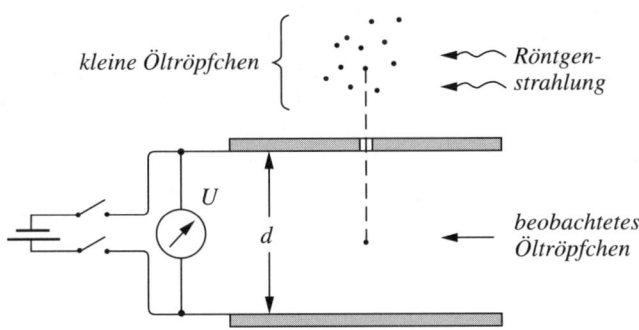

Fig. 1 Experimentelle Anordnung zum Versuch von R. A. Millikan (schematisch).

Zur quantitativen Bestimmung der von einem Tröpfchen getragenen elektrischen Ladung gehört folgende Überlegung: Man wählt die Spannung am Kondensator so groß, daß das Tröpfchen im Kondensator bewegungslos schwebt; dann ist die nach oben wirkende elektrische Kraft $F = q \cdot \dfrac{U}{d}$ (U = am Kondensator angelegte Spannung; d = Plattenabstand; q = elektrische Ladung des Tröpfchens) im Gleichgewicht mit dem Gewicht $G = mg$ des Tröpfchens. Die Ladung q des Tröpfchens wäre somit aus der Gleichgewichtsbedingung $F = G$ zu berechnen ($q = mg/\dfrac{U}{d}$), aber leider kennt man die Masse m des Tröpfchens nicht unmittelbar, was die Untersuchung ein wenig komplizierter macht: Man berechnet die Masse aus dem Tröpfchenradius ($m = \rho \cdot \dfrac{4\pi}{3} r^3$; ρ = Dichte, r = Tröpfchenradius), wobei dieser aber nicht direkt im Mikroskop abgelesen, sondern aus der konstanten Sinkgeschwindigkeit bei entladenem Kondensator bestimmt wird (Erklärung wie bei der Sinkgeschwindigkeit von Wassertröpfchen verschiedener Größe; siehe »Wolken, Wind und Wetter«, Tabelle 2); außerdem muß bei der Gewichtskraft noch eine kleine Korrektur wegen der Luftverdrängung durch das Tröpfchen angebracht werden.

Welches Ergebnis liefert der Millikan-Versuch? Die elektrische Ladung q eines Tröpfchens ist, auch bei sehr vielen Versuchen immer nur ein ganzzahliges Vielfaches von $-1,60 \cdot 10^{-19}$ Coulomb. Man darf hieraus schließen, daß diese elektrische Ladungsmenge die kleinstmögliche ist und daß elektrische Ladung nur in diesen Portionen übertragen werden kann; man nennt diese Ladungsmenge deshalb »die elektrische Elementarladung e«. Dieses Ergebnis des Millikan-Versuchs wird durch viele Befunde aus anderen Experimenten direkt oder indirekt bestätigt.

Die elektrische Elementarladung ist sehr klein, verglichen mit technisch vorkommenden Ladungsmengen. So trägt z.B. ein Kondensator der Kapazität 1,6 µF, an dem die Spannung 10 V anliegt, die Ladung $1,6 \cdot 10^{-5}$ Coulomb, das sind 10^{14} Elementarladungen. Wenn ein Akku entladen wird und dabei 45 Ah liefert, so fließen insgesamt 10^{24} Elementarladungen von einem Pol zum anderen. Wenn ein elektrischer Strom der Stärke 1 A durch einen Draht fließt, so wird jeder Drahtquerschnitt innerhalb einer Sekunde von $6,24 \cdot 10^{18}$ Elementarladungen (1 Coulomb) durchquert.

Transport elektrisch geladener Materie

Vielleicht meinen Sie, daß diese Überschrift einen sehr ungewohnten oder speziellen Vorgang beschreibt, aber Sie haben sicher schon oft das Ergebnis eines Transports elektrisch geladener Materie in Händen gehabt: Jeder verchromte Gegenstand, z.B. die Lenkstange eines Fahrrades, ist ein Beispiel dafür. Verchromen, verkupfern, versilbern – das ist ein technischer Vorgang zum Überziehen eines Gegenstandes mit einer dünnen Schicht Chrom, Kupfer, Silber. Um den Vorgang ein wenig deutlicher zu beschreiben, sagt man auch »elektrolytisch verchromen« usw., oder »galvanisieren«. Unser Interesse daran gilt aber hier nicht dem technischen Verfahren und den praktischen Gründen für dessen Anwendung, sondern wir betrachten dieses »elektrolytische Ablagern einer Metallschicht«, weil sich daraus weitere interessante Hinweise zur atomaren Struktur der Materie ergeben.

Der Transport von elektrisch geladener Materie (und damit: Elektrischer Strom) kann in bestimmten Flüssigkeiten auftreten, wenn man in die Flüssigkeit zwei metallische Körper (die sogenannten Elektroden) einbringt und den einen mit dem negativen Pol, den anderen mit dem positiven Pol einer Spannungsquelle verbindet. Wählt man als Flüssigkeit zunächst sorgfältig gereinigtes Wasser, so fließt beim Anlegen der Spannung praktisch kein Strom. Aber sobald man

Kochsalz ins Wasser einbringt, oder Kupfersulfat, oder Silbernitrat o.a., so beginnt Strom zu fließen und man kann beobachten, daß dabei Materie transportiert wird.

Wie dies im einzelnen aussieht, sei an einem dieser Fälle geschildert (Fig. 2): Zwei Elektroden tauchen in eine wässrige Lösung von Silbernitrat. Man schaltet die Spannung an, stellt fest, daß Strom fließt und beobachtet nach einiger Zeit, daß sich auf der Kupferelektrode (negativer Pol) eine Silberschicht gebildet hat: Der gesamte in die Flüssigkeit eingetauchte Bereich der Kupferelektrode ist nicht mehr rötlich, sondern silbrig. Durch sorgfältige Wägung dieser Elektrode kann festgestellt werden, wieviel Masse M Silbers sich abgelagert hat. M wird umso größer, je größer die Stromstärke I und je größer die Zeitdauer des Stromes ist: $M \sim I \cdot t$, d.h. man erhält das gleiche Ergebnis für die Wertepaare $I = 1$ A, $t = 1$ s und z.B. $I = 0,01$ A, $t = 100$ s, etc. Das Produkt $I \cdot t$ ist identisch mit der während des Versuchs an der Kupferelektrode angekommenen Ladung Q. Dies bedeutet, daß das Ablagern von M in engem Zusammenhang zum Transport von Q steht.

Da das abgelagerte Silber aus elektrisch neutralen Silberatomen besteht, muß jedes Silberatom vor der Ablagerung eine positive Ladung getragen haben, denn es ist ja zum negativen Pol gewandert. Man kann vermuten, daß das Silberatom in der Silbernitratlösung positiv geladen ist, weil ihm irgendwann vorher eine negative Ladung entzogen wurde und daß diese gerade die elektrische Elementarladung ist.

Diese Vermutung wird durch folgenden Befund gestützt: Man beobachtet $M = 1,12 \cdot 10^{3}$ g, falls $I \cdot t = 1$ As = 1 Coulomb. Da 1 Coulomb aus $6,24 \cdot 10^{18}$ Elementarladungen besteht, bedeutet unsere Vermutung, daß die Silberablagerung aus $6,24 \cdot 10^{18}$ Silberatomen besteht.

Damit können wir den Platzbedarf und die Masse eines einzelnen Silberatoms abschätzen:

Der Platzbedarf ergibt sich aus dem Volumen V der abgelagerten Silberschicht ($V = \dfrac{M}{\rho} = \dfrac{1,12 \cdot 10^{-3} \text{ g}}{10,5 \text{ g/cm}^3} = 1,07 \cdot 10^{-4} \text{ cm}^3$), wenn dieses durch die Anzahl der darin enthaltenen Silberatome dividiert wird:

$$\textit{Platzbedarf eines Silberatoms} = \frac{1,07 \cdot 10^{-4} \text{ cm}^3}{6,24 \cdot 10^{18}} = 17,2 \cdot 10^{-24} \text{ cm}^3$$

Stellen wir uns dieses Volumen vereinfacht als einen Kubus vor: Dieser hat die Kantenlänge $\sqrt[3]{17,2 \cdot 10^{-24} \text{ cm}^3} = 2,6 \cdot 10^{-8}$ cm. Aus den Betrach-

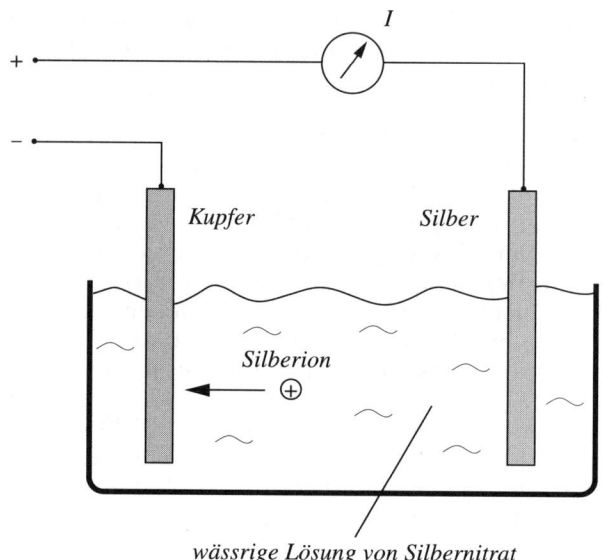

Fig. 2 *Versuchsanordnung zum elektrolytischen Versilbern einer Kupferelektrode (negativer Pol). Die Silberatome sind in der Flüssigkeit positiv elektrisch geladen; sie werden an der negativen Elektrode entladen und schlagen sich dort neutral nieder. Die Silberatome in der Flüssigkeit sind positiv geladen, weil ihnen durch einen chemischen Reaktionspartner ein Elektron aus der äußeren Atomhülle entzogen wurde. Weil die geladenen Atome im elektrischen Feld wandern, darum bezeichnet man sie als »Ionen«.*

tungen über die Größe von Atomen anhand des Ölflecks hatten wir – allerdings unter Beteiligung anderer Atome – ebenfalls diese Größenordnung gefunden! In dieser Übereinstimmung kann man eine vorläufige Bestätigung der oben beschriebenen Vermutung sehen.

Die Masse eines einzelnen Silberatoms berechnet sich aus der Masse der Silberablagerung und der Anzahl der daran beteiligten Atome zu $1,12 \cdot 10^{-5}$ g$/6,24 \cdot 10^{18} = 1,79 \cdot 10^{-22}$ g.

Zur Angabe der Masse eines Atoms verwendet man üblicherweise die »atomare Masseneinheit« u $= 1,66 \cdot 10^{-24}$ g; ihre Größe entspricht fast genau der Masse des leichtesten Atoms, dem Wasserstoff (genauer: 1/12 der Masse des häufigsten Kohlenstoffisotops). Die Masse des leichtesten Atoms, des Wasserstoffatoms, beträgt also 1,0 u (eine genauere Angabe ist hier nicht erforderlich); die Masse des Silberatoms ist damit $1,79 \cdot 10^{-22}$ g$/1,66 \cdot 10^{-24}$ g $= 107,9$ u. Die Maßzahl (hier 107,9) nennt man die »relative Atommasse A«; früher war hierfür der Name »Atomgewicht« gebräuchlich. Silber hat also die relative Atommasse 107,9. (Wasserstoff: $A = 1,0$; Kohlenstoff: $A = 12,0$; Eisen: $A = 55,8$;

166

Kupfer: A = 63,5; Gold: A = 197,0; Blei: A = 207,2). Relative Atommassen stehen zueinander im gleichen Zahlenverhältnis wie die entsprechenden Atommassen. Deshalb ist in A Gramm eines Elements jeweils die gleiche Anzahl von Atomen enthalten! In 207,2 g Blei sind genausoviele Bleiatome enthalten wie in 107,9 g Silber Silberatome enthalten sind, oder in 63,5 g Kupfer Kupferatome. Die Anzahl L der in A Gramm enthaltenen Atome können wir berechnen, da wir ja bereits wissen, daß ein einziges Silberatom die Masse $1{,}79{\cdot}10^{-22}$ g hat:

$$L{\cdot}1{,}79{\cdot}10^{-22} \text{ g} = 107{,}9 \text{ g};$$

$$L = 107{,}9 \text{ g}/1{,}79{\cdot}10^{-22} \text{ g} = 6{,}02{\cdot}10^{23}$$

L Atome sind in der Substanzmenge A Gramm enthalten.

L ist »die Loschmidtsche Zahl«. Sie ist riesengroß und könnte durch einzelne Zählakte praktisch nie ermittelt werden! Überlegen Sie nochmal, welcher Vorgang uns zu diesem erstaunlichen Ergebnis geführt hat: Das Ablagern einer Materieschicht; das Abzählen der abgelagerten Einzelatome war möglich, weil jedes eine Elementarladung trägt und alle diese sich aufsummieren zum Produkt $I{\cdot}t$!

Bilder aus dem Rastertunnelmikroskop

Obwohl es prinzipiell nicht möglich ist, mit dem konventionellen (Licht-) Mikroskop Strukturen von atomarer Dimension aufgelöst zu sehen – es gibt trotzdem Möglichkeiten, die Anordnung einzelner Atome in der Oberfläche eines Objekts nachzuweisen und darzustellen. Eine davon bietet das sogenannte Rastertunnelmikroskop (RTM); der damit erzielte Fortschritt für das Studium von atomaren Oberflächenstrukturen war so groß, daß H. Rohrer und G. Binnig für dessen Entwicklung mit dem Nobelpreis für Physik 1986 ausgezeichnet wurden.

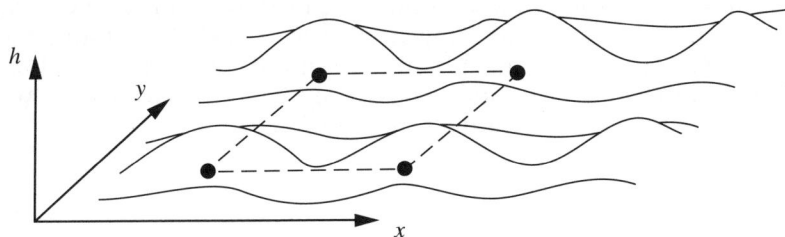

Fig. 3 Konstruiertes perspektivisch dargestelltes vereinfachtes Rasterbild einer gedachten Oberfläche: Über der x-y-Ebene zeigen sich Erhebungen (so wie sich in einer Momentaufnahme eine wogende Wasseroberfläche darstellt). Man erkennt hier ein Beispiel einer regelmäßigen Struktur: Je vier benachbarte Erhebungen bilden die Ecken eines Quadrates (gestrichelt eingezeichnet).

167

Im RTM tastet man mit einer sehr feinen Nadel die Struktur einer Oberfläche zeilenweise ab; jede Zeile liefert ein bestimmtes Höhenprofil, und alle diese Zeilen-Höhenprofile ergeben nebeneinandergestellt ein Bild von der Höhenstruktur der Oberfläche (Fig. 3).

Dieses zeilenweise Abtasten und Zusammensetzen zu einem Bild entspricht genau dem Verhalten eines blinden Fußgängers, wenn er mit seinem Stock den Weg vor sich abtastet: Er kann sich auf diese Weise ein Bild von den Unebenheiten des vor ihm liegenden Bodens machen; Einzelheiten, die feiner als die Spitze seines Stockes sind, kann er aber nicht erkennen. Eine ganz natürliche Anforderung an das RTM, falls damit atomare Strukturen »gesehen« werden sollen, ist also: Die Nadelspitze muß wirklich so spitz sein, daß diese nur aus einem oder wenigen Atomen besteht (eine Nähnadel hat einen Spitzenradius etwa der Größenordnung 0,01 mm, wäre also viel zu grob), und die Positionierung der Nadelspitze muß entsprechend genau und reproduzierbar sein.

Betrachten wir zunächst wie es möglich ist, die Nadel zeilenweise über die Probe zu fahren, also z.B. deren x-Koordinate praktisch kontinuierlich zu ändern: Hierzu dient ein Körper, der sich piezoelektrisch verhält. Man versteht darunter folgendes: Wenn man in einem piezoelektrischen Körper ein elektrisches Feld erzeugt (Anlegen einer Spannung an außen angebrachte Elektroden), so verändern sich seine Abmessungen ein wenig (die Moleküle im Körper nehmen im elektrischen Feld eine andere Gleichgewichtsposition ein). Keramische Substanzen und auch Quarz zeigen diese Eigenschaft (die Verwendbarkeit von Quarz zur Stabilisierung von Uhren – den sogenannten Quarzuhren – beruht darauf). Der in Fig. 4 dargestellte Stab A ist aus einer solchen Substanz hergestellt. Durch Anlegen einer Spannung an die beiden Stirnflächen (1;2) verändert sich die Länge des Stabes und damit auch die Position der Nadel längs der x-Achse. Der piezoelektrische Effekt, diese Längenänderung bei angelegter Spannung, ist ein kleiner Effekt, d.h. man braucht eine ziemlich hohe Spannung (z.B. 100 V) um eine geringe Längenänderung (z.B. 0,01 mm) zu erreichen. Bei genügend geringer Spannung (z.B. 0,001 V) wird die Längenänderung so gering (z.B. 10^{-7} mm), daß man damit Bereiche von atomarer Größenordnung abtasten kann. In analoger Weise wird die y-Koordinate der Nadelposition verändert (Körper B).

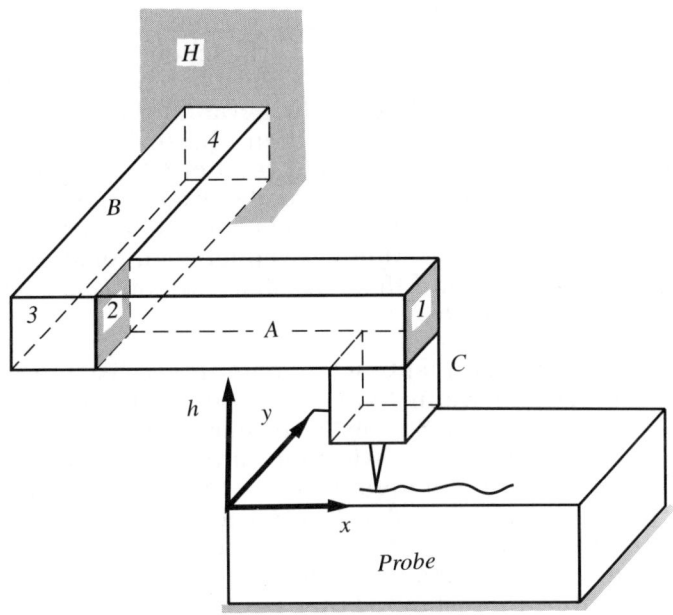

Fig. 4 Rastertunnelmikroskop (schematisch). Die Nadel »tastet« die Oberfläche der Probe ab. Die Steuerung der Nadel erfolgt über die drei piezoelektrischen Körper A, B, C (feste Halterung: H). Durch A wird die x-Koordinate der Nadel gesteuert; dazu wird zwischen den beiden Stirnflächen (1;2) eine elektrische Spannung angelegt. Über B wird die y-Koordinate gesteuert (durch Spannung zwischen den Stirnflächen 3;4). Die Höhe h der Nadelspitze über der Probe wird in entsprechender Weise mit C eingestellt.

Auch die Höhenposition der Nadel kann auf diese Weise eingestellt werden (an Körper C liegt die Spannung zwischen der oberen und der unteren Stirnfläche an, wodurch seine Höhe veränderbar ist). Im Prinzip wäre es also einfach herauszufinden, wie »hoch« (Höhe h) die Oberfläche an einer bestimmten Stelle (x, y) ist: Man bräuchte nur – durch Verändern der an C anliegenden Spannung U_C – die Nadelspitze vorsichtig an die Oberfläche heranzufahren, bis sie dort aufsitzt; aus der dazu verwendeten Spannung könnte man die gesuchte Höhe h entnehmen.

Leider geht das aber nicht so einfach: Wie soll man erkennen, genau bei welchem U_C die Spitze gerade auf der Oberfläche aufsitzt? Eine visuelle Beobachtung, z.B. mit dem Mikroskop, kommt – wie schon erläutert – nicht in Frage; außerdem wäre beim Aufsetzen die Spitze der Nadel höchstwahrscheinlich ruiniert: Ein einziges Atom, das einerseits zur Nadelspitze gehört, andererseits Kontakt hat zur zu untersuchenden Oberfläche, könnte allzuleicht »abbrechen« und dies würde den ganzen Abtastvorgang entscheidend verfälschen! Man muß also den direkten Kontakt vermeiden und die Nadelspitze nur bis zu einem bestimmten Abstand H_0 an die Oberfläche heranfahren. Wenn es gelingt, an jeder Stelle (x,y) immer den gleichen Abstand H_0 zur Oberfläche einzustellen, dann erhält man ein Bild von der Oberfläche auch ohne sie zu berühren (Fig. 5). Die entscheidende Frage ist also: Wie erkennt man, daß die Nadelspitze bis auf einen bestimmten Abstand (z.B. H_0 = 10^{-7} mm) herangefahren ist? Man verwendet dazu folgenden bekannten und sehr empfindlichen Effekt, der den Abstand H der Nadelspitze von der Oberfläche anzeigt:

Wenn man eine geringe elektrische Spannung zwischen Nadel und Oberfläche anlegt und wenn Nadel und Oberfläche gute elektrische Leiter sind, dann hängt die Stromstärke sehr stark vom Abstand H ab. Klassisch gesehen wirkt der Zwischenraum H als Isolator; bei sehr kleinem H aber tritt ein quantenmechanischer Effekt in Erscheinung: Der Zwischenraum kann von den elektrischen Ladungsträgern (Elektronen) durchquert werden, wie ein Berg durch einen Tunnel; dieser Effekt heißt »der Tunneleffekt«. Die dabei sich einstellende Stromstärke hängt stark ab vom Abstand H (der Länge des Tunnels); sie ist ein empfindlicher Indikator für H.

Das gesamte Procedere ist also folgendes: Man stellt zunächst mit Hilfe von A und B eine bestimmte Position (x,y) der Nadelspitze ein,

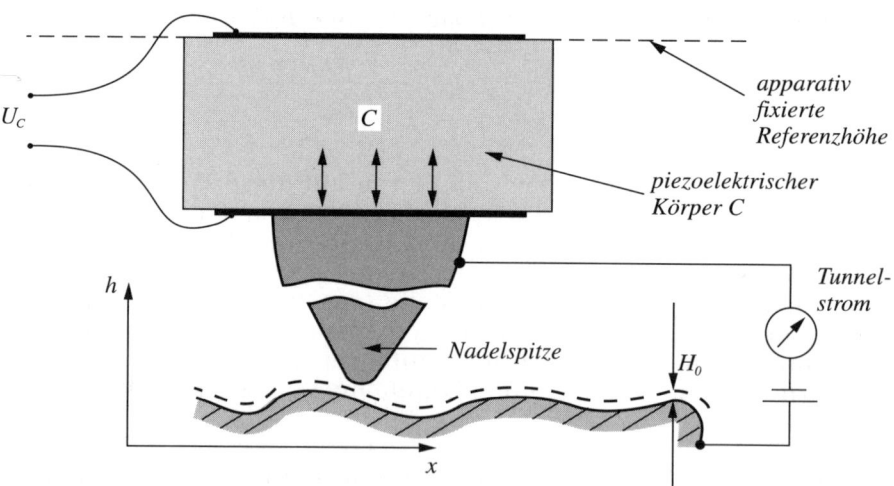

Fig. 5 Zum Abtasten des Höhenprofils (schematisch). Die Nadelspitze wird immer bis zum Abstand H_0 an die Oberfläche herangefahren; die Stärke des Tunnelstroms ist das Maß dafür. Die drei Doppelpfeile markieren das über U_c gesteuerte Auf- und Abwärtsfahren der Nadel aufgrund des piezoelektrischen Effekts.

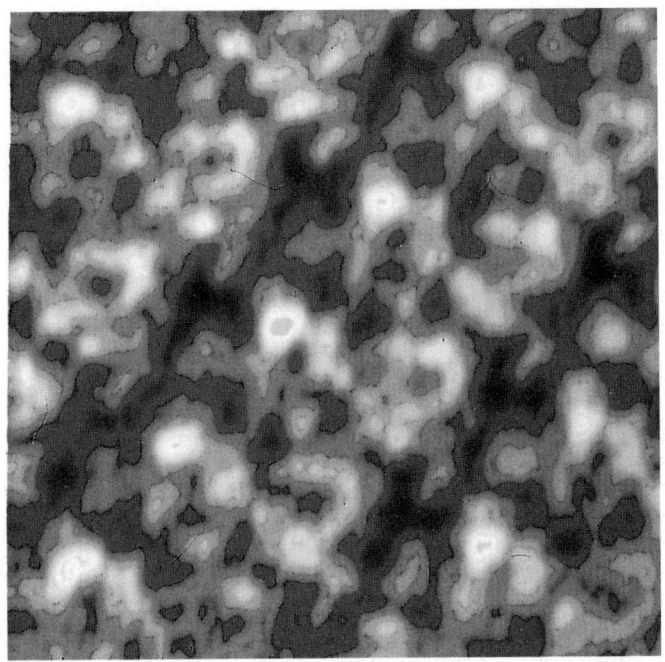

Fig. 6 Draufsicht auf eine Schicht von Guanin-Molekülen, aufgenommen mit dem RTM und zur Verfügung gestellt von W. Heckl (Universität München). Man sieht die regelmäßige Anordnung der Moleküle. Die Seitenlänge des Bildquadrates entspricht $3{,}8 \cdot 10^{-9}$ m. Guanin ist ein Baustein des DNA-Moleküls (Desoxyribonuleinsäure) und auch als naher Verwandter eines Medikaments zur Krebstherapie interessant.

dann fährt man diese mit Hilfe der an C anzulegenden Spannung U_C so nahe an die Oberfläche heran, bis ein bestimmter (sehr geringer) Tunnelstrom zwischen Nadel und Probe fließt; genau dann hat man einen bestimmten Abstand H_0 über der Oberfläche erreicht und notiert nun die Größe der Spannung U_C die ein Maß ist für die gesuchte Höhe h der Oberfläche an der Stelle (x,y). Diese Prozedur wiederholt man längs einer Zeile Punkt für Punkt, wodurch das Höhenprofil der Oberfläche (im Abstand H_0) entsteht, durchläuft nacheinander viele solcher Zeilen und setzt diese dann zu einem plastischen Bild zusammen. Es ist nahezu selbstverständlich, daß die dazu nötigen vielen tausend Einstellungen und Einzeldaten sinnvoll automatisiert und computergesteuert verarbeitet werden. Ein Ergebnis einer solchen Oberflächenaufnahme zeigt Fig. 6.

Ein weiter verfeinerter Einblick

Es ist einfach natürliche Neugier, wenn man sagt: Jetzt haben wir schon ein Bild von der Anordnung einzelner Atome – kann man sich vielleicht ein noch weiter verfeinertes Bild machen? Gibt es kleinere Bausteine, aus denen die Atome aufgebaut sind, gewissermaßen einen Baukasten für Atome? Nach welchem Bauplan sind die Bausteine im Inneren der verschiedenen Atome zusammengesetzt?

Tatsächlich gibt es kleinere Bausteine, und zwar drei verschiedene Arten, aus welchen jedes Atom aufgebaut ist, jede Atomsorte mit einer anderen Auswahl dieser Bausteine. Zur detaillierten Beschreibung des Bauplans, der Anordnung der Bausteine, benötigt man jedoch abstrakte Begriffe, die uns hier nicht zur Verfügung stehen. Deshalb wollen wir uns darauf beschränken, im wesentlichen nur die Art der Bausteine, deren Auswahl und einige einfache erste Aspekte zu deren Anordnung im Atom zu beschreiben.

Die Vorstellung, daß man aus Atomen (oder Molekülen) elektrische Elementarladung herausholen kann, ist hier schon zweimal aufgetreten: Bei der Aufladung der Öltröpfchen im Millikan-Experiment und beim Auflösen von Silbernitrat in Wasser; man kennt auch Beispiele, wo einem Atom zwei oder mehr negative Elementarladungen entzogen werden. Diese und andere Befunde legen die Vorstellung nahe, daß eine oder mehrere negative Elementarladungen im Atom als Bausteine enthalten sind. Der Baustein »negative Elementarladung« hat aber noch andere Eigenschaften; eine davon ist, daß er eine Masse hat, die sehr klein ist im Vergleich zur Masse eines Atoms. Sein Name ist »das Elektron«. Die Aussage, »man kann elektrische Elementarladungen aus Atomen herausholen«, bedeutet also eigentlich, »man kann Elektronen aus Atomen herausholen«. Elektronen sind in Atomen enthalten; sie sind Bausteine der Atome (und es gibt noch zwei weitere). Zunächst betrachten wir das Elektron näher.

Nachdem es etwa um die Wende zum 20. Jahrhundert gelungen war, viele Elektronen praktisch gleichzeitig mit gleicher Geschwindigkeit (Betrag und Richtung) zu einem »Elektronenstrahl« zusammenzufassen (stellen Sie sich einen scharfen Wasserstrahl vor, der aber in viele einzelne Tröpfchen aufgeteilt ist) und dessen Weg zu verfolgen (man hält dem Strahl einen Fluoreszenzschirm in den Weg; die Auftreffstelle des Strahls wird sichtbar, weil der Fluoreszenzschirm dort aufleuchtet), konnte man mit diesem Strahl Experimente vornehmen, um Auskunft über Ladung und Masse des freien Elektrons zu erhalten. Eine Möglichkeit dazu ist folgende: Man läßt den Elektronenstrahl in ein homogenes Magnetfeld einlaufen (die Feldlinien sollen senkrecht stehen auf der Richtung des Elektronenstrahls); durch dieses wird der Strahl auf eine Kreisbahn gezwungen, aus dessen Radius R man das Verhältnis von Elektronenladung zu Elektronenmasse berechnen kann, wenn man die anderen Versuchsparameter kennt (siehe hierzu auch Fig. 1 im Kapitel »Verschlüsselte Botschaften«). Bezeichnet man die Magnetfeldstärke mit B, die Elektronengeschwindigkeit mit v, die zur Beschleunigung durchlaufene Potentialdifferenz mit U, so ergibt sich:*)

$$\frac{e}{m} = \frac{2U}{B^2R^2}$$

Hieraus erhält man

$$\frac{e}{m} = 1{,}76 \cdot 10^8 \frac{\text{Coulomb}}{\text{Gramm}}$$

Verwenden wir für e die schon im Millikan-Versuch bestimmte Größe $e = 1{,}60 \cdot 10^{-19}$ Coulomb, so ergibt sich für die Elektronenmasse

$$m = \frac{1{,}60 \cdot 10^{-19} \text{ Coulomb}}{1{,}76 \cdot 10^8 \text{ Coulomb/Gramm}} = 9{,}11 \cdot 10^{-28} \text{ Gramm}$$

Die Masse des Elektrons ist also erheblich geringer als z.B. die Masse des Silberatoms (bei der Silberablagerung fanden wir: $1{,}79 \cdot 10^{-22}$ g) aber auch des leichtesten Atoms (Wasserstoff: $1{,}68 \cdot 10^{-24}$ g). Das Massenverhältnis Elektron : Wasserstoffatom beträgt 1:1.837 oder etwa (ein praktischer Merkwert) 1 : 2.000. Erstaunlich groß ist aber das Verhältnis von Ladung zu Masse, e/m. Um eine Vorstellung davon zu gewinnen, wollen wir versuchen, diesen Wert in ein makroskopisches Bild umzusetzen (das aber nichts weiter als eine Illustration bedeuten soll): Wie stark müßte man einen Stecknadelkopf (Eisenkugel vom Durchmesser 1 mm) aufladen, damit das gleiche Verhältnis Ladung/Masse

---

*) Die Kraft, welche die Kreisbahn erzwingt, ist die sogenannte Lorentz-Kraft; ihr Betrag ist $F_L = e\, v\, B$, ihre Richtung steht senkrecht auf der Bewegungsrichtung der Elektronen und der Richtung des Feldes. Sie tritt auch auf, wenn sich Elektronen in einem Draht bewegen, was zur bekannten Kraftwirkung auf einen stromdurchflossenen Draht führt, die in jedem Elektromotor praktisch umgesetzt wird.

Zur Kreisbahn ist die Zentripetalkraft $F_Z = m\, v^2/R$ erforderlich; es stellt sich derjenige Kreis ein, für den $F_Z = F_L$, also $R = \dfrac{m\,v}{e\,B}$.

Die uns noch nicht bekannte Elektronengeschwindigkeit v resultiert aus der Herstellung des Elektronenstrahls: Dabei durchlaufen die Elektronen (deren Anfangsgeschwindigkeit ist hier vernachlässigbar) eine zwischen zwei Elektroden (Abstand L) angelegte Potentialdifferenz U; die auf jedes Elektron längs der Strecke L wirkende Kraft ist eE, wobei $E = U/L$. Die an jedem Elektron erbrachte Beschleunigungsarbeit ist also $eE \cdot L$, und sie führt zur kinetischen Energie $1/2 \cdot mv^2$.

$$\frac{1}{2}\, m\, v^2 = e\, \frac{U}{L}\, L \; ; \; v = \sqrt{\frac{2eU}{m}}$$

Setzt man diese Geschwindigkeit in den vorstehenden Ausdruck für R ein; so ergibt sich die oben angegebene Aussage für e/m.

wie beim Elektron vorliegt? Der Stecknadelkopf hat die Masse $4,1 \cdot 10^{-5}$ g er müßte also mit $4,1 \cdot 10^{-5} \cdot 1,76 \cdot 10^8 = 7,2 \cdot 10^5$ Coulomb geladen werden. Wenn Sie sich unter dieser Ladungsmenge nichts vorstellen können: Der Stecknadelkopf hat die Kapazität $C = 5,6 \cdot 10^{-14}$ Farad $(4\pi\varepsilon_0 \cdot r)$ gegenüber einer weit entfernten anderen Elektrode; zu dessen Aufladung mit $Q = 7,2 \cdot 10^5$ Coulomb wäre die Spannung $U = Q/C = 1,3 \cdot 10^{19}$ Volt erforderlich! Eine utopisch hohe Spannung, die schon wegen der spontanen Entladung nie auch nur annähernd realisiert werden könnte.

Das elektrische Kraftfeld in der näheren Umgebung eines einzelnen Elektrons ist enorm groß: In einem Abstand $r \approx 3 \cdot 10^{-7}$ mm vom Elektron, also einem Abstand, der bereits der Größenordnung des Silberatoms entspricht, beträgt die elektrische Feldstärke

$$E = \frac{1}{4\pi\,\varepsilon_0} \cdot \frac{e}{r^2} = 1,6 \cdot 10^7 \text{ V/mm}; \text{ dies ist die Feldstärke, die in einem}$$

Plattenkondensator vorliegen würde, wenn der Plattenabstand 1 mm beträgt und an den Platten die Spannung $1,6 \cdot 10^7$ Volt anliegt (in Luft würde bereits bei etwa $3 \cdot 10^3$ V/mm ein Funkendurchschlag erfolgen)! Auf der hohen elektrischen Feldstärke beruht es, daß ein freies Elektron, wenn es sich mit genügend Energievorrat nahe an einem Atom vorbeibewegt, aus diesem ein weiteres Elektron herausschlagen kann (etwa so, wie ein Lassokünstler im schnellen Vorbeireiten sein Opfer aus einer Herde herausreißt. Der Lassokünstler wirkt im Vorbeireiten auf sein Opfer »anziehend«; das vorbeifliegende Elektron dagegen wirkt »abstoßend« auf andere Elektronen). Dies ist die bekannte »ionisierende Wirkung« genügend energiereicher Elektronen.

Welche anderen Bausteine sind in Atomen noch zu finden? Zur kurzen Antwort »außer Elektronen auch Protonen und Neutronen« wünscht man eine physikalische Erläuterung: Was soll man sich unter einem Proton, einem Neutron vorstellen? Wodurch ist deren Existenz nachgewiesen? Wieviele davon sind im Atom einer bestimmten Sorte enthalten? Auch die Beschreibung von Ideen, von deren praktischer Umsetzung im Experiment, von Ergebnissen mitsamt Diskussion, gehört dazu. Dies alles würde den Rahmen dieses Buches sprengen, aber immerhin seien im Folgenden einige einschlägige Aspekte angedeutet.

1. *Das Proton.* In jedem Atom gibt es auch positive elektrische Ladung: Man findet immer ein ganzzahliges Vielfaches der Elementarladung, aber mit positivem Vorzeichen ($+1,60 \cdot 10^{-19}$ Coulomb). Offenbar sind immer eine oder mehrere positive Elementarladungen in Atome eingebaut. Ein Atom erscheint nach außen elektrisch neutral, wenn die Anzahl der darin befindlichen positiven Elementarladungen und negativen Elementarladungen (Elektronen) gleich groß ist. Liegt dagegen eine der Ladungsarten im Überschuß vor, so erscheint das Atom

einfach oder mehrfach positiv oder negativ geladen, wobei jedesmal die Elementarladung die Ladungseinheit ist.

Die positive Elementarladung $1,60 \cdot 10^{-19}$ Coulomb als atomarer Baustein ist immer an ein Masseteilchen ($1,67 \cdot 10^{-24}$ g) gebunden. Dieses Teilchen heißt »das Proton«. Das leichteste Atom, das Wasserstoffatom, hat fast genau die gleiche Masse (nur um etwa 0,5 ‰ größer): Es besteht aus einem Elektron und einem Proton. Wenn man einem Wasserstoffatom das Elektron entreißt (z.B. durch ein anderes Elektron, das sich in der Nähe genügend schnell vorbeibewegt), so hat man ein freies Proton. Die Masse des Protons bestimmt man experimentell im Prinzip so, wie schon weiter oben am Beispiel des Elektrons beschrieben (Bestimmung von Ladung/Masse durch Ablenkung in einem bekannten Kraftfeld; siehe auch Fig. 1 im Kapitel »Verschlüsselte Botschaften«).

2. *Das Neutron.* Ordnet man die Atomsorten nach der Anzahl Z der in ihnen enthaltenen Protonenladungen (diese ist bei den leichteren Atomsorten z.B. aus dem chemischen Verhalten zu schließen; bei schwereren Atomsorten ist sie zu entnehmen aus einer gewissen Systematik der von ihnen emittierten Röntgenstrahlung, was aber hier nicht weiter erläutert wird), so erhält man folgende Tabelle:

Atomsorte	Protonenzahl Z	Rel. Atommasse A
Wasserstoff	1	1,00
Helium	2	4,00
Lithium	3	6,94
Beryllium	4	9,01
Bor	5	10,82
Kohlenstoff	6	12,01
Stickstoff	7	14,00
Sauerstoff	8	16,00
etc.		

Erinnern Sie sich an die Bedeutung des Begriffs »relative Atommasse A«: Dies ist die Maßzahl, welche angibt, aus wievielen atomaren Masseneinheiten (u = $1,66 \cdot 10^{-24}$ g) sich die Gesamtmasse des Atoms zusammensetzt. Zum Beispiel $A = 4,00$ (Helium) bedeutet, daß die Masse des Heliumatoms 4,00 u beträgt. Eine Möglichkeit, die Masse von Atomen zu messen, wird beschrieben in Zusammenhang mit Fig. 1 im Kapitel »Verschlüsselte Botschaften«.

Betrachten Sie nun die in der Tabelle angegebenen relativen Atommassen: Wenn in jeder der angegebenen Atomsorten nur die Protonen zur Gesamtmasse des Atoms (die viel geringere Elektronenmasse lassen wir hier außer Betracht) beitragen würden, so wie im Wasserstoffatom, so müßte jeweils sein $A = Z$; dies ist aber nicht der Fall. Man muß also mindestens noch einen anderen Typ von Baustein annehmen. Dieser Baustein kann auch tatsächlich nachgewiesen werden, sowohl als freies Teilchen, als auch als Bestandteil des Atoms. Er heißt »das Neutron«, ist elektrisch neutral und hat die Masse $1{,}67 \cdot 10^{-24}$ g; dieser Wert stimmt (bis auf etwa 1 ‰) mit der Masse des Protons überein.

In Kenntnis der Existenz des Neutrons kann der jeweilige Unterschied zwischen A und Z erklärt werden: Die relative Atommasse A setzt sich unmittelbar zusammen aus der Anzahl Z der Protonen und der Anzahl N der Neutronen im betreffenden Atom. So ist z.B. im Heliumatom: $Z = 2$, $N = 2$; im Berylliumatom: $Z = 4$, $N = 5$; im Sauerstoffatom $Z = 8$, $N = 8$.

Die manchmal auftretende Abweichung von der Ganzzahligkeit von A, z.B. bei Bor, hat ihre Ursache darin, daß es mehrere Atomsorten von Bor ($Z = 5$) mit verschiedenen A gibt: Mit Hilfe der beschriebenen Massebestimmung findet man, daß Boratome entweder $A = 10{,}0$ oder $A = 11{,}0$ haben. Im natürlichen Vorkommen von Bor zeigen 82% aller Boratome $A = 11{,}0$. Rein rechnerisch ergibt sich so der in die Tabelle eingetragene Mittelwert $A = 10{,}82$.

Verschiedene Atomsorten mit gleichem Z nennt man »Isotope« (hier: Das Borisotop 10 und das Borisotop 11). Im Kapitel »Verschlüsselte Botschaften« spielen verschiedene Isotope eine entscheidende Rolle.

3. *Der Atomkern.* Die positive Ladung eines Atoms (die Ladung aller Protonen) und fast seine gesamte Masse (die Masse aller Protonen und Neutronen) sind im Atominneren auf einen sehr kleinen Raum konzentriert; dieser ist erheblich kleiner als der vom Atom in chemischen Verbindungen beanspruchte Raum. Man nennt den sehr kleinen, sehr dicht mit Protonen und Neutronen besetzten Raumbereich den »Atomkern«; er hat für die leichteren Atome (Wasserstoff, Helium, u.a.) etwa den Durchmesser $2 \cdot 10^{-12}$ mm, für besonders schwere Atome (z.B. Blei) etwa $12 \cdot 10^{-12}$ mm. Die Elektronen verteilen sich auf den übrigen Volumenbereich des Atoms, dessen Durchmesser bei allen Atomsorten in der Größenordnung 10^{-7} mm liegt. Diesen relativ großen Volumenbereich um den Atomkern herum, in dem sich die Elektronen befinden, bezeichnet man als »die Atomhülle«. Bei chemischen Prozessen und der chemischen Bindung sind nur Elektronen aus den äußeren Bereichen der Atomhülle beteiligt.

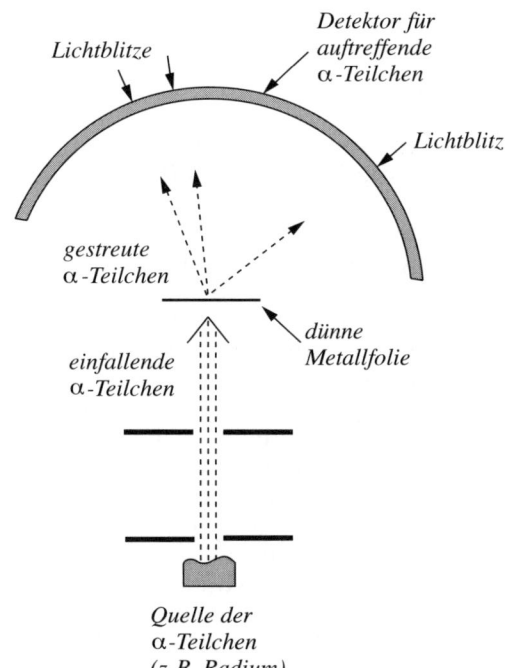

Fig. 7 Versuchsanordnung zur Beobachtung der Ablenkung von α-Teilchen aus ihrer ursprünglichen Richtung beim Durchlaufen einer dünnen Metallfolie (Rutherfordsches Streuexperiment). Der Detektor ist ein Fluoreszenz-Leuchtschirm: Beim Auftreffen eines α-Teilchens entsteht dort ein kurzer Lichtblitz, der z. B. gerade noch mit dem Auge beobachtbar ist. Aus dem Ort des Lichtblitzes wird auf die Ablenkung des α-Teilchens geschlossen. So werden nacheinander viele einzelne α-Teilchen beobachtet.

Die Ansammlung der gesamten positiven Ladung in einem sehr kleinen Raumbereich im Atominneren kann aus den Ergebnissen eines von E. Rutherford (1910) durchgeführten Experiments geschlossen werden; vorher hatte man (mangels belegbarer Aussagen) die Vorstellung, daß die positiven und die negativen Elementarladungen im ganzen Volumen des Atoms etwa gleichmäßig verstreut sein könnten. Dieses Experiment verläuft folgendermaßen: Eine sehr dünne Metallfolie wird mit elektrisch geladenen Teilchen beschossen, und es wird beobachtet, welche Ablenkung aus ihrer ursprünglichen Richtung sie beim Durchlaufen der Folie erfahren (siehe Fig. 7). Die hierzu verwendeten geladenen Teilchen sind »α-Teilchen«. Jedes α-Teilchen ist eine Einheit aus zwei Protonen und zwei Neutronen (es trägt also zwei positive Elementarladungen und hat die Masse 4 u). α-Teilchen entstehen u. a. beim radioaktiven Zerfall mancher schwerer Atome (z. B. des von Madame Curie entdeckten Radiums, ^{226}Ra); ein besonders günstiger Umstand dabei ist, daß alle von einer Atomsorte emittierten

177

α-Teilchen die gleiche kinetische Energie haben (mit wenigen Ausnahmen); die typische Größenordnung der Geschwindigkeit der α-Teilchen ist 10^7 m/s.

Was geschieht, wenn ein α-Teilchen durch eine Ansammlung von einzelnen Atomen (Metallfolie) hindurchfliegt?

Betrachten wir zunächst den Einfluß der Elektronen auf die Bahn des α-Teilchens. Die Elektronen bilden ja zu jedem Atom der Metallfolie die Atomhülle; wir dürfen sie uns hier einigermaßen gleichmäßig räumlich verteilt vorstellen. Aufgrund der gegenseitigen Anziehungskraft zwischen α-Teilchen und jedem Elektron (Coulombsches Gesetz) erfährt jedes (in der Nähe der Bahn liegende) Elektron einen Stoß, der so groß sein kann, daß es aus seinem Atomverband herausgeschlagen wird; dies ist die »ionisierende Wirkung« der α-Teilchen. Aber auch das α-Teilchen »spürt« etwas von diesen Stößen (die Reaktionskraft); aufgrund seiner viel größeren Masse erfährt es aber aus jedem Stoß eine nur sehr geringe Beschleunigung, und es gibt keine Vorzugsrichtung dabei, denn die Elektronen liegen ja überall. Es ist so, wie wenn ein Stein durch einen dichten Mückenschwarm hindurchfliegt: Der Stein wird zwar langsamer (denn er erteilt manchen Mücken einen so großen Energiegewinn, daß diese aus dem Mückenverband herausgelöst werden), aber er ändert seine Richtung kaum. Das α-Teilchen wird abgebremst (sein Energieverlust entspricht dem Energiegewinn der Elektronen), aber es ändert seine Richtung kaum. Wenn die Folie genügend dünn ist, dann ist der Energieverlust so gering, daß das α-Teilchen nach dem Durchgang durch die Folie noch gut nachgewiesen werden kann.

Und nun zum Einfluß der positiven Ladungen des Atoms auf die Bahn des α-Teilchens. Jede positive Elementarladung ist – verglichen mit den Elektronen – mit einer etwa 2.000 mal größeren Masse verbunden; nicht mehr »Mücken« sind es, durch die der Stein hindurchfliegt. Es macht einen erheblichen Unterschied für die Bahn des α-Teilchens, ob die positiven Ladungen eines einzigen Atoms (z.B. 47 im Silberatom) ungefähr gleichmäßig auf das ganze Volumen des Atoms verteilt sind, oder ob diese alle zusammen auf einen kleinen Teilbereich dieses Volumens konzentriert sind: Im ersten Fall würde die Ablenkung des α-Teilchens wieder aus vielen Teilablenkungen in verschiedenen Richtungen resultieren, also insgesamt gering sein; im zweiten Fall würde die Ablenkung zustandekommen durch ein (zufällig) nahes Vorbeiführen der Bahn an der konzentrierten positiven Ladung und so besonders groß werden können. Diese beiden Fälle sind in Fig. 8a und 8b gegenübergestellt. Das Ergebnis dieses Rutherfordschen Streuversuchs bestätigt eindeutig das Bild von Fig. 8b: Es treten Streuprozesse mit großer Richtungsänderung auf, was auf die Konzentration der Protonen auf einen sehr kleinen Raum im Atom (»Atomkern«) schließen läßt. Eine quantitative Auswertung beweist, daß die Ladung des

Atomkerns (angegeben in Einheiten der Elementarladung), also die Protonenzahl Z, identisch ist mit der chemischen Ordnungszahl Z des Atoms.

4. *Bindung der Protonen und Neutronen.* Es fällt auf, daß in Atomkernen gleichnamige, sich abstoßende elektrische Ladungen (Protonen) stabil vorhanden sind; man ist deshalb gezwungen anzunehmen, daß im Atomkern noch eine andere, genügend große anziehende Kraft wirkt. Die Coulomb-Kraft, mit der z.B. die beiden Protonen im Helium-Kern (ihr gegenseitiger Abstand beträgt etwa $2 \cdot 10^{-12}$ mm) sich abstoßen, beträgt – aus dem Coulombschen Gesetz zu berechnen – etwa 60 N! Damit dieser Atomkern stabil ist, muß auch eine anziehende Kraft wirken, welche die abstoßende elektrostatische Kraft kompensiert. Vielleicht vermuten Sie, daß die Gravitationskraft (die gegenseitige Massenanziehung, die z.B. jeder irdische Körper in seiner Wechselwirkung mit der ganzen Erde erfährt) hier eine Rolle spielt? Eine einfache Abschätzung zeigt, daß man diese Vermutung getrost aufgeben darf: Das Gravitationsgesetz liefert für zwei Protonen (auch für zwei Neutronen) im obengenannten Abstand die Gravitationskraft $5 \cdot 10^{-35}$ N).

Fig. 8 Schematische Darstellung der Spuren von α-Strahlen. Der in Fig. 7 beschriebene Aufbau fixiert zwar die Bewegungsrichtung der einfallenden α-Teilchen, nicht aber deren seitliche Positionierung im Bereich atomarer Größenordnung. Deshalb müssen verschiedene seitliche Positionierungen (hier deren vier) betrachtet werden,
Große Kreise: Raumbereich eines Atoms, wobei zwei verschiedene gedachte Ladungsverteilungen verglichen werden:
Fig. 8a: (obere Hälfte der folgenden Seite) Die Protonen sind einigermaßen gleichmäßig über den Atombereich verteilt angenommen.
Fig. 8b: (untere Hälfte der folgenden Seite) Alle Protonen sind in einem kleinen Raumbereich, dem Atomkern, konzentriert angenommen.
Jeweils rechte Seite: Schematische Darstellung eines Höhenprofils (Potentialgebirge im Schnitt), das der Ladungsverteilung von 8a bzw. 8b entspricht. Teilchen, die gegen das Profil 8a anlaufen, erfahren insgesamt nur geringe Ablenkung. Dagegen beim Anlaufen gegen das Profil 8b muß – in wenigen Fällen – eine auffällig starke Ablenkung auftreten.
Das Ergebnis des Experiments bestätigt die in Fig. 8b gemachte Annahme.

179

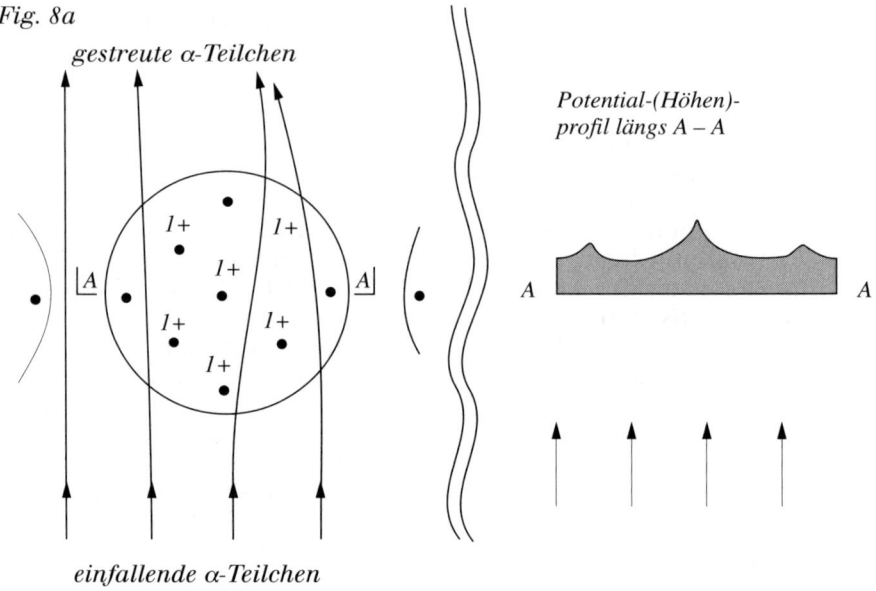

Fig. 8a

gestreute α-Teilchen

1+ 1+ 1+ 1+ 1+ 1+

Potential-(Höhen)-
profil längs A – A

A   A

einfallende α-Teilchen

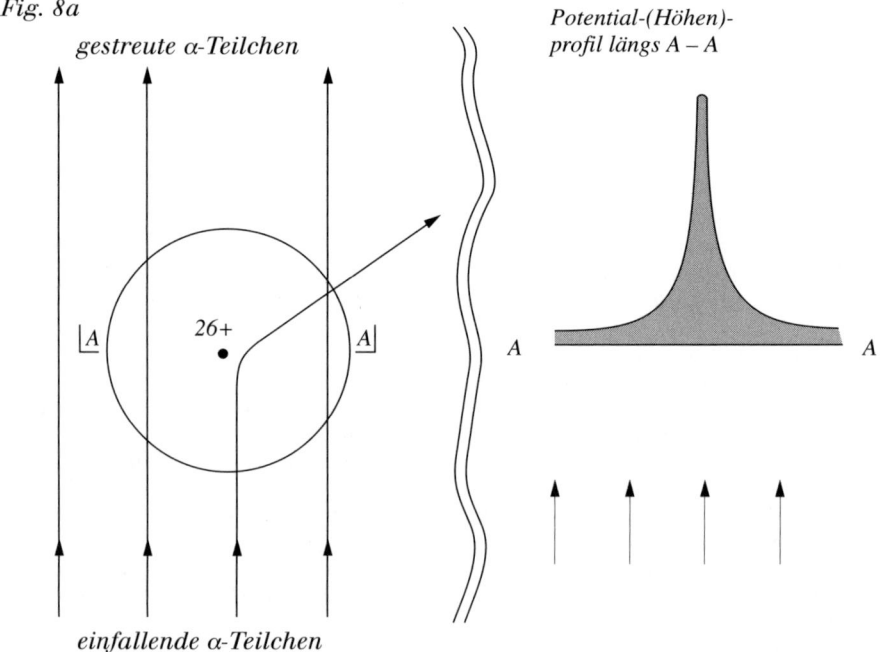

Fig. 8a

gestreute α-Teilchen

26+

Potential-(Höhen)-
profil längs A – A

A   A

einfallende α-Teilchen

Es ist ein anderer Typ von Kraft, die sogenannte »Kernkraft«, welche die Protonen und Neutronen zum Atomkern im Abstand ca. $2 \cdot 10^{-12}$ mm zusammenbindet. Sie tritt zwischen den Kernbausteinen auf, ist sehr groß, wirkt aber nur bei Teilchenabständen, die kleiner als etwa $3 \cdot 10^{-12}$ mm sind. Diese kurze Reichweite der Kernkraft äußert sich in dem Befund, daß in (fast) allen Atomkernen – egal ob sie aus vielen Protonen und Neutronen oder aus wenigen bestehen – jeder Baustein (ungefähr) gleichstark gebunden ist; es wirken offenbar immer nur benachbarte Kernteilchen gegenseitig bindend. Die Bindungsenergie jedes Bausteins beträgt etwa $1,3 \cdot 10^{-12}$ Joule. Will man also einen Kernbaustein aus dem Wirkungsbereich der Kernkraft herausholen, so muß längs der Strecke $s = (3 - 2) \cdot 10^{12}$ mm $= 10^{-15}$ m gegen die Anziehungskraft F die Arbeit $E = 1,3 \; 10^{12}$ Joule erbracht werden. Als Mittelwert $\overline{F}$ der Kernkraft über diese Strecke ergibt sich also

$$\overline{F} = \frac{E}{s} = \frac{1,3 \cdot 10^{-12} \; \text{Nm}}{1 \cdot 10^{-15} \; \text{m}} = 1300 \; \text{N}$$

Vergleichen Sie diese Anziehungskraft mit der Coulombschen Abstoßungskraft!

Die Bindung aller Kernteilchen an ihren Atomkern äußert sich in einer merkwürdigen Weise: Die Masse eines ganzen Atomkerns ist in jedem Fall geringer als die Summe der Massen der einzelnen Bausteine. So beträgt z.B. die Masse des Heliumkerns $6,642 \cdot 10^{-27}$ kg, die Summe der Massen der darin enthaltenen Teilchen (2 Protonen und 2 Neutronen) ist dagegen $6,694 \cdot 10^{-27}$ kg. Die fehlende Masse, hier $0,052 \cdot 10^{-27}$ kg, nennt man »Massendefekt«. Der Massendefekt wird durch das berühmte Einsteinsche Masse-Energie-Äquivalenzprinzip, ausgedrückt durch die Formel $E = mc^2$, mit der Bindungsenergie der Teilchen im Atomkern in Verbindung gebracht. Im Heliumkern sind demnach die vier Teilchen insgesamt gebunden mit der Energie $E = 0,052 \cdot 10^{-27}$ kg$\cdot (3 \cdot 10^8 \text{m/s})^2 = 4,7 \cdot 10^{-12}$ J, also $1,2 \cdot 10^{-12}$ J pro Teilchen.

Eine genaue Bestimmung der Massen aller Typen von Atomkernen zeigt, daß die Bindungsenergie pro Teilchen bei mittelschweren Kernen am größten ist; in den schwersten Kernen ist die Bindungsenergie pro Teilchen geringer als in den etwa halb so schweren. Hierauf beruht die Möglichkeit, bei der Spaltung von schweren Kernen Energie freizusetzen: In den etwa halb so großen Bruchstücken sind die Teilchen fester gebunden als vorher! Ein einfaches Bild macht klar, daß beim Übergang zu festerer Bindung Energie frei wird: Stellen Sie sich eine Mulde im Erdboden vor, in die eine Treppe hinunterführt; auf einer der Stufen soll nun ein Teilchen abgelegt werden: Es ist schwach an die Mulde gebunden, wenn es auf einer oberen Stufe liegt (»geringe Bindungsenergie«) und es ist stärker an die Mulde gebunden, wenn es auf einer tieferen Stufe liegt (»größere Bindungsenergie«). Führt man ein zunächst schwach gebundenes Teilchen über in die festere Bindung, so steht der Differenzbetrag an potentieller Energie zur Verfügung; dieser könnte z.B. in Form von kinetischer Energie des Teilchens auftreten. Er kann aber auch auf ein anderes Teilchen übertragen werden, das dadurch eventuell die Mulde verlassen kann und auch noch Energie mitnimmt. Dies ist bei der Kernspaltung der Fall: Kinetische Energie der Bruchstücke.

Die bei der Spaltung eines einzigen ^{235}U-Kernes freigesetzte Energie beträgt im Mittel $3,2 \cdot 10^{-11}$ Joule. Zum Vergleich: Die bei chemischen Reaktionen (z.B. Oxydation von Kohlenstoff, Verbrennung) umgesetzte Energie liegt in der Größenordnung 10^{-19} Joule pro Atom; hierbei laufen nur Prozesse in der äußeren Atomhülle ab, wobei Elektronen in andere Bindung übergehen.

Paul Drude (1863–1906), zuletzt Direktor des physikalischen Instituts der Universität Berlin

Elektronen im Metall – klassisch gesehen

Das Bedürfnis nach einer Modellvorstellung zum elektrischen Strom entsteht im Physikunterricht schon früh: Man erkennt den elektrischen Strom indirekt an seinen Wirkungen (z.B. Stromwärme, Magnetfeld), aber unmittelbar sichtbar ist er nicht. Zwar kann der Begriff »elektrischer Strom« als »transportierte Ladungsmenge pro Sekunde« aus elektrostatischer Sicht experimentell eingeführt werden (z. B. geladener Kondensator, der durch Hin- und Herführen eines elektrostatischen Löffels entladen wird), und es kann ferner die Analogie »Wasserstrom = transportierte Wassermenge pro Sekunde« herangezogen werden, aber trotzdem bleibt eine Lücke: Den bewegten elektrostatischen Löffel sieht man, und das strömende Wasser sieht man, aber die bewegten Ladungen im Metall sieht man nicht. Man möchte hineinschauen in die Geschehnisse im stromdurchflossenen Draht, aber weil dies nicht gelingt, versucht man, sich eine Vorstellung von diesen zu machen: Man konstruiert ein Denkmodell und ist zufrieden, wenn damit wenigstens ein Teil der Wirkungen des Stromes, z.B. die Stromwärme, erklärt werden kann; als Erfolg darf man es bezeichnen, wenn das Modell unerwartete Eigenschaften richtig vorhersagt, also auch weiterführt. Dieses Bedürfnis nach einer modellmäßigen Erklärung der Stromleitung in festen Körpern ist natürlicherweise primär fixiert auf Metalle, also diejenige Stoffgruppe, die u.a. durch ihre hohe elektrische Leitfähigkeit charakterisiert ist. Etwa 70% aller Elemente sind Metalle (bei Normalbedingungen), und als Unterrichtsobjekt ist die metallische Leitung nicht nur attraktiv wegen deren praktischer Bedeutung und wegen der Einfachheit des Ohmschen Gesetzes (dessen Bedeutung als physikalisches Gesetz aber vom Anfänger meist überschätzt wird), sondern auch wegen der Möglichkeit, einfache Denkmodelle zu etablieren und damit die physikalische Intuition anzuregen.

»Es sind Elektronen, die sich praktisch frei durch den Draht bewegen können«. Diese oder ähnliche Aussagen über den elektrischen Strom – manchmal wird auch auf eine Art Reibungsprozeß zwischen Elektronen und Gitter hingewiesen – sollten eigentlich Fragestellungen nach sich ziehen, die dann je nach Interessenslage mehr oder weniger ausführlich und tiefschürfend zu beantworten sind:

– Woher weiß man, daß es Elektronen sind?
– Wieviele sind es?
– Was weiß man über deren Bewegung?
– Was heißt »praktisch frei« und »eine Art Reibung«?

Die »frei beweglichen« Ladungsträger

Wenn es stimmt, daß im Metalldraht »praktisch frei« bewegliche Elektronen vorhanden sind, dann müßte man diese aufgrund ihrer Massenträgheit gewissermaßen hin- und herschütteln können, etwa so, wie man Kugeln hin- und herschütteln kann, die in einer Schachtel praktisch frei beweglich sind. Natürlich wären die hin- und hergeschüttelten Elektronen auch hier nicht direkt sichtbar, aber sie müßten an den Drahtenden einen elektrischen Effekt ergeben und in dessen Stärke müßte sich die Ladung und Masse des Elektrons manifestieren.

Diese Idee wurde von R. C. Tolman 1916 experimentell nachgeprüft, und dabei folgende Aussagen erzielt:
– Man kann tatsächlich durch Beschleunigen des Drahtes in Drahtrichtung eine Anhäufung von Ladungsträgern an einem Drahtende erzeugen; dies hat zur Folge, daß eine elektrische Spannung zwischen den Drahtenden auftritt.
– Quantitativ läßt sich aus dem Zusammenhang zwischen der Beschleunigung und der dadurch hervorgerufenen elektrischen Spannung ablesen, welchen Wert von Ladung/Masse die Ladungsträger haben (»spezifische Ladung«).
– Die Ladungsträger im Metall sind Elektronen, denn der aus dem Tolmanschen Experiment gewonnene Wert für die spezifische Ladung der Ladungsträger stimmt ziemlich genau überein mit dem für freie Elektronen aus anderen Messungen erhaltenen Wert (andere Ladungsträger mit vergleichbarer spezifischer Ladung sind nicht bekannt).

Details zum Tolman-Experiment

Erteilt man einem Stück Draht eine Beschleunigung ($a^* = \Delta v / \Delta t$) in Drahtrichtung, so wirkt auf jeden Ladungsträger (Masse m, Ladung q) im Draht die Trägheitskraft vom Betrag $F = ma^*$; deren Richtung ist antiparallel zur Richtung der Beschleunigung. Wenn das Drahtstück z.B. aus der Ruhelage in eine Vorwärtsbewegung in Richtung der Drahtachse versetzt wird, so werden die Ladungsträger vom beschleunigten Draht aus gesehen eine Kraft in Richtung Drahtende erfahren (so wie ein Autoinsasse in einem anfahrenden Auto nach hinten gedrückt wird) und dorthin verschoben, wenn sie frei beweglich sind. Handelt es sich dabei um negative Ladungen, so wird das hintere Drahtende dadurch negativ geladen sein gegenüber dem vorderen Drahtende. Diese Ladungsverschiebung geht aber nicht beliebig weit (auch nicht die Verschiebung des Autoinsassen), denn als deren Folge entsteht zugleich ein elektrisches Feld E zwischen den Drahtenden, welches zurückziehend auf die Ladungen wirkt. Die Ladungsverschiebung geht deshalb nur so weit, bis die Trägheitskraft F und die zurückziehende Kraft qE im Gleichgewicht sind:

$$qE = ma*$$

Im realen Experiment beobachtet man nicht die Feldstärke E, sondern die zwischen den Drahtenden auftretende Spannung U; bei der Länge L des Drahtes ist $E = U/L$; Damit ergibt sich

$$\frac{q}{m} = \frac{L \cdot \Delta v}{U \cdot \Delta t}$$

Es gibt eine Meßmethode, bei der das Produkt $U \cdot \Delta t$, der sogenannte »Spannungsstoß«, unmittelbar gemessen werden kann; man benötigt dann nur noch die während der Zeitspanne Δt vorgenommene Geschwindigkeitsänderung Δv und die Drahtlänge L und kennt damit die spezifische Ladung q/m der bewegten Ladungsträger.

Das Ergebnis für die spezifische Ladung der Ladungsträger in Metallen (z.B. Kupfer, Silber, Aluminium) stimmt überraschend gut überein mit der spezifischen Ladung des freien Elektrons, $e/m = 1{,}76 \cdot 10^{11}$ C/kg, wie man sie z.B. im »Fadenstrahlrohr« bestimmen kann. Angesichts dieser Übereinstimmung – fürs erste ist es ja schon erfreulich, daß sich die gleiche Größenordnung ergibt, aber noch besser: Der Unterschied zwischen q/m und e/m beträgt nur etwa 10%*) – ist es also sinnvoll, sich die beweglichen Ladungsträger im Metall als freie Elektronen vorzustellen. Das Tolman-Experiment ist jedoch mit schulischen Mitteln leider nicht machbar. Selbst wenn man den Draht zu einer Spule aufwickelt und diese sehr rasch um die Spulenachse rotieren läßt und abbremst, so erreicht man mit $L = 100$ m und $\Delta v = 100$ m/s nur einen Spannungsstoß $U \cdot \Delta t \approx 0{,}5 \cdot 10^{-7}$ V·s.

Vorzeichen und Anzahl der bewegten Ladungen

Wenn es Elektronen sind, die sich im Metall bewegen, dann sollte man deren negative Ladung noch auf eine andere Weise nachweisen können; man möchte auch eine Vorstellung über deren Anzahl in einem Stück Metall gewinnen. Beides gelingt mit Hilfe des Hall-Effekts.

Fig. 1 zeigt, worin der Hall-Effekt besteht (ein stromdurchflossener Leiter wird einem zur Stromrichtung senkrecht stehenden Magnetfeld ausgesetzt): Die bewegten Ladungen erfahren im Magnetfeld die Lorentz-Kraft F (Dreifingerregel!) und werden dadurch seitlich abge-

---

*) Zur Erklärung dieses Unterschieds müßte auf die tiefergehende quantenmechanische Beschreibung Bezug genommen werden, welche aber hier nicht in Reichweite liegt.

lenkt. An einer der Seitenflächen entsteht auf diese Weise ein Elektronenüberschuß, d.h. es baut sich eine Spannung auf zwischen den Seitenflächen (die sog. Hall-Spannung). Der Vergleich mit Fig. 2 verdeutlicht, daß aus der Polarität der Seitenflächen auf die Polarität der Ladungsträger geschlossen werden kann. Bei metallischen Leitern ergibt das Experiment die in Fig. 1 dargestellte Polarität, d.h. in Metallen sind die bewegten Ladungsträger negativ geladen.

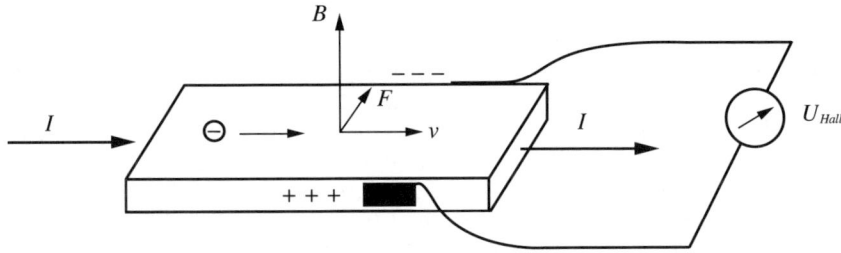

Fig. 1. Wenn der elektrische Strom in bewegten negativen Ladungen besteht: Die durch das Magnetfeld auf die bewegte Ladung wirkende Lorentz-Kraft $\vec{F} = q \, [\vec{v} \times \vec{B}]$ (q ist hier negativ einzusetzen!) ist die Ursache dafür, daß die hintere Seitenfläche des Leiters negativ geladen wird; die vordere Seitenfläche erscheint deshalb positiv geladen.

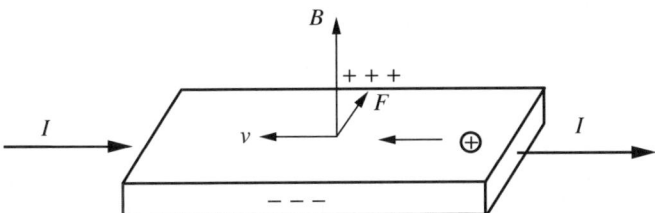

Fig. 2. Gleiche Stromrichtung wie in Fig. 1, aber von positiven Ladungen getragen. Auch hier wirkt die Lorentz-Kraft $\vec{F} = q \, [\vec{v} \times \vec{B}]$, wodurch aber nun die hintere Seitenfläche positiv geladen wird; die vordere Seitenfläche erscheint nun negativ geladen.

Wie groß ist die Anzahl der zur Stromleitung beitragenden Elektronen in einem Stück Metall? Die Antwort hängt trivialerweise davon ab, wie groß dieses Stück ist. Naheliegend ist deshalb, besser nach der Anzahl der Elektronen pro Kubikzentimeter zu fragen. Kurz: Wir suchen Aussagen über die Elektronenkonzentration n (Anzahl/cm^3). Man kann den Hall-Effekt durchdenken um zu sehen, ob in der Größe der Hall-Spannung U_H eine Information über die Elektronenkonzentration n enthalten sein könnte: U_H kommt ja zustande durch die Lorentz-Kraft, und in dieser wirkt sich die Elektronengeschwindigkeit v aus. Eine bestimmte Stromstärke I (siehe Fig. 1 und 2) kann zustandekommen durch großes v bei kleinem n, oder durch kleines v bei großem n. Da U_H proportional zu v ist, kann man also erwarten, daß U_H umgekehrt proportional zu n ist, falls I vorgegeben ist. Um sicher zu sein, daß diese Überlegung zutrifft und um zu sehen, welche weiteren Parameter einen Einfluß auf U_H haben, betrachten wir diese Zusammenhänge im Detail.

Details zum Hall-Effekt

Wenn der Strom I im Leiter fließt und noch kein Magnetfeld angelegt ist, dann bewegen sich die Elektronen längs des Drahtes; ihre Geschwindigkeit dabei sei v. Schaltet man ein Magnetfeld der Stärke B ein, so erfahren sie die Lorentz-Kraft $F = e\,v\,B$ (Richtung der Kraft siehe Fig. 1) und werden dadurch, in Bewegungsrichtung gesehen, nach links verschoben; die linke Drahtseite ist dadurch negativ geladen gegenüber der rechten Drahtseite. Diese Verschiebung nach links verläuft aber nicht ungehemmt, denn als deren Folge entsteht zugleich ein elektrisches Feld E zwischen der rechten und linken Drahtseite, welches zurückziehend auf die verschobenen Elektronen wirkt. Sie geht deshalb nur so weit, bis die aus dem Feld E herrührende zurückziehende Kraft $e\,E$ im Gleichgewicht ist mit der Lorentz-Kraft F:

$$e\,E = e\,v\,B$$

Die zu messende Hall-Spannung U_H hängt (bis auf hier unwesentliche Korrekturfaktoren) mit der Feldstärke zusammen:

$$U_H = E\,b$$

(b ist die Breite des Drahtes, also der Abstand zwischen der rechten und linken Seitenfläche). Somit haben wir als Zwischenergebnis

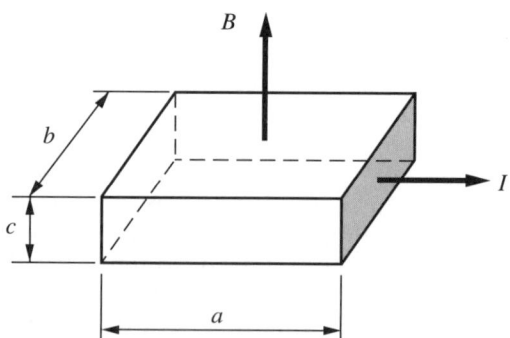

Fig. 3. Zur Berechnung des Stromes I, welcher mit der Ladungsträgerkonzentration n und der Driftgeschwindigkeit $\bar{v}$ zustandekommt.

$$U_\mathrm{H} = v\,B\,b$$

Nun gilt es noch, v durch die gemessene Stromstärke I auszudrücken, also durch die Anzahl Ladungen, die innerhalb einer Zeitspanne Δt durch einen Leiterquerschnitt strömen. Betrachten Sie hierzu Fig. 3.

Wir wählen Δt gerade so groß, daß alle beweglichen Elektronen, die sich am Anfang dieser Zeitspanne im gezeichneten Volumen befinden, am Ende dieser Zeitspanne durch den schraffiert gezeichneten Querschnitt herausgeströmt sind. Dann ist deren Geschwindigkeit $v = a/\Delta t$, und für die Stromstärke (gesamte Ladung/Zeit) gilt $I = e\,n\,a\,b\,c/\Delta t$, also auch

$$I = e\,n\,v\,b\,c \quad ; \quad v = \frac{I}{b\,c}\cdot\frac{1}{e\,n}$$

Setzen wir diesen Ausdruck für v in den obigen für U_H ein, so ergibt sich

$$n = \frac{I\,B}{c\,e\,U_\mathrm{H}}$$

Man sieht, wie aus der Messung von I, B und U_H bei bekanntem c und e die Elektronenkonzentration n erhalten wird.

Die folgende Tabelle (zweite Spalte) zeigt einige so gewonnene Ergebnisse für n. Besonders interessant ist es, die Elektronenkonzentration zu vergleichen mit der Anzahl Atome pro Kubikzentimeter (Atomkonzentration N, Anzahl/cm^3). Diese erhält man folgendermaßen: Wie im Kapitel »Wie groß sind Atome?« schon erläutert, gibt die Loschmidtsche Zahl L^* an, wieviele Atome in A^* Gramm (A^* = relative Atommasse) enthalten sind; die in einem Gramm enthaltene Anzahl ist also L^*/A^*. Multipliziert man diese Zahl mit der Dichte ρ^* (Gramm/cm^3), so erhält man die Anzahl pro Kubikzentimeter:

$$N = \frac{L^*\rho^*}{A^*}$$

Dieser Wert ist in die dritte Spalte eingetragen.

Metall	Elektronen- konzentration (cm^{-3}) experimentell	Atom- konzentration (cm^{-3}) berechnet
Natrium	$2{,}8\cdot 10^{22}$	$2{,}5\cdot 10^{22}$
Kupfer	$10{,}3\cdot 10^{22}$	$8{,}4\cdot 10^{22}$
Silber	$7{,}1\cdot 10^{22}$	$5{,}8\cdot 10^{22}$

Man erkennt, daß bei den genannten Metallen die Elektronenkonzentration und die Atomkonzentration auffallend nahe beisammen liegen. Offenbar wird in diesen Metallen praktisch von jedem Atom gerade ein Elektron zur Anzahl freier Ladungsträger beigesteuert. Diese Vorstellung wird gestützt durch die aus der Atomphysik bekannte Tatsache, daß die genannten Atome gerade ein Valenzelektron (ein an das übrige Atom besonders schwach gebundenes Elektron) haben. Wenn man z.B. einem Kupferatom dieses Elektron entzieht, so bleibt ein einfach positiv geladener Atomrumpf zurück. Diese Atomrümpfe sind im Metall in bestimmten regelmäßigen Strukturen angeordnet und die entzogenen Elektronen können sich in dieser regelmäßigen Anordnung positiver Ladungen praktisch frei bewegen. Das Ensemble der positiven Atomrümpfe (allein für sich wäre es aufgrund der Coulombschen Abstoßung nicht stabil) bildet zusammen mit dem Ensemble der praktisch frei beweglichen Elektronen eine elektrisch neutrale und stabile Anordnung; man nennt dies die »metallische Bindung«.

Näher betrachtet: Doch nicht »frei beweglich«

Vielleicht ist dem aufmerksamen Leser aufgefallen, daß immer von »praktisch« frei beweglichen Ladungsträgern die Rede war; tatsächlich ist damit eine Einschränkung verbunden, die im folgenden näher betrachtet wird. Wenn man an die beiden Enden eines Drahtes der Länge L eine Spannung U anlegt, so ergibt sich ein elektrisches Feld $E = U/L$; eine wirklich frei bewegliche Ladung müßte unter der Feldkraft eE eine permanente Beschleunigung erfahren: Die Geschwindigkeit der Ladungen müßte ständig zunehmen und damit auch der Strom größer und größer werden; dies ist aber in Wirklichkeit nicht der Fall! Hier sieht man, daß an unserer Vorstellung über die frei beweglichen Ladungsträger noch etwas fehlt: Will man sich nicht mit der pauschalen Aussage »Reibungsprozeß« zufrieden geben, so braucht man einen Modellprozeß, der beschreibt, daß der Strom nicht ständig anwächst. Dieser Modellprozeß wurde um 1900 von P. Drude und H. A. Lorentz erfunden (»Drude-Modell«): Ein Elektron wird zunächst durch die Feldkraft beschleunigt, aber nach einer (mittleren) Zeit τ soll es einen Stoß mit einem Atomrumpf erleiden, wobei es seine ganze bis dahin gewonnene Energie verliert; danach muß es also wieder von Null an beschleunigt werden. Betrachtet man viele solcher aufeinanderfolgender Beschleunigungsphasen summarisch, so sieht man, daß das Elektron mit einer »mittleren Geschwindigkeit« $\bar{v}$ in Feldrichtung driftet. (Man verwechsle diese – ziemlich geringe – Driftgeschwindigkeit nicht mit der viel größeren Ausbreitungsgeschwindigkeit des elektromagnetischen Feldes.) Dieser Modellprozeß beinhaltet auch die Energieabgabe an das Ensemble der Atomrümpfe, d. h. er beschreibt mikroskopisch, was makroskopisch beobachtet wird: Erwärmung des Drahtes durch den fließenden Strom.

190

Diese Modellvorstellung werde nun quantitativ gefaßt: Bei der Feldkraft eE erfährt das Elektron (Masse m) die Beschleunigung eE/m; demnach würde die Geschwindigkeit v wachsen gemäß

$$v = \frac{eE}{m} \cdot t$$

Zum Zeitpunkt $t = \tau$ soll der Stoß stattfinden, d.h. die mittlere Geschwindigkeit ist $\bar{v} = 1/2 \cdot eE/m \cdot \tau$. Mit dieser Geschwindigkeit ist nun auch in der Beziehung $I = e\,n\,v\,b\,c$ zu rechnen. Damit und mit $b\,c = A$ (Querschnittsfläche des Drahtes) und $E = U/L$ (siehe weiter oben) ergibt sich

$$U = \frac{2m}{\tau e^2 n} \cdot \frac{L}{A} \cdot I$$

Dieses Ergebnis ist in mehrfacher Hinsicht bemerkenswert:

– Es enthält die Proportionalität zwischen Strom und Spannung, also das Ohmsche Gesetz; den Ohmschen Widerstand R kann man unmittelbar ablesen.

– Man erkennt daraus mit Hilfe der bekannten Beziehung $R = \rho L/A$ auch den spezifischen Widerstand

$$\rho = \frac{2m}{\tau e^2 n}$$

Der als makroskopische Meßgröße leicht zu messende spezifische Widerstand ist hier verknüpft mit den im Modell vorkommenden mikroskopischen Größen. Betrachten wir m, e, n als bekannt aus anderen Messungen, so läßt τ sich bestimmen: Zum Beispiel für Kupfer ($\rho = 0{,}16 \cdot 10^{-5}$ Ω cm) ergibt sich $\tau = 4 \cdot 10^{-14}$ s. Innerhalb einer Zeitspanne dieser Größenordnung muß der Strom beim Einschalten (und beim Ausschalten) seinen Endwert erreichen. Es ist also nicht verwunderlich, daß im rein Ohmschen Leiter der Ein- und Ausschaltvorgang praktisch prompt vonstatten geht.

– In jedem Stoß wird die kinetische Energie $1/2 \cdot m(2\bar{v})^2$ ans Gitter abgegeben. Aus allen diesen mikroskopischen Einzelprozessen muß sich makroskopisch die Joulesche Wärmeleistung ergeben: Die Anzahl von Stößen, die ein Elektron innerhalb einer Sekunde durchführt, ist $1/\tau$; die Gesamtzahl aller beteiligten Elektronen im Draht ist $n\,A\,L$; die Joulesche Wärmeleistung ist also $1/\tau \cdot n\,AL \cdot 1/2 \cdot m(2\bar{v})^2$. Dieser Ausdruck ist tatsächlich identisch mit der bekannten Formel $R I^2$, wovon man sich überzeugen kann, wenn man aus der oben schon gegebenen Beziehung $I = e n \bar{v} A$ den Wert von $\bar{v}$ entnimmt und entsprechend einsetzt.

Das hier beschriebene Bild von den »praktisch« frei beweglichen Elektronen (frei, aber nach τ ihre gewonnene kinetische Energie wieder abgebend) bietet bereits eine deutliche Vertiefung der anfangs mehr undeutlichen Vorstellungen über den Mechanismus der Stromleitung. Allerdings bleibt dieses Modell noch weit zurück hinter den Aussagen, die mit einer quantenmechanischen Beschreibung des Verhaltens vieler Elektronen im elektrischen Feld der nahezu regelmäßig angeordneten, geladenen Atomrümpfe zu erzielen sind; die hierzu nötigen mathematischen Überlegungen können aber im Rahmen dieses Buches leider nicht geboten werden.

Die Jahresringe dokumentieren mehr als nur die Anzahl der Jahre und das jeweilige Ausmaß des Wachstums. Auch verschiedene Isotope sind jahrgangsweise in ihnen gespeichert.

Verschlüsselte Botschaften

Unter einer verschlüsselten Botschaft stellen Sie sich vielleicht spontan etwas vor, was z.B. zu einem Spionagefall gehört: Der Spion codiert seine Botschaft; jedermann kann die codierte Botschaft zwar sehen, aber verstehen, entschlüsseln, kann sie nur derjenige, der den Code kennt. Vielleicht aber wird sie auch von einem »unbefugten« Empfänger verstanden, nämlich wenn es diesem gelingt, den Code zu erraten, zu rekonstruieren, »die harte Nuß zu knacken«.

Mit »verschlüsselte Botschaft« ist hier nicht gemeint, daß man eine absichtlich vorgenommene Codierung zu knacken hat; es handelt sich vielmehr um naturgegebene Botschaften, die sich dann eröffnen, wenn es gelingt, die beteiligten Zusammenhänge zu erkennen und zu interpretieren. Zum Beispiel haben Sie sicher schon gehört von den berühmten Höhlenzeichnungen aus Nordspanien (Altamira) und Südfrankreich: Deren offenkundige Botschaft ist, welche Tierarten den Zeichner beschäftigt haben; nicht mehr ganz so direkt deutlich sichtbar ist die kultische Bedeutung der Zeichnungen. Aber aus welcher Zeit stammen die Zeichnungen? Hier beginnt eine Art Detektivarbeit, die dem Knacken des Codes entspricht (denn der Zeichner hat uns natürlich nicht den Gefallen erwiesen, das Jahr der Entstehung – noch dazu in unserer Zeitrechnung – zu signieren). Wenn man sich nicht auf indirekte Hinweise verlassen will (z.B. in der gleichen Höhle gefundene Werkzeuge, deren Typ auf »Altsteinzeit« hinweist, ca. 10.000 v. Chr.), dann muß man das Alter der zur Zeichnung verwendeten Materialien (z.B. Holzkohle) untersuchen. Glücklicherweise gibt es eine physikalische Methode, mit der bestimmt werden kann, vor wievielen Jahren organische Substanz, z.B. Holz, abgestorben ist: Auch das zu Holzkohle gebrannte Holz muß einmal gewachsen und vom Baum gebrochen worden sein, bevor es verkohlt zur Zeichnung an der Höhlenwand verwendet wurde. So wird die in der Zeichnung gewissermaßen verschlüsselt enthaltene Botschaft über deren Alter entschlüsselt.

Es gibt viele verschiedene physikalische Methoden, welche es ermöglichen, gewisse Informationen, die verschlüsselt in Fundstücken vorliegen (z.B. in Mumien, Grabbeigaben, Holzresten, Münzen, Keramik, geologischen Ablagerungen, Meteoriten), »lesbar« zu machen. Von einigen dieser Methoden – Isotope spielen dabei eine besondere Rolle – und von typischen Ergebnissen daraus soll im Folgenden die Rede sein.

Erinnern Sie sich daran, was man unter »Isotope« versteht? Zum Beispiel Bor-Atome gibt es mit der relativen Atommasse*) $A = 10$ (Anzahl der Protonen: $Z = 5$, Anzahl der Neutronen: $N = 5$) und $A = 11$ ($Z = 5$, $N = 6$); diese beiden Bor-Isotope sind in natürlichen Bor-Vorkommen zu ca. 18% und 82% vorhanden.

Man kann die in einem Gemisch vorliegenden Isotope voneinander trennen, auseinandersortieren; dazu gibt es mehrere Möglichkeiten. Die einfachste ist, das Isotopengemisch in gasförmiger oder flüssiger Form in eine Zentrifuge einzubringen: Die Moleküle (oder Atome) größerer Masse sammeln sich in der Zentrifuge außen; sie verdrängen dort die Teilchen geringerer Masse. Auch mit Hilfe von Diffusionsprozessen kann eine Trennung bewirkt werden, denn Teilchen größerer Masse haben bei gleicher mittlerer kinetischer Energie (Temperatur) geringere Geschwindigkeit. Bei der Stromleitung in einer Elektrolytflüssigkeit wandern Ionen größerer Masse langsamer als Ionen geringerer Masse in Richtung Elektrode. Auf diese Weise wird in großem Maßstab bei der Elektrolyse von Wasser das für kerntechnische Anlagen benötigte sogenannte »schwere Wasser« angereichert: Während in einem Molekül von »normalem« Wasser neben einem Sauerstoffatom zwei Wasserstoffatome (für jedes ist $Z = 1$, $A = 1$, $N = 0$) enthalten sind, ist in einem Molekül von »schwerem« Wasser ein Wasserstoffatom durch ein Deuteriumatom ersetzt ($Z = 1$, $A = 2$, $N = 1$); dessen Masse ist also um etwa eine Neutronenmasse größer. In natürlichen Vorkommen von Wasserstoff ist Deuterium zu etwa 0,015% enthalten (d.h. auf 100.000 Wasserstoffatome treffen 15 Deuteriumatome).

Aber nicht nur eine grobe Sortierung der Moleküle (oder Atome) nach »größerer« und »kleinerer« Masse ist möglich. Man kann auch die Masse einzelner Teilchen genau bestimmen und sie dabei, gewissermaßen eins nach dem anderen, quantitativ auseinandersortieren; man nennt dies »eine massenspektroskopische Analyse«: So wie in einem »Lichtspektrum« die einzelnen Wellenlängenbereiche des zu untersuchenden Lichts nebeneinander angeordnet werden, so werden in einem »Massenspektrum« die verschiedenen Teilchen nach ihrer Masse nebeneinander angeordnet. Um ein Massenspektrum zu erzeugen – der Apparat, in dem dies geschieht, heißt »Massenspektrometer« –

---

*) Genau genommen ist die relative Atommasse nicht eine exakt ganze Zahl; in diese gehen ja auch der durch die Bindung entstehende Massendefekt und die Elektronenmassen ein. Wenn man anstelle des genauen Wertes die gerundete ganze Zahl angibt, so ist damit ausgedrückt, wieviele Teilchen (Protonen und Neutronen) sich im Atomkern befinden; da man diese Teilchen auch als »Nukleonen« bezeichnet, heißt diese Zahl die »Nukleonenzahl«. Dies ergibt sich so, weil Protonen und Neutronen fast gleiche Masse haben (1,0 u) und weil Massendefekt und Elektronenmasse klein dagegen sind. Bei der Charakterisierung der Isotope durch ganzzahliges A ist immer die gerundete relative Atommasse, also die Nukleonenzahl, gemeint.

werden die zu sortierenden Teilchen zunächst z. B. einfach positiv geladen (»ionisiert«), dann auf eine bestimmte kinetische Energie gebracht (Durchlaufen einer Potentialdifferenz) und schließlich in be-

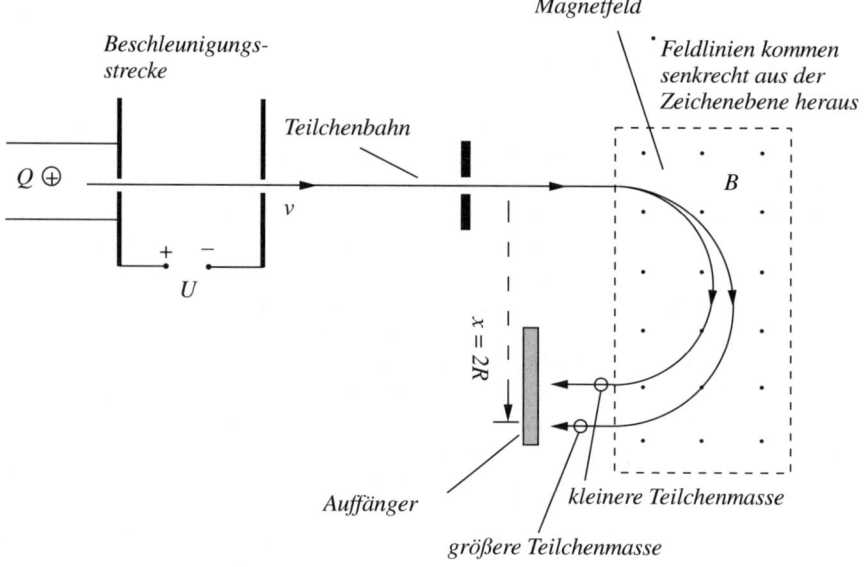

Fig. 1 Zum Sortieren von Teilchen verschiedener Masse m (vereinfacht): Die ionisierten (positiv geladenen) Atome kommen aus der Ionenquelle Q, durchlaufen eine Beschleunigungsspannung U und erhalten dabei die Geschwindigkeit $v = \sqrt{\dfrac{2eU}{m}}$. Im Magnetfeld B, das hier senkrecht zur Zeichenebene steht, wird der Bahnradius $R = \dfrac{mv}{eB} = \dfrac{1}{B}\sqrt{\dfrac{2mU}{e}}$, d.h. Teilchen mit verschiedener Masse durchlaufen verschiedene Kreise und treffen so an verschiedenen Stellen $x = 2R$ des Auffängers ein. Für negativ geladene Teilchen (z.B. Elektronen) verläuft die Bahn ebenfalls rechtsherum, wenn die Richtung des Magnetfeldes umgekehrt wird.

stimmter Richtung in ein Magnetfeld geschickt. Die sich einstellende Ablenkung eines Teilchens im Magnetfeld ist umso größer, je kleiner die Teilchenmasse ist (siehe Fig. 1). Im praktischen Realfall gibt es dabei unerwünschte Nebeneffekte, die aber weitgehend kompensiert werden können. Die heute günstigstenfalls erzielbare Trennschärfe Δm (d.i. der kleinste Unterschied zwischen zwei Massen, der noch erkannt werden kann) beträgt etwa $\Delta m \approx m/500.000$.

Eine solche massenspektroskopische Untersuchung des Sauerstoffs (Z = 8) aus der Luft, aus dem Wasser, aus Mineralien u.a. zeigt, daß es drei stabile Sauerstoffisotope gibt: Sauerstoffatome können die relative Atommasse (bzw. Nukleonenzahl) A = 16 haben (d.h. neben den 8 Protonen befinden sich noch N = 8 Neutronen im Kern), aber auch A = 17 (N = 9) und A = 18 (N = 10). Zur Kurzbezeichnung verwendet man das chemische Symbol für Sauerstoff O (von lat. oxygenium) und notiert links oben die Nukleonenzahl; die drei Sauerstoffisotope bezeichnet man also mit ^{16}O, ^{17}O und ^{18}O.

Die massenspektroskopische Untersuchung von Sauerstoffproben aus der Natur zeigt auch deren relative Häufigkeit: An der in Fig. 1 für A = 16 sich ergebenden Auftreffstelle x treffen erheblich mehr Sauerstoffionen ein, als an den Stellen für A = 17 und A = 18, d.h. das Isotop ^{16}O kommt in der Natur erheblich häufiger vor als die Isotope ^{17}O und ^{18}O. Deren relative Häufigkeiten (im Folgenden ist immer das Verhältnis der Anzahl der in einer Probe vorhandenen Atome gemeint) betragen $^{18}O/^{16}O \approx 20/10.000$ und $^{17}O/^{16}O \approx 4/10.000$. ^{16}O ist also weit in der Überzahl, und ^{17}O ist noch seltener als ^{18}O (deshalb lassen wir im Folgenden das ^{17}O außer acht).

Diese Angaben zur relativen Häufigkeit der Sauerstoffisotope sind aber nur ungefähre Mittelwerte aus vielen Proben verschiedener Herkunft; einzelne Proben weisen geringe, aber signifikante Abweichungen auf, und gerade mit diesen Abweichungen sind merkwürdige Botschaften verbunden: So z.B. ist die relative Häufigkeit $^{18}O/^{16}O$ in Schnee geringer als in Meerwasser; im Sommerschnee (Grönland) ist sie um etwa 2% geringer, im Winterschnee um etwa 4%. Die Ablagerung von Sommerschnee und Winterschnee in aufeinanderfolgenden Schichten im Grönlandeis läßt sich anhand der relativen Häufigkeit $^{18}O/^{16}O$ über einige tausend Jahre zurückverfolgen, wenn man die Eisproben fortlaufend aus immer größerer Tiefe entnimmt. In größerer Tiefe – die gesamte Eisdecke reicht bis etwa 120.000 Jahre zurück – ist zwar die jahreszeitliche Struktur nicht mehr auflösbar, aber dennoch erhält man typische $^{18}O/^{16}O$-Werte, die sich auf einen relativ kurzen Zeitraum (wenige Jahre) beziehen. Das Grönlandeis wirkt so als chronologischer Speicher des Niederschlags aus früheren Zeiten, und in dem damit auch gespeicherten $^{18}O/^{16}O$-Verhältnis steckt eine charakteristische Botschaft.

Diese Botschaft bezieht sich auf die Temperatur des Meerwassers, aus dem zunächst Wasser verdunstet ist und später als Schnee auf dem Grönlandeis abgelagert wurde. Das Verdunsten von Wasser besteht bekanntlich im Entweichen von Molekülen aus der Wasseroberfläche: Manche Moleküle haben genügend kinetische Energie, um den innerhalb des Wassers wirkenden molekularen Anziehungskräften zu entkommen. Man könnte vielleicht zunächst meinen, daß im so entstehenden Wasserdampf das gleiche Verhältnis $^{18}O/^{16}O$ vorliegt wie im Wasser; dazu wäre aber erforderlich, daß die schwereren Wassermoleküle (welche ^{18}O enthalten) die gleiche Chance zum Entweichen haben wie die leichteren (welche ^{16}O enthalten). Tatsächlich aber haben die Moleküle mit ^{18}O eine geringere Chance, denn ihnen kommt im Wechselspiel der dauernd stattfindenden gegenseitigen Stöße weniger Energie zu (wenn ein leichtes Teilchen gegen ein schweres Teilchen stößt, wird weniger Energie übertragen als bei gleichen Teilchen). Deshalb ist im Dampf (und auch im später daraus resultierenden Niederschlag) das Verhältnis $^{18}O/^{16}O$ durchwegs geringer als im Meerwasser. Nun kommt die verschlüsselte Botschaft; sie bezieht sich auf die jeweilige Temperatur des Meerwassers: Bei steigender Wassertemperatur wird die Energie aller Moleküle größer. Unter denjenigen Molekülen, welche genügend Energie zum Entweichen haben, wächst dabei der Anteil der schwereren stärker als der Anteil der leichteren. Dies bedeutet, daß bei steigender Wassertemperatur das Verhältnis $^{18}O/^{16}O$ im Meerwasser geringer wird (die Abnahme beträgt etwa 10% bei Temperaturerhöhung um 1 Grad) und im Dampf entsprechend zunimmt: Im Sommerschnee (wärmeres Meerwasser) ist das Verhältnis $^{18}O/^{16}O$ also größer als im Winterschnee (kälteres Meerwasser).

Nicht so sehr der Unterschied zwischen Sommerschnee und Winterschnee ist eine bedeutsame Botschaft (aber immerhin war er uns nützlich zur Erklärung) als vielmehr der Einblick in das langfristige klimatische Geschehen, der auf diese Weise aus dem Grönlandeis gewonnen werden kann: Zum Beispiel eine deutliche Zunahme von $^{18}O/^{16}O$ um etwa 1% findet sich von unten nach oben in denjenigen Eisschichten des Grönlandeises, die vor ca. 12.000 Jahren abgelagert wurden. Dadurch ist ein charakteristischer Übergang zu einem wärmeren Klima – das Ende der letzten Eiszeit – dokumentiert.

Im zurückbleibenden Meerwasser finden auch chemische Prozesse statt, an denen Wassermoleküle beteiligt sind, z.B. zum Aufbau von Muschelschalen (Kalziumkarbonat) unter Beteiligung von Mikroorganismen. Die relative Häufigkeit $^{18}O/^{16}O$ in Muschelschalen und entsprechenden Sedimenten enthält deshalb ebenfalls Information über die Wassertemperatur zum Zeitpunkt der chemischen Reaktionen. So sind z.B. in Muschelschalen die jahreszeitlichen Wachstumszonen durch das $^{18}O/^{16}O$-Verhältnis markiert. Auch hier sind nicht nur die Jahreszonen, sondern das langfristige klimatische Geschehen besonders interessant: In Muschelsedimenten in der karibischen See fand sich das höchste $^{18}O/^{16}O$-Verhältnis in Schichten, die etwa vor 19.000 Jahren abgelagert wurden; daraus kann man auf ein langanhaltendes Minimum der Wassertemperatur dort schließen. Zur selben Zeit war – wie mit anderen Methoden festgestellt wurde – die Eisbedeckung von Nordamerika am weitesten nach Süden vorgerückt!

Es gibt vier stabile Bleiisotope. Mit der schon beim Sauerstoff verwendeten Schreibweise (das chemische Symbol für Blei ist *Pb*, von lat. plumbum) sind dies ^{204}Pb, ^{206}Pb, ^{207}Pb und ^{208}Pb. Die Kernladungszahl des Bleiatoms ist $Z = 82$; damit ist die entsprechende Neutronenanzahl $N = A - Z = 122$, bzw. 124, bzw. 125, bzw. 126. Die relative Häufigkeit der Bleiisotope ist in verschiedenen Proben bemerkenswert unterschiedlich, z. B. in bleihaltigen Lagerstätten oder Mineralien: Auch in antiken Silbermünzen und Schmuckstücken sind Bleiisotope als Beimengung in genügendem Ausmaß, aber von oft unterschiedlicher relativer Häufigkeit enthalten. Woher rührt diese Unterschiedlichkeit in der relativen Häufigkeit der Isotope?

Betrachten wir die relativen Häufigkeiten der einzelnen Isotope zunächst in einer Bleiprobe, die aus einer möglichst reinen Bleilagerstätte gewonnen ist: 1,5% (^{204}Pb); 23,6% (^{206}Pb); 22,6% (^{207}Pb); 52,3% (^{208}Pb). »Möglichst reine Bleilagerstätte« bedeutet, daß darin Beimengungen von Thorium (*Th*) und Uran *(U)* nicht vorkommen sollen. Unmittelbar sieht man zwar nicht ein, warum diese Beimengungen eine Bedeutung haben könnten, denn deren Atomgewichte liegen zwischen 232 und 238, sie sind also in der massenspektroskopischen Untersuchung leicht von den Bleiisotopen zu unterscheiden. Sofort verständlich wird deren Einfluß aber, wenn man weiß, daß Thorium (in natürlichen Vorkommen gibt es nur das Isotop ^{232}Th) und die Uranisotope ^{235}U und ^{238}U instabil sind und als Folge dieser Instabilität (über mehrere Zwischenstufen) sich in die Bleiisotope ^{208}Pb, ^{207}Pb und ^{206}Pb umwandeln. Diese Umwandlung geschieht durch aufeinanderfolgende radioaktive Zerfälle (sog. Zerfallsreihen) und benötigt große Zeitspannen, die vergleichbar mit dem Alter der Lagerstätte oder sogar noch erheblich größer sind (siehe Tabelle 1; die Zwischenstufen sind dort nicht aufgeführt).

Tabelle 1

Natürliche Zerfallsreihen, die zum Blei führen

	^{232}Th	^{235}U	^{238}U
Ausgangskern instabil			
Längste Halbwertszeit der Reihe	$1,4 \cdot 10^{10} y$	$7,5 \cdot 10^8 y$	$4,5 \cdot 10^9 y$
	↓	↓	↓
Endkern stabil	^{208}Pb	^{207}Pb	^{206}Pb

199

Bei Gegenwart von *Th* und *U* in einer Blei-Lagerstätte muß man also annehmen, daß die Häufigkeit von ^{208}Pb, ^{207}Pb und ^{206}Pb im Laufe der Zeit größer geworden ist als sie ursprünglich zum Zeitpunkt der Ablagerung war.

Nachdem man nun im Prinzip das »ungestörte« Häufigkeitsverhältnis der Bleiisotope in der »reinen Bleilagerstätte« kennt, kann man sich fragen, welche Botschaften aus den veränderten Häufigkeitsverhältnissen in thorium- und uranhaltigen Bleivorkommen zu entnehmen sein können.

Eine Idee dazu ist folgende: Wenn man in einer Probe einen erhöhten Gehalt an ^{206}Pb findet und diesen betrachtet als Ergebnis der mit ^{238}U beginnenden Zerfallsreihe (jedes ^{206}Pb-Atom zuviel war früher ein ^{238}U-Atom, siehe Tabelle 1), so braucht man nur noch den heutigen Restgehalt an ^{238}U festzustellen und kennt damit auch den ursprünglichen Gehalt an ^{238}U. Aus dem Vergleich dieses ursprünglichen Gehalts mit dem heutigen kann man auf die dazwischen liegende Zeitspanne, also auf das Alter der Lagerstätte, schließen. Dies ist die sogenannte »Uran-Blei-Methode« zur Altersbestimmung von Mineralien, die etwa bis einige Milliarden Jahre zurückreicht (quantitative Betrachtungen zum radioaktiven Zerfall folgen später). Auf diese Weise ist das geologische Alter verschiedener Lagerstätten bestimmt worden.

Eine andere Idee: Die relative Häufigkeit der verschiedenen Bleiisotope, wie sie in der aus dem Bergwerk kommenden Ausgangssubstanz vorliegt, bleibt erhalten, auch wenn eine chemische Umformung der Ausgangssubstanz vorgenommen wird (solange nicht bleihaltige Materialien unterschiedlicher Herkunft zusammengemischt werden): Wenn in irgendeiner Folgesubstanz auch nur noch Spuren von Bleiisotopen vorliegen, so ist deren relative Häufigkeit noch so wie in der Ausgangssubstanz. Der Grund dafür ist, daß Isotope sich in chemischen Prozessen (fast) gleich verhalten (die chemischen Prozesse spielen sich ab in der Atomhülle und eine unterschiedliche Kernmasse spielt dabei praktisch keine Rolle). Das Häufigkeitsverhältnis der Bleiisotope wird so zu einem Erkennungszeichen für die Herkunft, gewissermaßen ein »Stempelaufdruck«, oder ein »Fingerabdruck«, der durch alle chemischen Umformungsprozesse hindurch erhalten bleibt und nur dann ruiniert ist, wenn Blei verschiedener Herkunft zusammengemischt wird.

Zur Illustration ein vereinfachtes Zahlenbeispiel, das die Identifizierung der Herkunft einiger altgriechischer Silbermünzen beschreibt: Wir betrachten dazu das Häufigkeitsverhältnis $^{206}Pb/^{207}Pb$. Während für »reine« Bleilagerstätten $^{206}Pb/^{207}Pb = 1,044 \pm 0,005$, findet man z.B. für einige im griechischen Altertum abgebaute Lagerstätten (auf den Inseln der Ägäis, wo man heute noch typische Proben entnehmen kann) deutlich höhere Werte, die sich aber auch untereinander unterscheiden: Zum Beispiel auf Siphnos $^{206}Pb/^{207}Pb$ = 1.193 ± 0,001; auf Laurion $^{206}Pb/^{207}Pb$ = 1.203 ± 0,002. In diesen Lagerstätten wurde Blei abgebaut, weil auch Silber darin enthalten ist. Das Silber wurde aus dem Blei durch Verhüttung mit Flußmitteln abgetrennt, aber es sind in den daraus gefertigten Schmuckstücken und Münzen noch Bleispuren enthalten, deren Isotopenhäufigkeit der für die geologische Lagerstätte typische »Fingerabdruck« ist. Der aufsehenerregende Münzfund von Asyut (Ägypten) hat altgriechische Silbermünzen zutage gefördert, die kurz nach ihrer Prägung vergraben worden sind, und dadurch nicht eingeschmolzen und mit anderen Materialien gemischt wurden, wodurch der »Fingerabdruck« erhalten geblieben ist. Die Untersuchung der Münzen hat gezeigt: $^{206}Pb/^{207}Pb$ = 1,194 ± 0,001; damit war Siphnos als der Lieferant des Rohmaterials identifiziert.

Ein instabiles Kohlenstoffisotop ...

Der Kohlenstoff (chemisches Symbol C, Kernladungszahl Z = 6), dessen stabile Isotope das ^{12}C (relative Häufigkeit ca. 99 %) und das ^{13}C (ca. 1 %) sind, bietet mit seinem instabilen Isotop ^{14}C besonders viele und interessante Botschaften aus der Vergangenheit: Aus der Häufigkeit des ^{14}C in einer Probe, die aus abgestorbener organischer Substanz stammt, kann man ablesen, vor welcher Zeitspanne diese Substanz abgestorben ist. Damit ergeben sich archäologisch bedeutsame Aussagen: Zum Beispiel das Alter einer Mumie (mit »Alter« ist nicht das Lebensalter, sondern die seit dem organischen Tod verstrichene Zeitspanne gemeint!), das Alter von Holzstücken aus frühhistorischen Bauten, das Alter der Holzkohlenreste in den Höhlen von Altamira oder von Lascaux, das Alter von unter Gletscherschutt begrabenen Baumleichen, das Alter von Resten eines Wikingerschiffs... Die hierbei praktizierte physikalische Methode heißt »die ^{14}C-Methode«, oder »die Radiocarbon-Methode«; sie wurde in den Jahren um 1950 entwickelt und erstmals angewendet. Die wesentlichen Aspekte dieser Methode werden im Folgenden erklärt.

Die Aussage »das Isotop ist instabil« bedeutet, daß die Atomkerne spontanen Veränderungen unterliegen; man sagt, »die Atomkerne zerfallen«. Zwar läßt sich nicht vorhersagen, wann ein bestimmter Atomkern zerfallen wird; für eine sehr große Anzahl aber ergibt sich, daß innerhalb einer bestimmten Zeitspanne die Hälfte dieser Anzahl zerfällt (mit gewissen Einschränkungen, die später besprochen werden). Diese Zeitspanne nennt man »die Halbwertszeit«. Für ^{14}C beträgt sie ca. 5.730 ± 30 Jahre.

Die Halbwertszeit des ^{14}C ist – verglichen mit geologisch relevanten Zeitspannen – sehr gering, d.h. aus der Tatsache, daß wir es heute in der Natur vorfinden, muß man schließen, daß es irgendeinen Prozeß in der Natur gibt, der das ^{14}C ständig neu erzeugt, denn sonst wäre es ja schon längst verschwunden. Tatsächlich kennt man diesen Erzeugungsprozeß: Er spielt sich ab in der oberen Atmosphäre, wo von der Sonne kommende Protonen mit den Atomkernen der Moleküle der Luft zusammenstoßen; nach einigen Zwischenprozessen entsteht dabei auch ^{14}C. Durch diesen Erzeugungsprozeß allein würde die Anzahl aller ^{14}C-Atome auf unserer Erde dauernd zunehmen, aber da ist auch noch der oben beschriebene Zerfallsprozeß. Es stellt sich ein Gleichgewicht zwischen der Häufigkeit der Erzeugung und des Zerfalls ein, wodurch sich insgesamt eine praktisch konstante Anzahl von ^{14}C-Atomen in der Atmosphäre ergibt: Wenn die Anzahl gerade so groß geworden ist, daß innerhalb von z.B. 5.730 Jahren soviele Atome zerfallen wie im gleichen Zeitraum neu erzeugt werden, so ist dieses Gleichgewicht (Zahlenwert s.w.u.) erreicht.

Die ^{14}C-Atome stehen, genauso wie die weit in der Überzahl befindlichen ^{12}C-Atome, in Luft und Ozean für den chemischen Austausch in organischen Substanzen zur Verfügung: Der Kohlenstoff wird – praktisch ohne Bevorzugung von ^{14}C oder ^{12}C – von Pflanzen assimiliert, die Pflanzen wachsen und werden von Tier und Mensch verzehrt und zum Aufbau organischer Substanz umgesetzt. Dies geschieht schnell im Vergleich zur Halbwertszeit des ^{14}C, d.h. in Luft, Wasser und jeder lebenden Substanz (Biosphäre) liegt ^{14}C und ^{12}C überall im gleichen Zahlenverhältnis vor; es beträgt in neuerer Zeit (ca. 1980) $^{14}C/^{12}C \approx$ $1{,}3 \cdot 10^{-12}$. Dies wurde festgestellt durch Messungen mit Hilfe des Massenspektrometers (vereinfacht dargestelltes Prinzip siehe Fig. 1); als Ausgangssubstanz für diese Messung nimmt man z.B. ein Stück frisches Holz.

Wenn aber eine Pflanze, ein Tier, ein Mensch nicht mehr aktiv an diesem Austauschprozeß beteiligt ist, also keine Nahrung mehr aufnimmt, abgestorben ist, so wird dort der genannte Wert von $^{14}C/^{12}C$ nicht mehr aufrecht erhalten: Mehr und mehr ^{14}C verschwindet, und es wird auch nicht mehr nachgeliefert. In 5.730 Jahren nach dem Tod liegt nur noch vor $^{14}C/^{12}C = 1/2 \cdot 1{,}3 \cdot 10^{-12}$; nach weiteren 5.730 Jahren (also 11.460 Jahre nach dem Tod) ist $^{14}C/^{12}C = 1/2 \cdot 1/2 \cdot 1{,}3 \cdot 10^{-12}$ usw. Fig. 2 zeigt, wie das Zahlenverhältnis $^{14}C/^{12}C$ mit wachsender Zeit nach dem Tod einer organischen Substanz abnimmt und was man daraus ablesen kann. Die meßtechnische Aufgabe besteht also darin, das Zahlenverhältnis $^{14}C/^{12}C$ einer Probe unbekannten Alters möglichst genau festzustellen; dies geschieht im Prinzip z.B. mit dem Massenspektrometer (Fig. 1; aus praktischen Gründen ist aber der erforderliche Aufwand erheblich größer). Einige wenige typische Ergebnisse einer solchen Altersbestimmung sind in Tabelle 2 zusammengestellt.

Tabelle 2

Ergebnisse aus Altersbestimmungen anhand der ^{14}C-Methode
(Alter im Jahr 1994)

Schriftrollen vom Toten Meer *(Buch Jesaia) Leineneinband*	*1.960 ± 200 Jahre*
Island-Torf (überdeckt von *magnetisierter Lava)*	*5.340 ± 340 Jahre*
Holz vom Totenschiff aus *dem Grabmal des Sesostris III*	*3.650 ± 180 Jahre*
Menschenhaar aus einem *ägyptischen Friedhof*	*5.780 ± 300 Jahre*
Holzkohle aus der Höhle *von Lascaux*	*15.560 ± 900 Jahre*
Mann aus dem Eis 1991, »Ötzi« *Ötztaler Alpen, Hauslabjoch* *(älteste bekannte Mumie!)*	*5.250 ± 150 Jahre*

Wenn die ^{14}C-Methode auch sehr übersichtlich und prinzipiell einfach zu sein scheint, so gibt es doch einige Einflußfaktoren dabei, welche die Auswertung ein wenig komplizierter machen. Ein solcher Einfluß besteht darin, daß der Gleichgewichtswert $^{14}C/^{12}C$ in der Biosphäre früher, zu Lebzeiten der zu untersuchenden Probe, nicht genauso war wie um 1980. Die in Fig. 2 gezeichnete Gerade darf deshalb eigentlich nicht genau an der Stelle $1,3 \cdot 10^{-12}$ für $t = 0$ einsetzen, sondern an dem etwas größeren oder kleineren Wert, der zum Zeitpunkt des organischen Todes der Probe in der Biosphäre vorlag. Dies hat zur Folge, daß für das Alter einer Probe (deren ^{14}C-Konzentration z. B. in Fig. 2 mit $0,1 \cdot 10^{-12}$ eingezeichnet ist) nun ein etwas größerer oder kleinerer Wert herauskommt. Glücklicherweise weiß man ziemlich genau, um wieviel die Gerade nach oben oder unten verschoben werden muß, denn man hat alte Proben, deren Alter man aus historischen Quellen genügend genau kennt; so kann man auf das in früheren Zeiten vorliegende Zahlenverhältnis $^{14}C/^{12}C$ rückschließen und die oben beschriebene Korrektur vornehmen; das Ergebnis verändert sich dadurch aber meist nur um wenige hundert Jahre.

Einer der Gründe für eine Veränderung von $^{14}C/^{12}C$ in der Biosphäre ist unmittelbar klar: Die Anreicherung von ^{12}C in der Atmosphäre (in Form von Kohlendioxyd CO_2) durch die Verbrennung von fossilem, also altem (kein ^{14}C mehr enthaltenden) Kohlenstoff seit dem Beginn der Industrialisierung. Das Verhältnis $^{14}C/^{12}C$ kann sich aber auch geändert haben aufgrund einer Änderung der Erzeugungsrate des ^{14}C (diese hängt ja ab vom auf die Atmosphäre einfallenden Protonenstrom und dieser wiederum von der Sonnenaktivität und dem Erdmagnetfeld): Weitere verschlüsselte Botschaften sind also enthalten in dem zu früheren Zeiten in der Biosphäre vorliegenden Zahlenverhält-

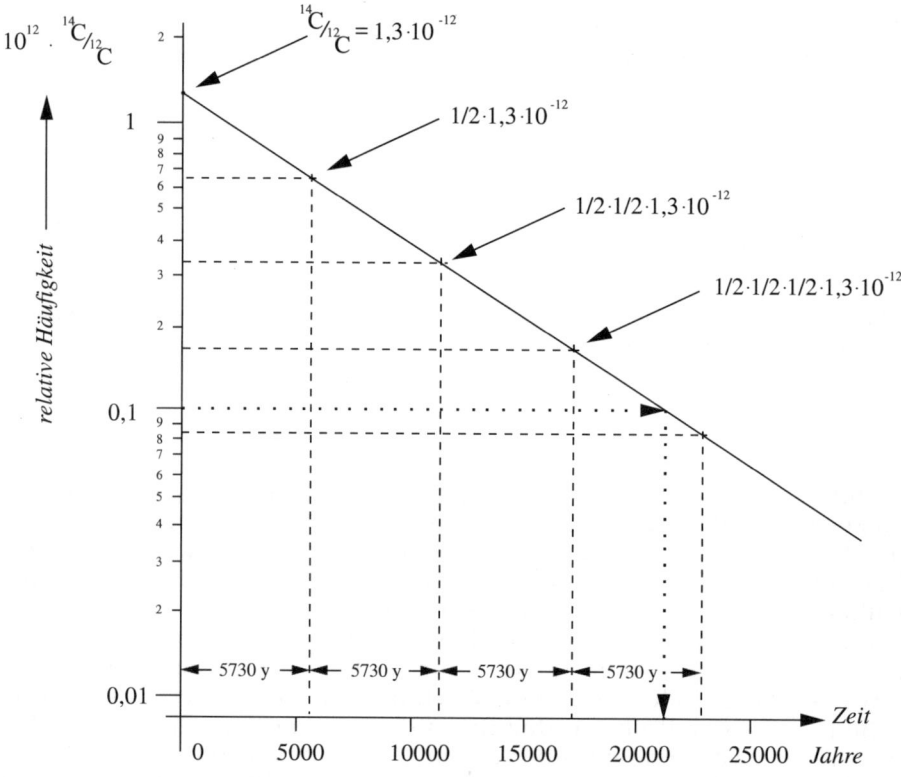

Fig. 2 Dieses Diagramm zeigt den Zusammenhang zwischen der relativen Häufigkeit $^{14}C/^{12}C$ in einer organischen Substanz und der Zeitspanne, die nach Eintritt des Todes der Substanz verstrichen ist (Alter). Man beachte, daß der Ordinatenmaßstab logarithmisch geteilt ist. Zahlenbeispiel: Wenn eine Untersuchung einer Probe ergibt, daß $^{14}C/^{12}C = 0,1 \cdot 10^{-12}$, so ist daraus auf das Alter 21.000 Jahre zu schließen (siehe punktiert gezeichnete Linien).

nis $^{14}C/^{12}C$; dieses kann festgestellt werden, wenn man ausgeht von Proben, deren Alter aus anderen Quellen bekannt ist.

Der »Zerfall« des ^{14}C geht folgendermaßen vor sich: Ein Neutron des ^{14}C-Kernes wandelt sich um in ein Proton, wobei ein Elektron entsteht (und ein weiteres neutrales Teilchen von sehr viel geringerer Masse, das aber für unsere weiteren Diskussionen keine Rolle spielt und deshalb hier nicht weiter beschrieben wird). Das entstandene Proton bleibt im Atomkern gebunden: Damit hat sich die Protonenanzahl im Kern um 1 erhöht und beträgt nun Z = 7; aber die Gesamtzahl A der Teilchen im Kern (Protonen + Neutronen) ist unverändert A = 14. Das Element mit Z = 7 ist Stickstoff (chemisches Symbol: N, nitrogenium), d.h. aus dem »Zerfall« des ^{14}C entsteht ^{14}N. Das bei jedem Zerfall entstehende Elektron wird vom Kern ausgeschleudert, emittiert, und es kann außerhalb der ^{14}C-haltigen Substanz nachgewiesen werden. Die so emittierten Elektronen bezeichnet man als »β-Strahlen«; man sagt auch »^{14}C ist radioaktiv«. In Kurzschreibweise stellt sich der radioaktive Zerfall des ^{14}C durch folgende Reaktionsgleichung dar:

$$^{14}C \longrightarrow {}^{14}N + \beta^- \tag{1}$$

Wir wollen diesen Zerfallsprozeß hier nicht in allen Aspekten diskutieren (z.B. hinsichtlich Ladungsbilanz, Massebilanz, Energiebilanz, auch nicht hinsichtlich der mit der Kernumwandlung verbundenen Konsequenzen für die Atomhülle), sondern nur Betrachtungen zur Wahrscheinlichkeit dieses Zerfalls von ^{14}C anschließen, weil diese ja mit der Möglichkeit zur Altersbestimmung eng zusammenhängt.

Um dem Begriff »Wahrscheinlichkeit des Zerfalls« näher zu kommen, stellen Sie sich zunächst folgenden Vergleich vor: Eine bestimmte Anzahl von ^{14}C-Atomen (davon sind nach 5.730 Jahren 50% zerfallen) und eine gleichgroße Anzahl von ^{238}U-Atomen (davon sind nach $4,5 \cdot 10^9$ Jahren 50% zerfallen, siehe Tabelle 1). Man kann hierzu sofort folgende Feststellung treffen: Die »Anzahl der Zerfälle pro Sekunde« muß beim ^{238}U viel geringer sein als beim ^{14}C; ein ^{238}U-Atom zerfällt weniger wahrscheinlich als ein ^{14}C-Atom. Zerfall mit geringerer Wahrscheinlichkeit bedeutet größere Halbwertszeit. Mit dieser Vorstellung versuchen wir nun eine quantitative Aussage über die Anzahl der in jeder Sekunde zerfallenen Atome zu treffen.

Hierzu vereinbaren wir, daß die »Wahrscheinlichkeit des Zerfalls« p angibt, wie groß die Anzahl ΔN der innerhalb einer Zeitspanne Δt zerfallenden Atome ist, wobei N die Anzahl der momentan vorhandenen Atome sei (nicht verwechseln mit dem chemischen Symbol!) und nehmen an, daß sich p mit der Zeit nicht ändert:

$$p = \frac{\Delta N/N}{\Delta t} \qquad\qquad (2)$$

Bei dieser Vereinbarung muß Δt deutlich kleiner sein als z.B. die Halbwertszeit, denn sonst wäre ΔN so groß, daß N schon während Δt merklich abnimmt, also nicht mehr die »Anzahl momentan vorhandener Atome« beschreibt (dieser Aspekt wird später im Zusammenhang mit Gl. 3 deutlicher).

Die allgemein übliche Bezeichnung für p ist »die Zerfallskonstante«, und auch hier wird diese Bezeichnung fortan verwendet. Zunächst überlegen wir, welche Folgerung aus dem Zusammenhang (2) zu ziehen ist; diese Folgerung vergleichen wir dann mit realen Beobachtungen.

Ein einfaches Zahlenbeispiel soll die Bedeutung der Zerfallskonstante p klarmachen; wir wählen dafür den einfach überblickbaren Wert p = 0,1 s^{-1} (d. h. pro Sekunde zerfällt ein Zehntel der jeweils gerade vorhandenen Atome), gehen aus von einer Anfangsanzahl N = 10.000.000 und wählen Δt = 1 s (siehe Tabelle 3); die oben gemachte Einschränkung (N soll während Δt nicht merklich abnehmen) kann fürs erste gerade noch als näherungsweise erfüllt gelten.

Tabelle 3

Zeit Sekunden	zu diesem Zeitpunkt vorhanden N	innerhalb dieser Zeitspanne zerfallen ΔN
0	10.000.000	
		1.000.000
1	9.000.000	
		900.000
2	8.100.000	
		810.000
3	7.290.000	
		729.000
4	6.561.000	
		656.100
5	5.904.900	
		590.490
6	5.314.410	
		531.441
7	4.782.969	
		478.297
8	4.304.672	
		430.467

Man sieht, daß die Anzahl der jeweils vorhandenen Atome (zweite Spalte) bei gleichgroßen Zeitschritten um jeweils immer den gleichen Faktor abnimmt; der Zeitschritt, welcher die Abnahme auf 50% bewirkt, beträgt etwa 6,6 s (überzeugen Sie sich davon, daß diese Aussage auch gilt, wenn die Zeitmessung bei 1 s, oder bei 2 s, oder bei 3 s beginnt).

Genau diesen durch die Annahme von Gl. (2) vorausberechneten Typ zeitlichen Verlaufs findet man bei wirklichen Messungen an instabilen Atomen wieder; Fig. 2 ist ein Beispiel dafür: Auch dort nimmt die Anzahl der jeweils vorhandenen Atome bei gleichgroßen Zeitschritten jeweils um den gleichen Faktor ab. Aus dieser Übereinstimmung kann man schließen, daß Gl. (2) mit der Annahme zeitlicher Konstanz von p ein sinnvoller Ansatz ist (»Zerfallsgesetz«).

Kehren wir nochmal zu unserem Zahlenbeispiel zurück, gewissermaßen mit geschärftem Blick: Vielleicht wenden Sie ein, daß eigentlich nicht einzusehen ist, daß die Atome sich in ihrem Zerfallsprozeß an unseren Sekundenrhythmus halten sollen. Warum soll immer die genau am Anfang der vollen Sekunde vorliegende Anzahl dafür entscheidend sein, wieviel zerfällt? Dieser Einwand ist richtig. Es wäre besser, wenn man das ganze Zahlenbeispiel mit kleineren Zeitschritten durchrechnen würde, denn es entscheidet sich nicht im Sekundentakt, sondern quasi permanent, ob ein Atom zerfällt oder nicht. Wählen wir also als Zeitschritt $\Delta t = 0,1$ s. Damit ist auch die oben gemachte Einschränkung (N soll während Δt nicht merklich abnehmen) noch besser erfüllt (siehe Tabelle 4).

Tabelle 4

Zeit Sekunden	zu diesem Zeitpunkt vorhanden N	innerhalb dieser Zeitspanne zerfallen ΔN
0	10.000.000	
		100.000
0,1	9.900.000	
		99.000
0,2	9.801.000	
		98.010
0,3	9.702.990	
		97.030
0,4	9.605.960	
		96.060
0,5	9.509.900	
		95.099
0,6	9.414.801	

207

		94.148
0,7	9.320.653	
		93.206
0,8	9.227.447	
		92.274
0,9	9.135.173	
		91.352
1,0	9.043.821	

Man sieht, die in Tabelle 3 und in Tabelle 4 berechneten Werte für N zum Zeitpunkt $t = 1,0$ s unterscheiden sich nur um etwa 0,5% (die Rundungsfehler machen noch viel weniger aus). Würde man Tabelle 4 fortschreiben, so würde auch hierbei eine Halbwertszeit herauskommen, die wieder zwischen 6 s und 7 s liegt. Auch eine noch weitere Verfeinerung der Zeitschritte würde an dieser Aussage nichts mehr ändern, aber den genauen Wert der Halbwertszeit immer besser erkennen lassen. Ein mathematisches Verfahren, das diese Verfeinerung der Zeitschritte so weit treibt, daß diese unendlich kurz werden und damit dem oben gemachten Einwand voll gerecht wird, liefert das Ergebnis für die Halbwertszeit $T_{1/2}$

$$T_{1/2} = \frac{\ln 2}{p} = \frac{0,693}{p} \tag{3}$$

Für unser in Tabelle 3 und 4 gegebenes Zahlenbeispiel mit $p = 0,1$ s^{-1} ergibt sich hieraus: $T_{1/2} = 6,93$ s; an diesen Wert haben wir uns mit den großen Zeitschritten in Tabelle 3 schon gut angenähert. Für den ^{14}C-Zerfall erhält man aus $T_{1/2} = 5.730$ y mit (3): $p = 3,85 \cdot 10^{-12}$ s^{-1}.

Dieser Zahlenwert der Zerfallskonstante ist ziemlich klein, aber bei großer Anzahl der dem Zerfall unterliegenden Atome ergibt sich doch eine beachtliche Zerfallsrate: In frischem Kohlenstoff sind $L/A = \frac{6,02 \cdot 10^{23}}{12} \frac{C\text{-Atome}}{\text{Gramm}}$ enthalten, also $1,3 \cdot 10^{-12} \cdot \frac{6,02 \cdot 10^{23}}{12} \frac{^{14}C\text{-Atome}}{\text{Gramm}} = 6,5 \cdot 10^{13} \frac{^{14}C\text{-Atome}}{\text{kg Kohlenstoff}}$. Die Anzahl der hieraus pro Sekunde erfolgenden Zerfälle erhält man aus Gl. (2): $\frac{\Delta N}{\Delta t} = p \cdot N = 3,85 \cdot 10^{-12} \cdot 6,5 \cdot 10^{13} = 250 \frac{^{14}C\text{-Zerfälle}}{\text{Sekunde kg Kohlenstoff}}$.

Auch in Ihrem Körper ist frischer Kohlenstoff vorhanden und aus jedem Kilogramm davon zerfallen pro Sekunde 250 ^{14}C-Atome.

Bevor Sie sich zum Schluß ein weiteres Beispiel zur Erläuterung von Gl. 2 und Gl. 3 ansehen, wollen Sie vielleicht noch Klarheit haben über die weiter oben gemachte Einschränkung zur Vorhersagbarkeit der genauen Anzahl von Zerfällen pro Zeitspanne. Welche Einschränkung ist das? Betrachten Sie z.B. in Tabelle 3 die Zahlenwerte in der dritten Spalte: Hier steht, daß innerhalb der ersten Sekunde 1.000.000 Atome zerfallen. Diese »scharfe« Aussage muß eingeschränkt werden; es gibt nämlich keinen Grund dafür, daß immer ein ganz genau bestimmter Prozentsatz zerfällt: Es müssen nicht genau 1.000.000 Atome sein, sondern es können auch mehr oder weniger sein (kein Atom weiß, wieviele andere schon zerfallen sind; zufällig könnte es geschehen, daß besonders viele erst später zerfallen, also die Zahl 1.000.000 bei weitem nicht erreicht wird). Bei mehrfacher Wiederholung des gleichen Experiments (gleiche Anfangszahl, gleiche Zeitspanne) könnte sehr wohl auch herauskommen $\Delta N^* = 999.999$, oder 999.082, oder $1.000.417$, oder $1.000.738$ oder sogar noch erheblich mehr oder weniger, z.B. 988.100. Aber trotzdem hat die Aussage von Gl. 2 »es zerfallen $\Delta N = p \cdot \Delta t \cdot N$ Atome« eine Bedeutung: ΔN ist der Mittelwert, dem man sich nähern würde, wenn man sehr viele solcher Beobachtungen ΔN^* hätte. Leider kann man aber praktisch immer nur wenige Messungen machen, und deshalb will man wenigstens wissen, wie weit etwa ein einzelner Meßwert wahrscheinlich von diesem Mittelwert entfernt sein kann. Hierzu gibt es eine einfache mathematische Aussage: Wenn man viele Meßwerte ΔN^* hat (z.B. die vorher genannten), so liegt etwa bei 69% von ihnen der obengenannte nach Gl. 2 berechnete Wert ΔN im Bereich $\Delta N = \Delta N^* \pm \sqrt{\Delta N^*}$. Von den fünf vorher genannten Meßwerten ΔN^* liegen vier innerhalb dieses Bereichs, einer liegt außerhalb. In dieser vom statistischen Charakter des Zerfallsprozesses herrührenden Unsicherheitstoleranz hat auch der Fehlerbereich bei der Altersbestimmung (z.B. 3.650 ± 180 Jahre) seine Ursache.

Und nun zu einem praktischen Beispiel zur Erläuterung von Gl. 2 und Gl. 3: Woher kennt man die sehr großen Halbwertszeiten, wie sie z.B. in Tabelle 1 vorkommen? Wie eine relativ kurze Halbwertszeit bestimmt wird, kann man sich im Prinzip leicht vorstellen: Man hat eine Probe und bestimmt nach einiger Zeit immer wieder, wie viele Atome davon noch vorhanden sind: Wenn die Halbwertszeit der Probe im Bereich Stunden oder Monate liegt, so wird man die Antwort bald haben. Wie aber, wenn die Halbwertszeit 10^{10} Jahre beträgt? Man kann nicht abwarten, bis die anfängliche Anzahl der Atome merklich abgenommen hat; aber trotzdem ist eine Antwort möglich! Es werden innerhalb von Stunden oder Tagen nur sehr wenige Atome zerfallen, aber jeden einzelnen Zerfall kann man dadurch identifizieren, daß dabei ein leicht nachweisbares Teilchen emittiert wird: Beim ^{14}C ist es ein Elektron, bei ^{232}Th ist es ein α-Teilchen (dieses besteht aus zwei Protonen und zwei Neutronen). Man bestimmt auf diese Weise die (sehr kleine) Zerfallskonstante p nach Gl. 2 und berechnet daraus $T_{1/2}$ nach Gl. 3: Zum Beispiel präpariert man 1 mg ^{232}Th (die Masse eines

^{232}Th-Atoms ist $232 \cdot u = 232 \cdot 1{,}66 \cdot 10^{-24}$ g $= 3{,}86 \cdot 10^{-22}$ g); die Anzahl N der in 1 mg vorliegenden Atome beträgt demnach $N = 10^{-3}$ g$/3{,}86 \cdot 10^{-22}$ g $= 2{,}6 \cdot 10^{18}$. Nun beobachtet man, wieviele Atome aus diesem 1 mg pro Sekunde zerfallen, indem man die Anzahl der pro Sekunde emittierten α-Teilchen zählt (Zählrohr oder Szintillationszähler). Man findet

$$\frac{\Delta N}{\Delta t} = 4{,}1 \ \frac{\text{Zerfälle}}{\text{Sekunde}}$$

Nach Gl. 2 ist

$$p = \frac{1}{N} \frac{\Delta N}{\Delta t} = \frac{4{,}1 \ \text{s}^{-1}}{2{,}6 \cdot 10^{18}} = 1{,}6 \cdot 10^{-18} \text{s}^{-1}$$

Aus Gl. 3 erhalten wir somit:

$$T_{1/2} = \frac{0{,}693}{p} = \frac{0{,}693}{1{,}6 \cdot 10^{-18} \ \text{s}^{-1}} = 0{,}44 \cdot 10^{18} \ \text{s} = 1{,}4 \cdot 10^{10} \ \text{y} \ .$$

Eigentlich ein faszinierendes Ergebnis: Wir haben eine Halbwertszeit bestimmt, die man direkt niemals feststellen könnte. Dies ist möglich geworden, weil wir eine riesige Menge von Atomen ($2{,}6 \cdot 10^{18}$) vorliegen hatten und daraus einzelne Zerfallsprozesse beobachtet und abgezählt haben.

Wärme, eine Energie besonderer Art

Potentielle Energie, kinetische Energie, elektrische Energie – das sind Energieformen, die leicht zu beschreiben sind und für deren gegenseitige Umwandlung bei Energieerhaltung es viele Beispiele im Bereich der Schulphysik gibt. Diese Energieformen kann man auch dazu verwenden, die Temperatur eines Körpers zu erhöhen; man sagt dann, man hat die »innere Energie« des Körpers erhöht: Dabei darf man sich vorstellen, daß die einzelnen atomaren Bausteine des Körpers statistisch verteilt eine höhere kinetische Energie erhalten; eine Änderung allein der inneren Energie äußert sich nach aussen allein durch eine Änderung seiner Temperatur. Wenn man die innere Energie eines Körpers vergrößert oder verringert, so hat man ihm »Wärme« (manchmal auch genannt »Wärmeenergie«) zugeführt oder entzogen.

Eine leicht zu verstehende quantitative Beschreibung von Wärme bezieht sich auf die Temperaturerhöhung von Wasser: Will man die Temperatur von 1 kg Wasser um 1 Grad erhöhen, so muß man diesem einen bestimmten Energiebetrag zuführen, aber natürlich nicht dadurch, daß man dem Wasser (mitsamt Gefäß) insgesamt eine höhere potentielle oder eine höhere kinetische Energie erteilt: Man führt diesen Energiebetrag zu in Form von »Wärme«. Dazu gibt es bekanntlich verschiedene Möglichkeiten, z. B. Feuer oder einen elektrisch oder durch Reibung aufgeheizten Körper.

Dieser bestimmte Energiebetrag ist 4186,8 Joule (genau genommen stimmt das nur, wenn der Temperaturanstieg von 14,5 °C auf 15,5 °C erfolgt; ein praktischer Merkwert ist 4,2 kJ, was für viele Zwecke genügend genau ist). Eine Vorstellung von der Größe dieses Energiebetrags kann man sich leicht zurechtlegen: Die potentielle Energie eines Körpers der Masse 10 kg, der vom Erdboden aus 42 m hochgehoben worden ist, hat zugenommen um $mgh = 10 \text{ kg} \cdot 10 \text{ m/s}^2 \cdot 42 \text{ m} = 4200 \text{ N} \cdot \text{m} = 4,2 \text{ kJ}$. Wenn man diesen Körper frei fallen läßt, so hat er unmittelbar vor Erreichen des Erdbodens die kinetische Energie 4,2 kJ; wird der fallende Körper aber durch Reibung so abgebremst, daß er mit der Geschwindigkeit Null am Boden ankommt, so hat man die gesamte potentielle Energie umgewandelt in kinetische Energie der atomaren Bausteine in der Bremse, also in einen Zuwachs an innerer Energie: Die Bremse wird warm. Würde man den gesamten Zuwachs an innerer Energie übertragen auf 1 kg Wasser, so würde dessen Temperatur gerade um 1 °C steigen. Dieser Zusammenhang zwischen Temperaturanstieg und zugeführter Energie geht aus Experimenten hervor, welche im Prinzip so verlaufen wie beschrieben, wobei man aber in der praktischen Durchführung einige Sorgfalt aufwenden muß.

Vielleicht wundern Sie sich, daß ziemlich viel Energie nötig ist, um Wasser zu erwärmen, denn ein 10 kg-Stück um 42 m anzuheben ist ziemlich viel Arbeit, und für jedes weitere Grad und für jeden weiteren Liter Wasser braucht man immer wieder 4,2 kJ! Übrigens, Wasser benötigt mehr Energie zur Temperaturerhöhung als die allermeisten anderen Stoffe, gleiche Masse vorausgesetzt; z. B. Kieselsteine würden bei gleicher Wärmezufuhr eine etwa fünfmal größere Temperaturerhöhung erfahren.

Man kann die Richtung der Energieübertragung auch umkehren, also innere Energie umwandeln in eine der eingangs genannten makroskopischen Energieformen, z. B. im Verbrennungsmotor oder in der Dampfturbine, aber leider gelingt diese Umwandlung (in periodisch arbeitenden Maschinen) aus prinzipiellen Gründen nicht vollständig. Schon in dieser zunächst merkwürdig erscheinenden Ausnahme zeigt sich die Besonderheit der Energieform Wärme.

Wärme bei verschiedenen Temperaturen

Natürlich ist Ihnen klar, daß man Wärme nützen kann, um einen anderen Körper aufzuheizen (der heiße Tauchsieder oder die heiße Herdplatte liefern Wärme in das zu heizende Wasser) und daß dazu die Temperatur des Heizkörpers höher sein muß als die des aufzuheizenden Körpers. Wenn die Temperatur der Heizplatte z. B. nur 40 °C beträgt, so ist deren innere Energie offenbar nicht unmittelbar dazu nutzbar, um z. B. Wasser auf mehr als 40 °C zu erwärmen. Wäre aber die in dieser Heizplatte steckende innere Energie auf eine Heizplatte kleinerer Masse konzentriert, so hätte diese eine höhere Temperatur und das Wasser könnte auf mehr als 40 °C erwärmt werden!

An einem konkreten Beispiel wird dies deutlicher: Stellen Sie sich vor, Sie haben eine große Heizplatte A (10 kg Eisen) und eine kleine Heizplatte B (1 kg Eisen), beide zunächst auf Zimmertemperatur (20 °C). Nun beheizen Sie beide Platten in gleicher Weise elektrisch, wobei jeweils die gleiche Energie (0,02 kWh) zugeführt wird. Dabei erhöht sich die Temperatur von A um 16 °C auf 36 °C und die von B um 160 °C auf 180 °C. Für die vom Elektrizitätswerk gelieferte Energie muß in beiden Fällen der gleiche Betrag bezahlt werden, aber trotzdem: Die heiße Platte B eröffnet mehr Möglichkeiten zur Nutzung als die nur handwarme Platte A: Zum Beispiel Wasser von 36 °C kann von Platte A nicht mehr weiter erwärmt werden, von Platte B aber sehr wohl. Wärme, die bei höherer Temperatur vorliegt, ist besser nutzbar.

Der aufgeheizte Körper, z. B. das heiße Wasser, liefert die aufgenommene Wärme irgendwann wieder ab: Dazu gibt es verschiedene Möglichkeiten (an das Gefäß, an das Zimmer, an die Kanalisation), aber dabei bleibt die Gesamtsumme der inneren Energie aller beteiligten Körper immer unverändert (Energieerhaltung!); allerdings »degeneriert« die jeweils übertragene Wärme dabei leider mehr und mehr: Die Temperatur, bei der die Wärme vorliegt, nähert sich immer mehr der Umgebungstemperatur, und deshalb wird die Wärme immer weniger nutzbar. Der entscheidende Prozeß dabei ist, daß Wärme aus einem wärmeren Körper (Temperatur T_1) von selbst auf einen kälteren Körper (T_2) übergeht. Übersetzt man in Gedanken T_1 und T_2 in Höhenlage h_1 und h_2, so ergibt sich eine einfache Vorstellung: So wie eine Kugel den Berg von h_1 nach h_2 hinunterrollt, so strömt Wärme das Temperaturgefälle von T_1 nach T_2 hinunter; wieviel Wärme dabei innerhalb bestimmter Zeit übertragen wird, hängt ab von den näheren Umständen (s. w. u.).

Angesichts der alltäglichen Erfahrung erscheint die Feststellung »Wärmeübergang von selbst nur in Richtung des Temperaturgefälles« einigermaßen selbstverständlich zu sein, aber sie führt auch zu weitergehenden Überlegungen: Der umgekehrte Prozeß, das Aufheizen eines wärmeren Körpers unter entsprechender Abkühlung eines kälteren (also ein Wärmeübergang entgegen der Richtung des Temperaturgefälles) kommt »von selbst« in der Natur nicht vor. Niemand wird erwarten, daß z. B. ein Topf mit kaltem Wasser, auf einer kalten Herdplatte stehend, sich von selbst erwärmt: Dazu müßte z. B. die Herdplatte Wärme an den Topf abgeben, sich also abkühlen; die Wärme müßte dabei von selbst entgegen dem Temperaturgefälle strömen. Aber dennoch: Unter Zutun kann man diesen Prozeß realisieren! Der Kühlschrank ist ein Beispiel dafür: Aus dessen kaltem Innenraum (T_2) wird Wärme abgeholt und diese Wärme wird über den Wärmeaustauscher (meist an der rückseitigen Außenwand des Kühlschranks angebracht) an das umgebende warme Zimmer (T_1; $T_1 > T_2$) abgegeben. Hier wird, mit Hilfe der Kühlmaschine, Wärme entgegen der Richtung eines Temperaturgefälles, also gewissermaßen »bergaufwärts«, übertragen.

Vielleicht haben Sie hier die Idee, daß es möglich sein müßte, mit einer Kühlmaschine das Zimmer zu heizen: Die Wärme zur Heizung des Zimmers kann man aus dem Inneren des Kühlschranks oder – noch besser – außerhalb des Hauses, bei tiefer Außentemperatur, abholen. Gerade für den Fall, daß die Außentemperatur niedriger ist, also z. B. im Winter, erweist sich diese Idee als attraktiv! Die Kühlmaschine – in diesem Fall nennt man sie »Wärmepumpe« – holt Wärme aus dem kalten Außenbereich (T_2) ab (wodurch dieser noch ein wenig kälter wird) und liefert sie bei höherer Temperatur (T_1) im Zimmer ab. (Wenn die Außentemperatur höher ist als die gewünschte Zimmertemperatur, so strömt Wärme von selbst, wegen des Temperaturgefälles, ins Zimmer hinein.)

Vermuten Sie, daß man zum Betreiben einer solchen Wärmepumpe soviel Arbeit aufwenden muß, daß es günstiger wäre, diese aufgewen-

dete Arbeit unmittelbar in Wärme umzuwandeln (z. B. über Reibungsprozesse) und damit das Zimmer direkt zu heizen? Weit gefehlt! Eine
detaillierte Betrachtung zeigt, daß eine Wärmepumpe erheblich mehr
Wärme abliefern kann! Im Idealfall wird bei Arbeitsaufwand W (zum
Betreiben der Wärmepumpe) im warmen Zimmer (bei T_1) die Wärme
Q_2 abgeliefert, wobei im kalten Außenbereich (T_2) die Wärme Q_2 abgeholt wird:

$$Q_1 = W \frac{T_1}{T_1 - T_2} \tag{1}$$

$$Q_2 = Q_1 \frac{T_2}{T_1} \tag{2}$$

(Die Temperaturangaben sind hier nicht in Celsius-Graden, sondern
in der absoluten Temperaturskala K »Kelvin« einzusetzen: K = °C +
273). Man sieht hier unmittelbar, daß Q_1 erheblich größer sein kann
als W; die Vermutung, unmittelbares Heizen mit W könnte am güns-
tigsten sein, stimmt also nicht, denn dann wäre $Q_1 = W$. Man kann sich
leicht davon überzeugen, daß aus (1) und (2) hervorgeht $Q_1 = W + Q_2$.
Wenn z.B. die Temperatur des Heizkörpers im Zimmer 47°C betragen
soll (d.h. T_1 = 320 K) und die Außentemperatur –3°C beträgt (d.h. T_2 =
270 K), so ergibt sich

$$Q_1 = W \cdot \frac{320}{320 - 270} = W \cdot 6,4$$

Es wird also etwa sechsmal soviel an Wärme im Zimmer abgeliefert,
als es bei unmittelbarer Umwandlung von W in Wärme der Fall wäre.
Dieser Vorteil kommt dadurch zustande, daß ein großer Anteil von Q_1
aus der kalten Umgebung abgeholt wird:

$$Q_2 = W \cdot 6,4 \cdot \frac{270}{320} = W \cdot 5,4$$

Leider ist aber die bei (1) und (2) gemachte Einschränkung »im Idealfall« ziemlich schwerwiegend. Praktisch realisierte Wärmepumpen erreichen den Idealfall, also auch die Zahlenwerte des Beispiels, nicht;
man kann aber erwarten, daß in nicht allzuferner Zukunft die tech-
nische Entwicklung dem Idealfall so weit nahekommt und die An-
schaffungskosten so weit sinken werden, daß das Heizen mit Wärmepumpe ein mehr und mehr gangbarer und attraktiver Weg zum Ein-
sparen von Brennmaterial sein wird.

Ganz am Anfang war die Rede davon, daß kinetische Energie in innere Energie umgewandelt werden kann, und zwar vollständig. Betrachten wir jetzt den umgekehrten Prozeß: Ein Zuwachs an innerer Energie (welcher z.B. durch die aus der Verbrennung von Benzin zugeführte Wärme erfolgt ist) soll in Arbeit umgewandelt werden. Vorrichtungen, welche dies bewirken, gibt es verschiedene: Den Verbrennungsmotor, die Dampfmaschine, die Dampfturbine, das Düsentriebwerk u.a.

Natürlich möchte man aus einer gegebenen Wärmemenge möglichst viel an Arbeit gewinnen. Wieviel dies in einem alltäglichen Beispiel ist, soll die folgende Abschätzung zeigen, in der wir die von einem Motor erbrachte Arbeit vergleichen mit der durch die Benzinverbrennung gegebenen Wärmemenge: Der Motor eines Mittelklasseautos erbringt bei Vollgas z.B. 90 kW mechanische Leistung. Auf ebener Strecke wird dabei etwa die Geschwindigkeit 150 km/h erreicht, und damit ergibt sich bei gleichmäßiger Fahrt für die Fahrstrecke 100 km die Fahrzeit 2.400 Sekunden; die auf dieser Strecke vom Motor erbrachte Arbeit W, das Produkt aus Leistung und Zeit, beträgt also

$$W = 90 \text{ kW} \cdot 2400 \text{ s} = 2{,}16 \cdot 10^5 \text{ kJ}.$$

Auf dieser Gewaltfahrt werden ca. 16,5 Liter Benzin verbraucht. Aus der Verbrennung von Benzin wird die Wärme $3{,}5 \cdot 10^4$ kJ/Liter freigesetzt, d.h. die während der ganzen Fahrt freigesetzte Verbrennungswärme beträgt

$$Q_1 = 16{,}5 \text{ Liter} \cdot 3{,}5 \cdot 10^4 \text{ kJ/Liter} = 5{,}80 \cdot 10^5 \text{ kJ}.$$

Vergleichen Sie nun W mit Q_1: Nur etwa 37% der aus dem Benzin freigesetzen Wärmemenge wird in Arbeit umgesetzt!

Vielleicht vermuten Sie, daß dieser geringe Prozentsatz an der im gewählten Beispiel – gelinde gesagt – sehr extremen Fahrweise liegt? Bei zurückhaltender Fahrweise (z.B. 100 km/h, dabei werden etwa nur 33% der vollen Motorleistung erbracht, also 30 kW, wobei der Benzinverbrauch etwa 7,5 Liter auf 100 km beträgt) ergibt sich auf der gleichen Fahrstrecke

$$W = 30 \text{ kW} \cdot 3600 \text{ s} = 1{,}08 \cdot 10^5 \text{ kJ}$$

$$Q_1 = 7{,}5 \text{ Liter} \cdot 3{,}5 \cdot 10^4 \text{ kJ/Liter} = 2{,}63 \cdot 10^5 \text{ kJ}.$$

Nun werden immerhin 41% der Wärme in Arbeit umgesetzt, was aber auch noch auffällig wenig ist. Natürlich wünscht man sich, daß ein größerer Prozentsatz, möglichst nahezu 100%, umgesetzt wird!

Aber wenn man sich es auch noch so sehr wünscht, eine hundertprozentige Umwandlung von Q_1 in W kann prinzipiell nicht erreicht werden. Damit ist nicht der Einfluß von etwaigen technischen Unvollkommenheiten (z. B. unvollständige Verbrennung, Verluste durch Reibungsprozesse u. ä.) gemeint – auch eine ideal verlustfrei funktionierende Maschine wird eine gegebene Wärmemenge Q_1 nie zu 100 % in Arbeit W umwandeln können (wenn ihre Funktionsweise in periodisch aufeinanderfolgenden Arbeitsgängen besteht, was bei allen praktisch verwendeten Maschinen der Fall ist).

Qualitativ läßt sich diese Aussage folgendermaßen nachvollziehen: Gegeben sei eine Modellmaschine mit einem Zylinder, in dem sich ein Kolben reibungsfrei hin- und herbewegen kann; in dem Zylinder eingeschlossen sei ein Gas. Zunächst wird, von außen, die Zylinderwand und damit auch das eingeschlossene Gas aufgeheizt auf die Temperatur T_1. Das Gas übt deshalb auf die Zylinderwand und den Kolben einen größeren Druck aus; es expandiert und der Kolben wird mit einer gewissen Kraft nach außen geschoben, wobei Arbeit (Kraft mal Kolbenweg) erbracht wird. Man kann dabei tatsächlich erreichen, daß die erbrachte Arbeit W_1 gleich der zugeführten Wärmemenge Q_1 ist, aber leider ist man damit noch nicht fertig: Der Kolben soll ja wieder und wieder Arbeit erbringen, nicht nur dieses eine Mal. Dazu muß man den Kolben, nachdem er nach außen geschoben wurde, wieder in den Zylinder zurückschieben, das Gas muß also wieder komprimiert werden; erst danach kann wieder Q_1 zugeführt und W_1 erbracht werden. Entscheidend ist nun zu sehen, daß zum Zurückschieben des Kolbens, also zum Komprimieren des Gases, eine Arbeit W_2 aufgewendet werden muß. Man möchte natürlich erreichen, daß W_2 möglichst gering ist, denn umso größer ist die übrigbleibende Nettoarbeit ($W = W_1 - W_2$). W_2 ist kleiner als W_1, wenn das Gas kälter als vorher ist (Temperatur T_2, die Zylinderwand sei jetzt – im Gegensatz zu vorher – gekühlt); während des Komprimierens wird die Wärmemenge Q_2 (sie entspricht der Kompressionsarbeit W_2) an die gekühlte Zylinderwand abgeführt. Insgesamt: Nur ein Teil der ursprünglich dem Gas zugeführten Wärme Q_1 wird in Nettoarbeit W umgewandelt; der fehlende Teil wird als Wärme Q_2 bei tieferer Temperatur T_2 abgegeben.

Eine genaue rechnerische Behandlung der Expansions- und Kompressionsprozesse wäre hier zu kompliziert, aber das Ergebnis ist einfach: Der optimale Fall liegt vor – man nennt den dabei durchlaufenen Prozeß den »Carnot-Prozeß« – wenn folgende Beziehung erfüllt ist:

$$\frac{Q_2}{Q_1} = \frac{T_2}{T_1} \tag{3}$$

Nach dem Energieerhaltungssatz beträgt die Nettoarbeit

$$W = Q_1 - Q_2 \qquad (4)$$

Durch Einsetzen von (3) in (4) folgt ein wichtiges Ergebnis:

$$\frac{W}{Q_1} = 1 - \frac{T_2}{T_1} \qquad (5)$$

Das Verhältnis W/Q_1 heißt der thermodynamische Wirkungsgrad; auch hier (und ebenso in (3)) sind die Temperaturwerte in Kelvin einzusetzen. Man interessiert sich speziell für den Quotienten W/Q_1, weil Q_1 diejenige Wärmemenge ist, die bei der höheren Temperatur zur Verfügung steht und man diese so weit wie möglich in Nettoarbeit umgewandelt haben möchte; Q_2 ist aus Q_1 abgezweigt, steht bei der tieferen Temperatur zur Verfügung und ist deshalb weniger wertvoll als vorher.

Ein Zahlenbeispiel verdeutlicht Gl. (5): Beträgt z.B. die Temperatur, bei der Q_1 zur Verfügung steht, 500°C (T_1 = 773 K) und erfolgt das Ableiten von Q_2 bei Umgebungstemperatur (T_2 = 293 K), so erreicht man mit einer Maschine, die nach dem Carnot-Prozeß arbeitet,

$$\frac{W}{Q_1} = 1 - \frac{293}{773} = 0,62$$

d.h. 62% der eingespeisten Wärme Q_1 werden (im nie ganz erreichbaren Idealfall) von der Maschine in Arbeit W umgewandelt, die restlichen 38% werden an die Umgebung als Wärme Q_2 abgegeben. Wäre T_1 um 200 Grad höher, so wäre der Wirkungsgrad 70%. Die hier gezeigte Tendenz gilt allgemein: Ein Kraftwerk kann Wärme umso effektiver in Arbeit umwandeln (z.B. zum Antreiben von elektrischen Generatoren), je höher die Temperatur T_1 (»Hochtemperaturkraftwerk«) und je tiefer die Kühltemperatur T_2 (z.B. Umgebungstemperatur) ist. Hier sieht man besonders deutlich, daß eine bestimmte Wärmemenge höherwertig ist, wenn sie bei höherer Temperatur zur Verfügung steht. Wenn die Kühltemperatur noch merklich über 20°C liegt, so kann Q_2 noch als »Niedertemperaturwärme« z.B. zum Heizen von Wohnhäusern verwendet werden.

Warum haben wir im Zahlenbeispiel für T_2 die Umgebungstemperatur T_U eingesetzt? Dies ist nicht nur eine vordergründig realistische Annahme, sondern es ist erforderlich, weil man – letzten Endes zwangsläufig – mit der Umwelt Energie austauschen muß. Zwar könnte man z.B. anstelle des obigen Beispiels (mit $T_2 = T_U$) ein Kühlbad der tieferen Temperatur T_2^* verwenden und damit wäre nach

Gl. (5) eine größere Arbeit W^* zu erzielen, wobei die geringere Wärme Q_2^* an dieses Kühlbad abgegeben wird. Leider kann man sich darüber nicht freuen, denn von W^* muß man wieder etwas abgeben: Um die Temperatur T_2^* im Kühlbad auf Dauer halten zu können, muß Q_2^* mit Hilfe einer zusätzlichen Wärmepumpe aus diesem Kühlbad entfernt und – letzten Endes – in der Umwelt bei T_U abgeliefert werden. Zum Betreiben dieser zusätzlichen Wärmepumpe muß aber Arbeit aufgewendet werden; im Endergebnis erzielt man nicht mehr Nettoarbeit als mit $T_2 = T_U$ direkt.

Umkehrbar oder nicht umkehrbar (...das ist hier die Frage)

Betrachten Sie nochmal die bekannte Tatsache, daß Wärme von selbst in Richtung des Temperaturgefälles (»bergabwärts«) strömen kann, nicht aber von selbst in Gegenrichtung (»bergaufwärts«): Die Wärmeströmung »bergaufwärts« (der heiße Körper wird noch heißer, der kalte wird dabei noch kälter) kommt von selbst in der Natur nicht vor, obwohl der Energieerhaltungssatz dabei erfüllt werden könnte.

Es gibt viele Prozesse, die wie die Wärmeleitung von selbst nur in einer Richtung ablaufen: Zum Beispiel ein sich drehendes Rad wird aufgrund der Reibung im Radlager langsamer und dabei wird das Radlager erwärmt; auch hier erscheint es absurd zu erwarten, daß der umgekehrte Prozeß von selbst stattfindet (Abkühlung eines heißen Radlagers und dadurch Beschleunigung der Drehbewegung), obwohl der Energieerhaltungssatz dabei erfüllt werden könnte. Man nennt solche Prozesse, die von selbst nur in einer Richtung ablaufen, »nicht umkehrbar«, oder »irreversibel«.

Im Gegensatz dazu gibt es auch Prozesse, die (im Idealfall) von selbst in zwei entgegengesetzten Richtungen, also »vorwärts« oder »rückwärts« ablaufen können: Zum Beispiel die ungedämpfte Schwingung eines Pendels (potentielle Energie wird in kinetische Energie umgewandelt und umgekehrt), oder die reibungsfreie Bewegung im freien Fall (die durch eine elastische Unterlage umgewandelt wird in einen senkrechten Wurf), oder der Bewegungsablauf im elastischen Stoß zweier Körper; man nennt Prozesse dieses Typs »umkehrbar«, oder »reversibel«. Es gibt ein einfaches Rezept, sich eine Vorstellung über die Umkehrbarkeit eines Prozesses zu machen: Man denke sich vom Prozeß eine Filmaufnahme gemacht und lasse diesen in Gedanken erst vorwärts und dann rückwärts ablaufen (z.B. die Pendelschwingung, den freien Fall, den elastischen Stoß, oder das heißgelaufene Rad, ein gegen eine Mauer fahrendes Auto, der im Kaffee sich verteilende Milchtropfen). Man kann meist leicht entscheiden, ob der im rückwärts laufenden Film dargestellte Prozeß realistisch ist oder nicht. Ist er es nicht, so ist der gefilmte Prozeß irreversibel.

Um zu einer deutlichen Fassung der Begriffe »irreversibel« bzw. »reversibel« zu kommen, kehren wir nochmal zum oben beschriebenen Prozeß zurück: Aus einem heißen Körper (T_1) geht von selbst Wärme auf einen kälteren Körper (T_2) über, siehe Fig. 1a; dieser Prozess ist ir-

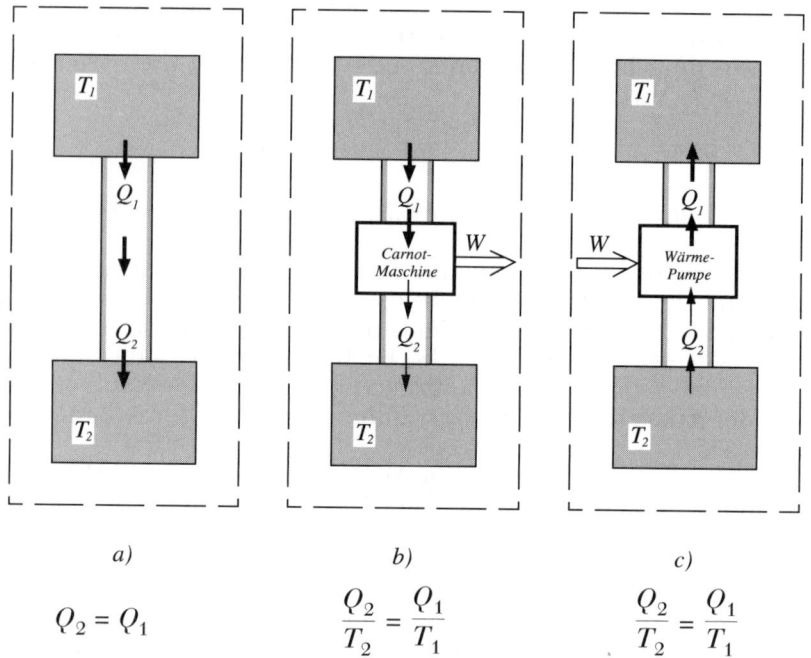

$$a)$$
$$Q_2 = Q_1$$

$$b)$$
$$\frac{Q_2}{T_2} = \frac{Q_1}{T_1}$$

$$c)$$
$$\frac{Q_2}{T_2} = \frac{Q_1}{T_1}$$

Fig. 1 a) *Wärmeübergang von einem wärmeren Körper (T_1) zu einem kälteren Körper (T_2), schematisch.*
b) Eine Carnot-Maschine holt die Wärme Q_1 vom heißen Körper (T_1) ab, wandelt einen Teil davon in mechanische Arbeit W um und liefert den Rest Q_2 der Energie am kalten Körper (T_2) ab.
c) Bei der Wärmepumpe sind die Pfeilrichtungen von b umgekehrt.
Die gestrichelte Linie soll darstellen, daß es sich in jedem Fall um ein »abgeschlossenes System« handelt: Sie ist jeweils die Begrenzung des abgeschlossenen Systems; es wird nirgends Wärme durch die Begrenzung hindurchtransportiert.

reversibel, denn er läuft nicht von selbst in umgekehrter Richtung ab. Ebenfalls einen heißen und einen kalten Körper hatten wir verwendet zum Betreiben einer Maschine nach dem Carnot-Prozeß (siehe Fig. 1b), wobei die Arbeit W von der Maschine abgegeben wurde. Ist dieser Prozeß – er ist in Fig. 1b schematisch dargestellt – reversibel oder irreversibel? Denken wir uns eine Filmaufnahme von der laufenden Maschine gemacht, und lassen wir den Film rückwärts ablaufen; dabei werden alle Pfeilrichtungen umgekehrt. Es wird Arbeit in die Maschine hineingesteckt (Antrieb) und Q_2 bzw. Q_1 strömt von unten nach oben (siehe Fig. 1c). Man sieht also eine laufende Wärmepumpe, welche bei der tieferen Temperatur T_2 die Wärme Q_2 abholt und bei der höheren Temperatur T_1 die Wärme Q_1 abliefert! Ein Vergleich der Gl. (5) mit Gl. (1), sowie Gl. (3) und Gl. (2) zeigt, daß sowohl Q_1 als auch Q_2 in Fig. 1b und 1c gleich sind, vorausgesetzt, daß W in beiden Fällen gleich groß ist (die Einfachheit des Vergleichs liegt darin, daß die ideale Wärmepumpe einfach die Umkehrung der Carnot-Maschine ist). Der rückwärts laufende Film zeigt also einen real möglichen Prozeß, d.h. der Carnot-Prozeß ist reversibel. Der typische Unterschied zur Wärmeleitung (Fig. 1a) liegt darin, daß dort das Temperaturgefälle nicht genutzt wird, um Arbeit zu gewinnen.

Wenn Sie sich die Gln. (1) bis (5) nochmal ansehen, dann erkennen Sie, daß der Neuigkeitsgehalt dieses Kapitels in Gl. (2) bzw. (3) steckt (die anderen Gleichungen gehen hervor aus der Verbindung mit dem Energieerhaltungssatz), d.h.

$$\frac{Q_2}{T_2} = \frac{Q_1}{T_1} \tag{6}$$

Dieser Zusammenhang gilt für die in Fig. 1b und 1c beschriebenen Prozesse, also für reversible Prozesse. Für den irreversiblen Prozeß in Fig. 1a gilt eine andere Beziehung: Dort ist $Q_2 = Q_1$, aber auch $T_2 < T_1$, also

$$\frac{Q_2}{T_2} > \frac{Q_1}{T_1} \tag{7}$$

Das Verhältnis Q/T spielt offenbar bei Prozessen, in denen Wärmeaustausch vorkommt, eine besondere Rolle. Es bestimmt folgendermaßen, ob ein Prozeß reversibel oder irreversibel ist: Man summiere für ein abgeschlossenes System (z.B. Fig. 1a, oder 1b, etc.) die in einem Prozeßablauf vorkommenden Größen Q/T (abgegebene Wärme ist negativ, aufgenommene ist positiv zu zählen). Ist das Ergebnis dieser Summation Null, so ist der Prozeß reversibel; ist das Ergebnis positiv, so ist der Prozeß irreversibel. Legt man z.B. Gl. (6) zugrunde, so ergibt diese Summation den Wert Null, denn der vom heißen Körper abgegebene Wert Q/T ist genauso groß, wie der vom kalten Körper aufgenommene Wert von Q/T. Legt man dagegen Gl. (7) zugrunde, so ergibt die Summation eine Zunahme von Q/T.

Hierbei bedeutet Q immer eine Wärmezufuhr oder einen Wärmeentzug. Die Größe Q/T beschreibt also eine Veränderung innerhalb eines Körpers der Temperatur T; man nennt sie die Änderung der »Entropie«:

$$Zunahme\ der\ Entropie = \frac{Wärmezufuhr}{abs.\ Temperatur}$$

$$Abnahme\ der\ Entropie = \frac{W\ddot{a}rmeentzug}{abs.\ Temperatur}$$

Damit lautet der in Fig. 1 dargestellte Sachverhalt: »Bleibt die gesamte Entropie eines Systems im Verlauf eines Prozesses konstant, so ist der Prozeß reversibel« (z.B. Fig. 1b, 1c). »Nimmt die gesamte Entropie eines Systems im Verlauf eines Prozesses zu, so ist der Prozeß irreversibel« (z.B. Fig. 1a).

Der in Fig. 1a dargestellte Prozeß ist offenbar deshalb irreversibel, weil $Q_2 = Q_1$, was eine Folge der verschenkten Gelegenheit ist, Arbeit zu gewinnen.

Zwei einfache Beispiele sollen die Anwendung des Begriffs »Entropie« illustrieren:

1) 100 g Eis von 0°C (T_2 = 273 K) werden mit einem heißen Körper der Temperatur 150°C (T_1 = 423 K) in Kontakt gebracht, bis das Eis geschmolzen ist; der heiße Körper habe eine so große Wärmekapazität, daß sich seine Temperatur dabei praktisch nicht ändert. Die spezifische Schmelzwärme von Eis beträgt 335 J/g.

Im Verlauf des Prozesses werden also 33,5 kJ vom heißen Körper abgegeben (Änderung der Entropie $Q/T = -33,5\,kJ/423\,K = -79$ J/K) und vom Eis aufgenommen (Änderung der Entropie $Q/T = +33,5$ kJ/273 K = 122 J/K). Insgesamt ändert sich die Entropie also um (–79 + 122) J/K = + 43 J/K; die Entropie des gesamten Systems nimmt also zu, d.h. der Prozeß ist irreversibel (von selbst wird der umgekehrte Prozeß – Bildung von 100 g Eis aus dem Schmelzwasser, wobei die freiwerdende Wärme in den heißen Körper hineinfließt – nicht stattfinden.).
2) 1 Liter Wasser von 40°C (T_1 = 313 K) wird gemischt mit 1 Liter Wasser von 20°C (T_2 = 293 K); die Mischungstemperatur ist 30°C.

Während das wärmere Wasser abkühlt (stellen wir uns kleine Schritte der Abkühlung um jeweils 1 Grad vor) gibt es Entropie ab (bei jedem Grad Temperaturabnahme wird Q = 4,2 kJ abgegeben), insgesamt sinkt dessen Entropie bis zum Erreichen der Mischungstemperatur:

$$Entropieabnahme = \frac{4,2\ kJ}{313\ K} + \frac{4,2\ kJ}{312\ K} + \ldots + \frac{4,2\ kJ}{304\ K}$$

Das kältere Wasser nimmt Wärme auf und dabei nimmt dessen Entropie zu:

$$\text{Entropiezunahme} = \frac{4{,}2 \text{ kJ}}{293 \text{ K}} + \frac{4{,}2 \text{ kJ}}{294 \text{ K}} + \ldots + \frac{4{,}2 \text{ kJ}}{302 \text{ K}}$$

Die Abnahme der Entropie ist geringer (die Nenner sind größer) als deren Zunahme, d.h. im Mischungsprozeß nimmt die Entropie insgesamt zu; der Mischungsprozess ist irreversibel (von selbst wird der umgekehrte Prozeß – Entmischung des 30°-Wassers in 20°-Wasser und 40°-Wasser nicht stattfinden).

Wärmebedarf zur Zimmerheizung

Wieviel Wärme wird unter gegebenen Umständen innerhalb bestimmter Zeit aus einem heißen Gegenstand auf einen kalten Gegenstand übergehen? Wieviel Wärme geht innerhalb einer Minute von der heißen Herdplatte durch den Topfboden über auf den Topfinhalt, wieviel aus dem menschlichen Körper durch die Bettdecke hindurch ins kalte Schlafzimmer, wieviel aus dem warmen Wohnzimmer durch die Hauswand hinaus an die kalte Winterluft?

Gerade letztere Frage erscheint praktisch interessant, denn die nach draußen verlorene Wärme muß ja durch Heizung nachgeliefert werden, will man die Temperatur im Zimmer konstant halten (außerdem ist dieses Beispiel auch der Modellfall, nach dem auch die anderen genannten Fragen analog bearbeitet werden können). Wir berechnen im folgenden, wieviel Wärme im Zimmer dauernd nachgeliefert werden muß, wenn Zimmer und Wände schon längere Zeit gleichbleibend beheizt worden sind (d.h. den Wärmebedarf zum möglicherweise zunächst nötigen Aufheizen von Zimmer und Wänden betrachten wir nicht). Stellen wir uns dazu etwa folgendes Zimmer vor: Zwei Wände der Abmessungen 2,5 m mal 6,0 m und 2,5 m mal 4,0 m sind Außenmauern (Eckzimmer); sie sollen bestehen aus Gasbeton, haben die Dicke 30 cm und (der einfacheren Rechnung halber) keine Fenster, d.h. die Fläche der Außenmauern beträgt 25 m². Alle anderen Wände, sowie Zimmerboden und -decke sollen an andere Zimmer mit gleicher Temperatur angrenzen, d.h. durch diese fließt keine Wärme ab. Die pro Zeitspanne Δt durch eine Mauer hindurchfließende Wärmemenge Q hängt ab von verschiedenen Faktoren: Von der Größe der Wandfläche A, von der Dicke d der Mauer, von der Temperaturdifferenz $(T_1 - T_2)$ zwischen innen und außen; die typische Materialeigenschaft (guter oder schlechter Wärmeleiter) wird beschrieben durch die »spezifische Wärmeleitfähigkeit« λ, deren allgemeine Bedeutung aus folgendem Zusammenhang ersichtlich wird:

$$\frac{Q}{\Delta t} = \lambda A \frac{T_1 - T_2}{d} \tag{8}$$

Dieser Zusammenhang ist durch Experimente nachprüfbar, und man kann seinen Gehalt auch leicht nachempfinden: Durch eine doppelt so große Wandfläche wird natürlich doppelt soviel Wärme pro Zeit hindurchfließen (Parallelschaltung von Mauerelementen), und bei doppelt so großer Mauerdicke wird halb soviel Wärme pro Zeit hindurchfließen (Serienschaltung von zwei Mauern hintereinander); vielleicht sehen Sie hierin eine Analogie zum elektrischen Leitwert (reziproker Wert des Widerstands).

Für unsere Betrachtung der aus dem Zimmer durch die Mauern hinausströmenden Wärme benötigen wir den Wert der spezifischen Wärmeleitfähigkeit für das Mauermaterial »Gasbeton«: $\lambda \approx 0{,}2$ W/K· m (die Werte für verschiedene Fabrikate streuen etwa im Bereich 0,15 bis 0,50 W/K·m; Ziegelmauerwerk, je nach Ziegelart, liegt meist im Bereich 0,4 bis 0,8 W/K·m). Für die Zimmertemperatur $T_1 = 20°C$ und die Außentemperatur $T_2 = -10°C$ ergibt sich nach (8)

$$\frac{Q}{\Delta t} = 0{,}2 \, \frac{W}{K \cdot m} \cdot 25 \, m^2 \cdot \frac{30 \, K}{0{,}3 \, m} = 500 \, W = 500 \, J/s \; {}^{*)}$$

Innerhalb von 24 Stunden entschwindet also die Wärme 24·3600 s· 500 J/s = 43.000 kJ nach draußen. Man könnte diese Wärmemenge mit

---

*) Im Baustoffhandel wird üblicherweise nicht die spezifische Wärmeleitfähigkeit von z.B. Bauziegeln angegeben, sondern der sogenannte »K-Wert« (nicht zu verwechseln mit K Kelvin); darin ist die Ziegeldicke (Mauerdicke) d schon eingerechnet: $K = \lambda/d$. Damit wird Gl. (8) zu

$$\frac{Q}{\Delta t} = K \cdot A \cdot (T_1 - T_2) \tag{8*}$$

Der in diesem Zahlenbeispiel verwendete Gasbetonziegel ($d = 0{,}3$ m) hat den K-Wert

$$K = \frac{0{,}2 \, W/K \cdot m}{0{,}3 \, m} = 0{,}66 \, W/K \cdot m^2$$

Man kann hieran sofort ablesen: 0,66 J/s strömen pro Quadratmeter Wandfläche und pro Grad Temperaturdifferenz durch die Mauer.
Der K-Wert erweist sich zur Berechnung von $Q/\Delta t$ aus folgendem Grund als sehr praktisch: Oft hat man eine Wand, die aus zwei verschiedenen Schichten besteht, z.B. eine Ziegelmauer (mit dem K-Wert K_1) und eine daraufgesetzte Isolierschicht (mit dem K-Wert K_2). Der K-Wert dieser gesamten Anordnung ergibt sich aus

$$\frac{1}{K} = \frac{1}{K_1} + \frac{1}{K_2} \quad ; \quad K = \frac{K_1 K_2}{K_1 + K_2}$$

Ist z.B. auf die vorher betrachtete Mauer ($K_1 = 0{,}66$ W/K·m^2) eine Isolierschicht aufgebracht, deren K-Wert $K_2 = 0{,}80$ W/K·m^2 beträgt, so wird der K-Wert dieser Doppelschicht

$$K = \frac{0{,}66 \cdot 0{,}80}{0{,}66 + 0{,}80} \, \frac{W}{K \cdot m^2} = 0{,}36 \, \frac{W}{K \cdot m^2} \; .$$

Hilfe einer Wärmepumpe wieder hereinholen (siehe voriges Kapitel); wir wollen sie aber hier durch Ölheizung nachliefern: Der Heizwert von Heizöl beträgt etwa 41.000 kJ/kg; nimmt man an, daß 70% davon im Zimmer freigesetzt werden (es fließt ja auch Wärme durch den Kamin ab), so sieht man, daß etwa 1,5 kg Heizöl verbrannt werden müssen, um die innerhalb von 24 Stunden abfließende Wärmemenge nachzuliefern.

Sonnenstrahlung

Nachdem wir vorher so großzügig auf Fenster verzichtet haben, wollen wir diesen doch noch einige Aufmerksamkeit widmen: Ist Ihnen schon aufgefallen, z.B. im Winter, daß Sonneneinstrahlung ins Zimmer (Südfenster!) eine merkliche Aufheizung bewirkt? Natürlich wissen Sie, daß direkte Sonnenstrahlung z.B. ein geparktes Auto erheblich aufheizen kann (machen Sie die Gegenprobe und parken Sie das Auto im Schatten!), aber wie groß ungefähr ist der Einfluß der Sonnenstrahlung im Winter bei schrägem Einfall ins Zimmer? Man weiß, daß bei senkrechtem Einfall der Sonnenstrahlung auf 1 m^2 Erdoberfläche in jeder Sekunde ca. 1,4 kJ ankommt (dabei ist eine geringe Absorption innerhalb der Lufthülle der Erde nicht berücksichtigt); anders ausgedrückt: Die Wärmeleistungsdichte der Sonnenstrahlung bei senkrechten Einfall beträgt ca. 1,4 kW/m^2, also mehr als die Heizleistung eines voll eingeschalteten Bügeleisens (1 kW) auf jedem Quadratmeter!

Lassen wir die schrägstehende Sonne durch unser Wohnzimmerfenster (ca. 5 m^2) hereinstrahlen: Natürlich haben wir dabei nicht die vollen 1,4 kW/m^2 zur Verfügung (wegen der Absorption und Streuung in der schräg durchstrahlten Lufthülle und weil die Fensterfläche nicht senkrecht zur Einfallsrichtung steht), aber selbst wenn nur 5% davon wirksam sind, so tritt immerhin 0,05·1,4 kW/m^2 ·5 m^2 = 0,35 kW ins Zimmer ein und wird dort überwiegend in Wärme umgesetzt (nur ein sehr kleiner Anteil davon wird als Licht wieder durch das Fenster hinausgestrahlt). Wenn diese Sonnenbestrahlung z.B. 4 Stunden andauert so ergibt sich damit 4·3600 s·0,35 kW = 5.000 kJ an eingestrahlter Wärme; dies ist bereits ein merklicher Beitrag zu dem oben abgeschätzten Wärmebedarf (43.000 kJ).

Vielleicht interessiert es Sie, wie man die Wärmeleistungsdichte der Sonnenstrahlung bestimmen kann. Wenn man keine besonderen Anforderungen an die Genauigkeit stellt, so gelingt diese Bestimmung mit einfachen Mitteln: Stellen Sie – möglichst mittags an einem klaren Sommertag – eine (tragbare) elektrische Kochplatte in die Sonne (senkrechter Einfall) und bringen Sie eine Pappmanschette darum herum an, so daß kühlende Luftströmung keine Rolle spielt. Die Platte wird durch Sonnenbestrahlung erwärmt; es stellt sich ein Gleichgewicht zwischen Einstrahlung und Abstrahlung ein. Die Gleichgewichtstemperatur wird mit einem Thermometer (Bohrung ins Platteninnere) gemessen. Sodann wird die Sonnenbestrahlung abgedeckt und dafür die elektrische Beheizung der Kochplatte eingeschaltet, aber die Heizleistung (Strom · Spannung) nur sehr langsam erhöht; erreicht man dabei die gleiche Gleichgewichtstemperatur wie vorher, so ist die elektrische Heizleistung genauso groß wie vorher die Bestrahlungsleistung durch die Sonne. Wenn die Heizplatte z.B. den Durchmesser 15 cm (Fläche 0,018 m^2) hat, so wird die entsprechende elektrische Heizleistung etwa 0,02 kW betragen, was auf etwa 1 kW/m^2 schließen läßt.

Den genauen Wert der pro Quadratmeter und Sekunde eingestrahlten Energie (1,4 kW/m^2) bezeichnet man als »Solarkonstante«. Hieraus ergibt sich auch die durch Sonnenbestrahlung auf die gesamte Erdoberfläche im zeitlichen Mittel eingebrachte Wärme/Zeit (die Sonne strahlt ja nicht überall zu jeder Zeit senkrecht ein), welche die Erdoberfläche aufheizt (wie sie vorher die Kochplatte aufgeheizt hat). Da aber die Erdoberfläche auch Wärme abstrahlt und zwar mehr bei höherer Temperatur, so stellt sich dort (wie bei der Kochplatte) eine Temperatur ein, bei der Gleichgewicht zwischen Aufheizen (durch Einstrahlung) und Abkühlen (durch Abstrahlung) besteht; den aus dem Erdinneren kommenden Wärmestrom haben wir dabei außer Acht gelassen. Wird die Abstrahlung mehr und mehr zurückgehalten (z.B. durch steigenden CO_2-Gehalt in der Atmosphäre), so ergibt sich dieses Gleichgewicht erst bei immer höherer Temperatur, d.h. die Erdoberfläche wird mehr und mehr aufgeheizt (Treibhauseffekt).

Zwei Akimotos bei ihrem Leiter-Balanceakt im Circus Krone

Die Kunst des Balancierens

Haben Sie schon einmal versucht, einen Stab auf den Zeigefinger zu stellen und ihn zu balancieren? Sie haben sicher auch schon einen Seiltänzer bzw. eine Seiltänzerin beobachtet und sich dabei Gedanken gemacht über die Rolle der schweren Balancierstange oder des niedlichen Schirmchens? Und was denken Sie sich zum Motorradkünstler, der auf dem Seil fährt und dabei noch einen unten dranhängenden Trapezartisten mitnimmt? Diese Auswahl von typischen Fällen zur Kunst des Balancierens wollen wir im folgenden beleuchten, aber nicht mit Zirkusscheinwerfern, sondem physikalisch. Dabei wird sich zeigen, wie der Artist natürliche Gegebenheiten und Zusammenhänge in geschickter Weise für sein Vorhaben ausnützt. Wir beabsichtigen primär den »physikalischen Durchblick«, aber von der Fähigkeit oder dem Drang zur artistischen Umsetzung ist hier nicht die Rede.

Die Motorrad-Seilgruppe

Dieser Fall ist einfach zu durchschauen. Zunächst sorgt man sich, die Räder könnten vom Seil seitlich abrutschen, oder das Vorderrad könnte nicht genau in Seilrichtung steuern. Diese Sorgen kann man aber rasch ausräumen. Das Motorrad fährt auf den Felgen. Diese sind konkav, wie beim Fahrrad, d.h. das Seil liegt in der Felge wie in einer Rille; die Felge ist dadurch seitlich geführt und kann nicht abrutschen. Außerdem ist das Vorderrad so ausgerichtet und fixiert, daß es genau geradeaus in Seilrichtung rollt.

Ein klein wenig mehr Sorgen macht man sich darüber, daß das auf dem Seil fahrende (oder stehende) Motorrad nicht seitlich herunterkippt, denn es hat ja keine Ständerung. Vielleicht vermutet man folgendes: Wenigstens für ein (schnell) fahrendes Motorrad müßte das Herunterkippen vermeidbar sein, denn bei der normalen Fahrt des Motorrads auf der Straße gelingt es ja auch, das Kippen zu vermeiden. Ohne dafür hier eine detaillierte Erklärung zu liefern sei nur mitgeteilt, daß das »Geradeausfahren« auf der Straße genaugenommen eine (beim Schnellfahren kaum wahrnehmbare) Schlangenlinie ist: In Wirklichkeit kippt man ein wenig z.B. nach rechts, fährt dann eine Rechtskurve, richtet sich dadurch wieder auf, kippt nach links, fährt dann eine Linkskurve, richtet sich wieder auf, u.s.w.; dies kann man beim (freihändigen) Langsamfahren gut beobachten. Ein solches mit Bewegungsänderungen verknüpftes Gleichgewicht nennt man »dynamisch«. Man sieht ein, daß der Motorradfahrer auf dem Seil sich nicht auf dieses dynamische Gleichgewicht verlassen darf, denn dazu müßte er ja eine (eventuell kaum wahrnehmbare) Schlangenlinie fahren, was aber nicht sein kann, weil er ja auf das gerade Seil fixiert ist.

Welche Möglichkeiten gibt es noch, das seitliche Herunterkippen zu verhindern? Eine Möglichkeit ist der Gebrauch einer Balancierstange (siehe übernächstes Kapitel); damit erreicht man ein dynamisches Gleichgewicht auch ohne eine Schlangenlinie fahren zu müssen. Eine andere Möglichkeit ist, ein »stabiles« Gleichgewicht herzustellen.

Typische Beispiele für ein stabiles Gleichgewicht sind bekanntlich die in einer Mulde liegende Kugel, oder das von einem Aufhängepunkt herunterhängende Pendel: Bei einer kleinen Auslenkung aus der Ruhelage kommt die Kugel oder das Pendel »von selbst« (Wirkung der Schwerkraft) wieder in seine Ruhelage zurück. Ein genau senkrecht stehendes (nicht abgestütztes) Motorrad ist aber normalerweise nicht mit dem Pendel zu vergleichen: Bei einer kleinen Auslenkung aus der Ruhelage kehrt es nicht wieder von selbst in diese Ruhelage zurück, sondern es fällt um. Leider kann man ein auf der Straße stehendes Motorrad nicht in ein Pendel umfunktionieren, denn wie sollte man Massenteile davon unter die Auflagestelle, also unter den Erdboden, frei beweglich verlagern? Bei dem auf dem Seil stehenden Motorrad aber ist dies möglich: Unterhalb der Auflagestelle, also unterhalb des Seiles, ist genügend Platz dazu. Man führt also eine starre Verbindung

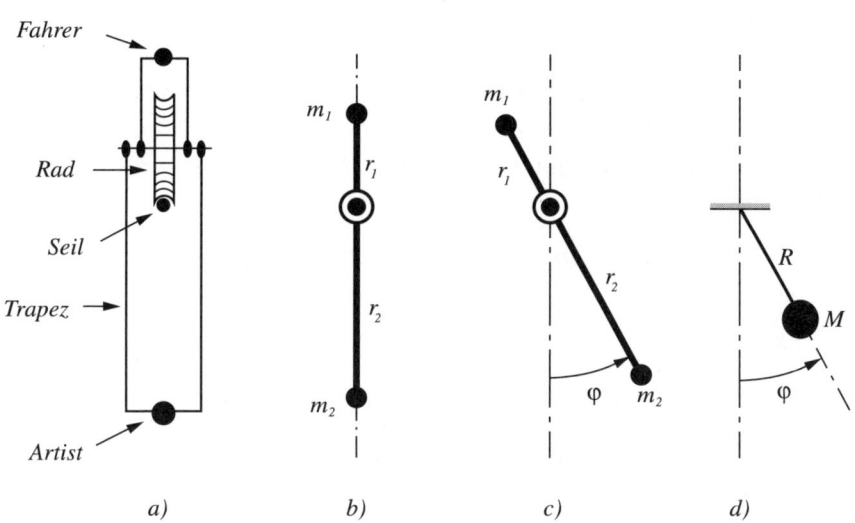

Fig. 1 a) Die Motorradgruppe auf dem Seil, Vorderansicht, schematisch.
b) Alle oberhalb des Seils befindlichen Massenteile seien vereinfacht durch die Masse m_1 im Abstand r_1 vom Seil dargestellt; analog sind die unterhalb des Seils befindlichen Massenteile durch m_2 im Abstand r_2 dargestellt (Hantelmodell).
c) Die ganze Anordnung ist um den Winkel φ gekippt. Kehrt sie zurück in die Ausgangslage b, oder kippt sie noch weiter? d) Pendel (Punktmasse M, Pendellänge R, Auslenkung φ) zum Vergleich mit dem Drehmoment in c.

nach unten und bringt daran, unterhalb des Seiles, genügend viel Masse an (z.B. den unten dranhängenden Trapezartisten). Fig. 1a zeigt diese Situation schematisch, Fig. 1b noch weiter vereinfacht als Hantelmodell.

Ist diese Anordnung um den Winkel φ aus der senkrechten Stellung ausgelenkt (Fig. 1c), so wirken zwei Drehmomente: Das Gewicht $m_1 g$ am Hebelarm $r_1 \sin\varphi$ bewirkt das Drehmoment $-m_1 g r_1 \sin\varphi$ (im Uhrzeigergegensinn), das Gewicht $m_2 g$ am Hebelarm r_2 bewirkt das Drehmoment $+m_2 g r_2 \sin\varphi$ (im Uhrzeigersinn). An der starren Verbindungsstange wirkt die Summe beider Drehmomente

$$D_{gesamt} = g(m_2 r_2 - m_1 r_1)\sin\varphi$$

»Stabil« ist diese Anordnung, wenn sie – wie oben schon beschrieben – wieder in ihre Ausgangslage (Fig. 1b) zurückkehrt. Dies ist der Fall, wenn D_{gesamt} bei der gegebenen Auslenkung im Uhrzeigersinn dreht, also positiv ist. Man sieht, es muß sein $m_2 r_2 > m_1 r_1$, d.h. das Trapez muß genügend lang sein, bzw. der Trapezartist muß eine genügend große Masse aufweisen.

Auf das Pendel in Fig. 1d wirkt das Drehmoment

$$D = g\, M\, R\, \sin\varphi$$

Denken Sie sich die beiden Massen m_1 und m_2 zu M vereinigt ($M = m_2 + m_1$). Welche Länge R muß das Pendel haben, damit auf dieses bei gleichem Winkel φ das gleiche Drehmoment wirkt wie auf den Hantelkörper (Fig. 1c)?

$$g(m_2 + m_1)\, R\, \sin\varphi = g(m_2 r_2 - m_1 r_1)\sin\varphi$$
$$R = \frac{m_2 r_2 - m_1 r_1}{m_2 + m_1}$$

Unter dieser Bedingung wirkt auf die »vereinigte Masse« und auf den Hantelkörper das gleiche Drehmoment. Derjenige Punkt, an dem man sich m_2 und m_1 vereinigt denken darf, wobei das gleiche Drehmoment entsteht, heißt der »Schwerpunkt«. Wenn der Schwerpunkt der ganzen Motorradgruppe unterhalb des Seiles liegt,dann braucht seitliches Abkippen nicht befürchtet zu werden. (Anmerkung: Auch bei der Darstellung der oberhalb des Seils befindlichen Massenteile durch m_1 wurde das Konzept »Schwerpunkt« stillschweigend angewendet:Die Massenteile des Fahrers, des Motors, des Gestells etc. sind in m_1 an der Stelle r_1 zusammengefaßt, aber so, daß dadurch das gleiche Drehmoment dargestellt ist.)

Können Sie einen auf der Spitze stehenden Bleistift balancieren? Versuchen Sie es auch mit einem wesentlich längeren Stab, wobei möglichst an dessen oberen Ende ein Zusatzgewicht befestigt ist (Fig. 2)!

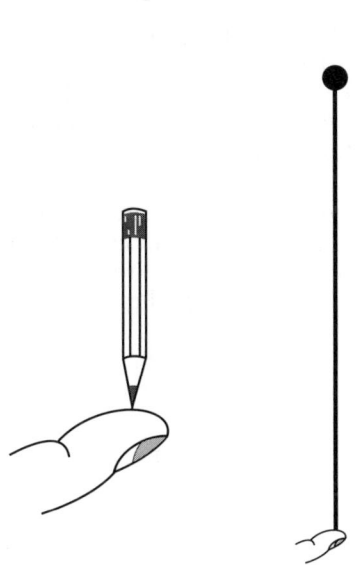

Es ist offensichtlich: Der Bleistift kann nicht in der Balance gehalten werden, sehr wohl aber der lange Stab. Um die Balance zu halten muß man den Unterstützungspunkt (Finger) genügend schnell in der richtigen Weise nachführen. Der Bleistift kippt aber so schnell um, daß es nicht gelingt, den Finger richtig nachzuführen; der lange Stab dagegen kippt genügend langsam. Den typischen Unterschied zwischen der Bewegung des Bleistifts und der des langen Stabes kennen Sie vielleicht schon aus Beobachtungen am Pendel, das man ein wenig auslenkt und losläßt: Ein kurzes Pendel benötigt weniger Zeit zum Überstreichen eines bestimmten Winkels als ein langes Pendel.

Fig. 2 Der Bleistift kann kaum in der Balance gehalten werden, sehr wohl aber der lange Stab, besonders wenn er oben eine zusätzliche Masse trägt. Zunächst wundert man sich darüber, denn gerade dabei liegt der Schwerpunkt ja besonders hoch über dem Unterstützungspunkt.

Bei der Kippbewegung des balancierten Stabes spielt nicht allein das durch den Schwerpunkt ausgeübte Drehmoment eine Rolle, sondern – wegen der Bewegungsänderung und der dadurch in Erscheinung tretenden Massenträgheit – auch die Anordnung der Massenteile. Um den Einfluß der Massenträgheit klarzumachen, sei ein einfaches (Gedanken-)Experiment beschrieben: Denken Sie sich ein gut ausgewuchtetes Vorderrad eines Fahrrads, das Sie mit beiden Händen an der horizontal gestellten Drehachse festhalten; an einer Speiche sei eine zusätzliche Masse (»Unwucht«) befestigt. Stellen Sie das Rad so ein, daß diese Zusatzmasse ungefähr oberhalb der Achse zu liegen kommt. Sobald das Rad unter dem Einfluß des von der Unwucht ausgeübten Drehmoments sich zu drehen beginnt, führen Sie die Achse entsprechend nach. Auf diese Weise können Sie die Unwucht leicht permanent oberhalb der Achse im »Gleichgewicht« halten (analog:

Nachführen des Zeigefingers beim Balancierstab). Ein derartiges Gleichgewicht – es ist durch Bewegungsänderung in Verbindung mit der Massenträgheit zu erreichen – nennt man »dynamisch«.

Was würden Sie unternehmen, wenn Ihnen dieses Nachführen der Achse nicht genügend schnell gelingt? Wie können Sie die einsetzende Drehbewegung der Unwucht (ohne Bremse) verzögern? Der richtige Schritt wäre: Auf der Fahrradfelge, gleichmäßig über den Umfang verteilt, zusätzliche Masse aufzubringen. Es würde aber auch helfen, allein den Raddurchmesser zu vergrößern, ohne dabei eine Vergrößerung der Felgenmasse vorzunehmen! Auch beim Balancierstab führt das Anbringen einer zusätzlichen Masse, oder auch nur eine Vergrößerung seiner Länge, zur gewünschten Verzögerung.

Die Trägheit gegenüber Veränderungen in einer Drehbewegung wird durch das sogenannte »Trägheitsmoment« Θ (s.w.u.) ausgedrückt. Man kann es berechnen, wenn man den Abstand r_i jedes Massenelements Δm_i von der Drehachse kennt, für jedes Massenelement das Produkt $\Delta m_i r_i^2$ bildet und alle diese Werte summiert:

$$\Theta = \Delta m_1 r_1^2 + \Delta m_2 r_2^2 + \dots$$

Zum Beispiel für eine Fahrradfelge (oder ein Schwungrad) ergibt sich so das Trägheitsmoment

$$\Theta = M R^2$$

wobei M die Masse der Felge und R der Radradius ist (die Masse der Speichen ist hierbei nicht berücksichtigt).

ANHANG (*zum Balancierstab*): Quantitative Diskussion der Bewegung des umkippenden Stabes. Die bekannte Newtonsche Grundgleichung für Translationsbewegung längs der Koordinaten x, y,

$$m\ddot{x} = F_x$$
$$m\ddot{y} = F_y$$

kann umgeformt werden, so daß sie unmittelbar auf Drehbewegung anwendbar ist. Die dabei verwendete Koordinate ist der Drehwinkel φ; an die Stelle der Masse m tritt das Trägheitsmoment Θ und an die Stelle der Kraft tritt das Drehmoment D (s.w.u.). Die Bewegungsgleichung für Drehbewegung lautet damit allgemein

$$\Theta\ddot{\varphi} = D \tag{1}$$

Für den Balancierstab (gewichtslose Stange der Länge l, an deren Ende sei die Masse m befestigt, siehe Fig. 3a) gilt $\Theta = m\, l^2$ und $D = + m\, g\, l \sin\varphi$; mit der Näherung $\sin\varphi \approx \varphi$ (d.h. wir betrachten nur kleine Winkel) wird die Bewegungsgleichung

$$\ddot{\varphi} = + \frac{g}{l}\,\varphi \qquad\qquad (2)$$

Falls Sie die Bewegungsgleichung für das Pendel kennen: Sie unterscheidet sich von dieser nur durch das Vorzeichen. Wegen des positiven Vorzeichens erfüllt der Ansatz $\varphi = \varphi_0 \sin \omega t$ die Bewegungsgleichung nicht (es ist ja auch nicht vorstellbar, daß um die labile Gleichgewichtslage herum ohne weiteres eine harmonische Schwingung möglich sein soll!). Obwohl der Typ dieser Gleichung also wegen des positiven Vorzeichens ungewohnt sein mag, man erreicht trotzdem

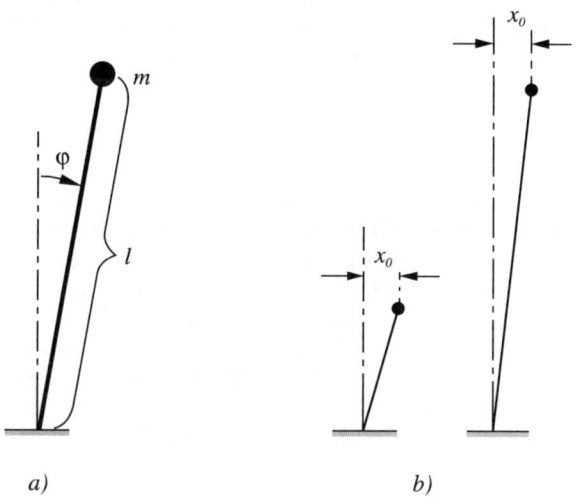

a) b)

Fig. 3 a) Zur Berechnung der Kippbewegung des Stabes. b) Beim kurzen und beim langen Stab soll am Anfang die Abweichung x_0 von der Senkrechten vorliegen. Um die Strecke x_0 (später x) muß der unterstützende Finger nachgeführt werden.

bald eine Vorstellung vom hier passenden Lösungsansatz, denn man kennt die Funktionen, die sich selbst reproduzieren, wenn sie zweimal differenziert werden: $e^{\lambda t}$ und $e^{-\lambda t}$. Der Lösungsansatz lautet also

$$\varphi = A e^{\lambda t} + B e^{-\lambda t} \qquad\qquad (3)$$

Man überzeugt sich, daß dieser Ansatz die Bewegungsgleichung (2) erfüllt, wobei sein muß

$$\lambda = \pm \sqrt{g/l} \qquad\qquad (4)$$

Die beiden Konstanten A und B ermöglichen es, die Lösung (3) an einen beliebigen Anfangszustand anzupassen. Wir betrachten den Anfangszustand (Loslassen des Stabes), also den Winkel φ zum Zeitpunkt $t = 0$ als gegeben zu φ_0, und die Winkelgeschwindigkeit $\dot{\varphi}$ zum Zeitpunkt $t = 0$ als gegeben zu $\dot{\varphi}_0$

$$t = 0 : \quad \varphi = \varphi_0; \quad \dot{\varphi} = \dot{\varphi}_0 \tag{5}$$

Setzt man diese Werte in Gl. 3 und in deren zeitliche Ableitung ein, so erhält man A und B. Damit wird das Ergebnis

$$\varphi = \frac{1}{2} (\varphi_0 + \dot{\varphi}_0/\lambda) \, e^{\lambda t} + \frac{1}{2} (\varphi_0 - \dot{\varphi}_0/\lambda) \, e^{-\lambda t} \tag{6}$$

Um einfacheren Durchblick bemüht, entwickeln wir die Exponentialfunktionen nach Potenzen von t und brechen diese Entwicklung nach dem Glied mit t^3 ab (was erlaubt ist, da wir ja ohnehin nur kleine Winkel betrachten):

$$\varphi = \varphi_0 \, (1 + \frac{\lambda^2}{2} t^2) + \dot{\varphi}_0 \, t \, (1 + \frac{\lambda^2}{6} t^2) \tag{7}$$

Nun wollen wir uns noch über realistische Anfangsbedingungen klar werden. Ein geschickter Balanceur kann vielleicht erreichen daß $\dot{\varphi}_0 \approx 0$ (Loslassen des Stabes ohne ihm dabei einen kleinen Stoß zu versetzen); der Anfangswinkel φ_0, die anfängliche kleine Abweichung aus der Lotrechten, wird jedenfalls nicht exakt gleich Null sein. Der Balanceur wird, wenn er den Stab mit »kleinem l« und den Stab mit »großem l« miteinander vergleichen will, nicht beidemale das gleiche φ_0 einstellen, sondern er wird eher beidemale das gleiche x_0 erreichen (Fig. 3b). Wegen $x_0 \approx \varphi_0 l$ und $x \approx \varphi l$ wird (mit $\dot{\varphi}_0 \approx 0$) aus Gl. 7

$$x = x_0 \, (1 + \frac{g}{2 \, l} t^2) + \dots \tag{8}$$

Diese Gleichung ist für unseren Vergleich verschiedener Stablängen entscheidend: Sie enthält einerseits die in den zu vergleichenden Fällen jeweils erreichbare Anfangsbedingung x_0, und sie enthält die für den Balanceur interessante Strecke x, um die er den unterstützenden Finger nachführen muß, damit der Stab wieder in die senkrechte Lage kommt!

Fig. 4 zeigt die zeitliche Entwicklung von x (bei feststehendem Finger) für kleineres l und für größeres l. Man sieht, daß die Strecke x bei kleinerem l rascher wächst als bei größerem l. Bei kleinerem l hat der Balanceur zweifellos die schwerere Aufgabe: Er muß innerhalb einer vorgegebenen Zeit seinen Finger eine größere Strecke nachführen und dabei die richtige (größere) Nachführgeschwindigkeit (Steigung der Kurve zum Zeitpunkt τ) treffen. Folgende Gegenüberstellung soll einige Zahlenwerte dazu geben; dabei ist angenommen $x_0 = 1$ mm, $\dot{x}_0 = 0$, $\tau = 1$ sec (dies ist etwa die Zeispanne, bis der Balanceur merkt, wohin die Kippbewegung geht und darauf reagieren kann):

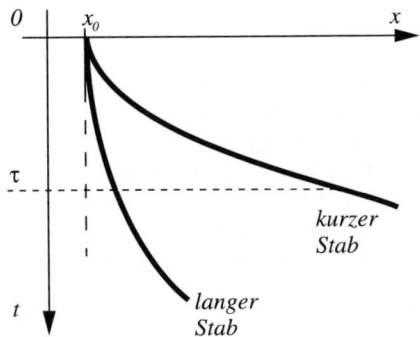

Fig. 4 Entfernung der Stabspitze von der Senkrechten, x, als Funktion der Zeit für einen kürzeren Stab und für einen längeren Stab.

	x nach Gl. 8	$\dot{x} = x_0 \dfrac{g}{l} \tau$
$l = 2$ m	3,5 mm	5 mm/s
$l = 0,1$ m	51 mm	100 mm/s

Auf die gleiche Weise wie den kippenden Stab kann man auch das vorher beschriebene Experiment (Rad mit Unwucht) diskutieren. Auch hierbei ergibt sich die Lösung Gl. 7, aber dabei gehen in den Parameter λ nun die Daten von Rad und Unwucht ein: Hat das ausgewuchtete Rad die Masse M (Speichen nicht berücksichtigt) und den Radius R, und ist eine Unwucht der Masse m im Abstand r von der Drehachse angebracht, so ist im Anschluß an die Bewegungsgleichung Gl. 1

$$\Theta = MR^2 + mr^2 \approx MR^2$$

Damit wird aus Gl. 2

$$\ddot{\varphi} = \frac{mgr}{MR^2} \varphi$$

An die Stelle des Faktors g/l in Gl. 2 tritt also der Faktor $\dfrac{mr}{MR} \cdot \dfrac{g}{R}$. Man sieht, wie durch das Rad die Kippbewegung der Unwucht verzögert wird: Für den vereinfachenden Fall $r = R = l$ (Stablänge) bleibt der Faktor $\dfrac{m}{M} \cdot \dfrac{g}{l}$ übrig, d.h. das zeitliche Anwachsen von φ oder x wird um den Faktor $\dfrac{m}{M}$ geringer sein.

Der Seilartist profitiert von der Balancierstange aus zwei Gründen, die in deren Form liegen: Sie ist nach unten gebogen und kann an deren Enden besonders mit Masse angereichert sein (Fig. 5a). Dadurch liegt der Schwerpunkt der Stange in geringem Abstand vom Seil und ihr Trägheitsmoment ist ziemlich groß. Liegt ihr Schwerpunkt unterhalb des Seiles, was durch besonders starke Krümmung nach unten erreichbar ist, so entspricht die Stange dem vom Motorrad herunterhängenden Trapezartisten (Fig. 1). Wir betrachten im folgenden nur noch den Fall, daß der Schwerpunkt der Balancierstange (ein wenig) ober-

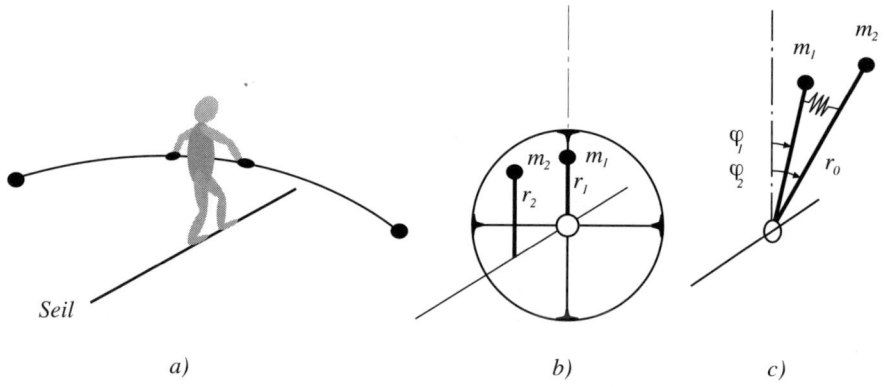

a)   b)   c)

Fig. 5 a) Der Balanceur mit Balancierstange. b) Die Balancierstange ist dargestellt durch ein Schwungrad; dieses soll eine Unwucht m_1 im Abstand r_1 vom Seil tragen. Der Artist ist dargestellt durch m_2 und r_2. c) Zur Benennung der Winkelkoordinaten. Zwischen Artist und Schwungrad ist eine Feder eingebaut, deren Längenänderung von der Winkeldifferenz abhängt.

halb des Seiles liegt. Vereinfacht und schematisch ist diese Situation in Fig. 5b dargestellt: Die Balancierstange sei durch ein Schwungrad (Trägheitsmoment Θ) mit Unwucht (Masse m_1 im Abstand r_1 oberhalb des Seils) angenähert beschrieben, und der Seilartist habe die Punktmasse m_2 im Abstand r_2 vom Seil.

Das Schwungrad mit Unwucht kennen wir schon aus dem vorigen Kapitel. Anstelle der dort vorgenommenen Nachführung der Achse (bzw. des Auflagepunktes) zwecks Erreichen des dynamischen Gleichgewichts haben wir hier einen anderen Mechanismus: Zwischen Artist und Schwungrad besteht eine Verbindung (Muskelkraft), wodurch gegenseitig das Abkippen verhindert werden kann: Wenn der Artist z.B. ein wenig nach rechts gekippt ist und gleichzeitig das Schwungrad mitsamt seiner Unwucht ein wenig nach links gekippt ist, so kann durch die Muskelkraft sowohl der Artist als auch das Schwungrad zurückgeholt werden. Dabei kippt der Artist ein wenig nach links, das

Schwungrad ein wenig nach rechts; nun tritt wieder die Muskelkraft in Aktion, wobei Artist und Schwungrad wieder zurückgeholt werden, usw (das relative Ausmaß der Bewegung von Schwungrad und Artist wird quantitativ im Anhang beschrieben).

Dieses dauernde gegenseitige Hin- und Herpendeln ist wieder ein typisch »dynamisches« Gleichgewicht. Verkürzt kann man diesen Balancierakt folgendermaßen beschreiben: Der Artist pendelt um die labile Gleichgewichtslage und stützt sich dabei an der großen Trägheit der Balancierstange ab.

ANHANG (*zur Balancierstange*): Zur quantitativen Diskussion braucht man die Daten des Schwungrades bzw. der Balancierstange (Trägheitsmoment Θ_1, Masse m_1 der Unwucht, Abstand des Schwerpunktes von der Drehachse r_1, Winkelstellung φ_1) und des Artisten ($\Theta_2, m_2, r_2, \varphi_2$). Die Kopplung zwischen Schwungrad und Artist (dessen Muskelkraft) sei folgendermaßen vereinfacht quantifiziert: Eine Hookesche Zug-Druck-Feder zwischen beiden soll ein Drehmoment ausüben, welches proportional zur Differenz der Winkelstellungen ist und in Richtung auf Verkleinerung dieser Winkeldifferenz wirkt (ihre Federkonstante sei f und der Abstand ihrer Befestigungspunkte von der Drehachse sei r_0, siehe Fig. 5c). Die Bewegungsgleichung (siehe auch Gl. 1) für das Schwungrad lautet somit:

$$\Theta_1 \ddot{\varphi}_1 = m_1 g\, r_1 \varphi_1 + f r_0^2 (\varphi_2 - \varphi_1) \tag{9}$$

Der erste Summand auf der rechten Seite beschreibt das von der Unwucht nach rechts ausgeübte Drehmoment (Näherung $\sin \varphi_1 \approx \varphi_1$); der zweite Summand beschreibt das von der Feder nach rechts ausgeübte Drehmoment. Die entsprechende Bewegungsgleichung für den Artisten ist

$$\Theta_2 \ddot{\varphi}_2 = m_2 g\, r_2 \varphi_2 - f r_0^2 (\varphi_2 - \varphi_1) \tag{10}$$

Um die folgende Rechnung und Diskussion übersichtlich zu halten, treffen wir Vereinfachungen bzw. Vereinbarungen:

$$\Theta_1 = \Theta_2 = \Theta;\ m_1 g\, r_1 = m_2 g\, r_2 = a;\ a/\Theta = A;\ f r_0^2/\Theta = B$$

Die beiden Bewegungsgleichungen sind nun

$$\ddot{\varphi}_1 = A\varphi_1 + B(\varphi_2 - \varphi_1) \tag{9a}$$

$$\ddot{\varphi}_2 = A\varphi_2 - B(\varphi_2 - \varphi_1) \tag{10a}$$

Der Lösungsweg ist ähnlich wie im Anschluß an Gl. 2, aber ein wenig umfangreicher. Zunächst formen wir so um, daß die Variablen φ_1 und

φ_2 in einer übersichtlichen Kombination vorkommen: Wir addieren bzw. subtrahieren beide Gleichungen und erhalten

$$\ddot{\varphi}_1 + \ddot{\varphi}_2 = A(\varphi_1 + \varphi_2) \tag{11}$$

$$\ddot{\varphi}_1 - \ddot{\varphi}_2 = -(2B - A)(\varphi_1 - \varphi_2) \tag{12}$$

Gl. 11 ist vom gleichen Typ wie Gl. 2, wenn man $\varphi_1 + \varphi_2$ als neue Variable auffaßt; damit ist der Lösungstyp wie im Anschluß an Gl. 2 zu erwarten:

$$\varphi_1 + \varphi_2 = \alpha e^{\lambda t} + \beta e^{-\lambda t}; \quad \lambda = \sqrt{A} \tag{13}$$

In Gl. 12 betrachten wir $\varphi_1 - \varphi_2$, als neue Variable und erkennen am Typ der Gleichung, daß die Lösung eine Schwingung ist, vorausgesetzt, daß $2B > A$ (d.h. die Feder muß genügend stark sein):

$$\varphi_1 - \varphi_2 = \gamma \cos \omega t - \delta \sin \omega t; \quad \omega = \sqrt{2B - A} \tag{14}$$

Durch Addition bzw. Subtraktion von Gl. 13 und 14 erhält man

$$\varphi_1 = (\alpha/2)e^{\lambda t} + (\beta/2)e^{-\lambda t} + (\gamma/2)\cos \omega t - (\delta/2)\sin \omega t \tag{15}$$

$$\varphi_2 = (\alpha/2)e^{\lambda t} + (\beta/2)e^{-\lambda t} - (\gamma/2)\cos \omega t + (\delta/2)\sin \omega t \tag{16}$$

Die vier Konstanten α, β, γ, δ müssen nun so festgelegt werden, daß die vier Anfangsbedingungen in den Lösungen erscheinen: Für $t = 0$ muß sich ergeben:

$$\varphi_1 = \varphi_{10}\,; \quad \dot{\varphi}_1 = \dot{\varphi}_{10}\,; \quad \varphi_2 = \varphi_{20}\,; \quad \dot{\varphi}_2 = \dot{\varphi}_{20}$$

Man erhält auf diese Weise:

$$\alpha = \frac{\varphi_{10}}{2} + \frac{\varphi_{20}}{2} + \frac{\dot{\varphi}_{10}}{2\lambda} + \frac{\dot{\varphi}_{20}}{2\lambda}\,; \qquad \beta = \frac{\varphi_{10}}{2} + \frac{\varphi_{20}}{2} - \frac{\dot{\varphi}_{10}}{2\lambda} - \frac{\dot{\varphi}_{20}}{2\lambda} \tag{17}$$

$$\gamma = \varphi_{10} - \varphi_{20}\,; \qquad\qquad \delta = \frac{\dot{\varphi}_{20}}{\omega} - \frac{\dot{\varphi}_{10}}{\omega}$$

Welche Anfangsbedingungen soll man wählen, um dann aus Gl. 15 und 16 die zeitliche Entwicklung von φ_1 und φ_2 zu ersehen? Natürlich suchen wir eine Lösung, bei der sowohl φ_1 als auch φ_2 sich für längere

Zeit in der Nähe von $\varphi_1 = 0$ und $\varphi_2 = 0$ aufhalten. Dies ist klar ersichtlich nur dann der Fall, wenn $\alpha = 0$; andernfalls würde wegen der Exponentialfunktion mit dem positiven Exponenten sowohl Artist als auch Schwungrad (Balancierstange) sehr bald »abstürzen«.

Stellen wir also zum Zeitpunkt $t = 0$ das Schwungrad genau senkrecht und in Ruhe ($\varphi_{10} = 0$; $\dot{\varphi}_{10} = 0$). Welche Anfangsbedingungen sind nun für den Artisten realistisch? (Natürlich wollen wir den Fall $\varphi_{20} = 0$; $\dot{\varphi}_{20} = 0$ ausschließen, weil dabei trivialerweise das Ergebnis permanent $\varphi_1 = 0$, $\varphi_2 = 0$ wäre.) Wie muß der Artist »einsteigen«? Er steigt aufs Seil, indem er sich zum Zeitpunkt $t = 0$ vom Boden abstößt, dabei liegt ein endliches φ_{20} und ein negatives $\dot{\varphi}_{20}$ vor. Die Forderung $\alpha = 0$ kann nur erfüllt werden ($\varphi_{10} = 0$; $\dot{\varphi}_{10} = 0$) wenn

$$\dot{\varphi}_{20} = -\lambda\,\varphi_{20}$$

Dies folgt aus der ersten Zeile von Gl. 17. Damit ergibt sich

$$\alpha = 0;\ \beta = \varphi_{20};\ \gamma = -\varphi_{20};\ \delta = -\frac{\lambda}{\omega}\,\varphi_{20} \qquad (17a)$$

Die gesuchte zeitliche Entwicklung der Winkel φ_1 und φ_2 wird aus Gl. 15 und 16 mit 17a:

$$\varphi_1 = \frac{\varphi_{20}}{2}\,e^{-\lambda t} - \frac{\varphi_{20}}{2}\cos\omega t + \frac{\varphi_{20}}{2}\frac{\lambda}{\omega}\sin\omega t$$

$$\varphi_2 = \frac{\varphi_{20}}{2}\,e^{-\lambda t} + \frac{\varphi_{20}}{2}\cos\omega t - \frac{\varphi_{20}}{2}\frac{\lambda}{\omega}\sin\omega t$$

wobei $\lambda = \sqrt{A} = \sqrt{mgr_1/\Theta}$

und $\omega = \sqrt{2B - A} = \sqrt{(2f r_o^2 - mgr_1)/\Theta}$

Man sieht wesentliche Aussagen dieser Lösung deutlich: Nach einiger Zeit (d.h. für $\lambda t \gg 1$) schwingen die beiden Partner (d.h. Artist und Schwungrad) gegeneinander um die Senkrechte; die Schwingungsfrequenz wird durch die Federhärte f und das Trägheitsmoment Θ, aber auch noch von anderen Faktoren, bestimmt. Sehr einfach wird die Lösung für den Fall $\lambda \ll \omega$. Nur das Glied mit $\cos\omega t$ bleibt dann für die Langzeitentwicklung von φ_1 und φ_2 maßgebend.

Das Balancierschirmchen

Wenn die Artistin den Schirm (dessen Masse wird im folgenden nicht berücksichtigt) nach links durch ruhende Luft bewegt, so wirkt auf ihn (und auch auf die ihn festhaltende Hand) eine Kraft *F* nach rechts, genauso wie wenn die Luft von links dem ruhenden Schirm entgegenströmen würde (Fig. 6). Durch die ruckartige Bewegung des Schirmes erreicht die Artistin also ein Abstützen an der Umgebung, wobei die Umgebung einfach die Luft ist.

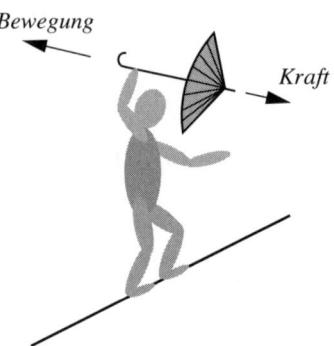

Bewegung

Kraft

Fig. 6 Zur Erzeugung einer Kraft durch Bewegung des Schirmchens.

Im folgenden sei abgeschätzt, wie groß die so zu erzielende Kraft ist und ob diese als Stütze zum Balancieren hinreicht. Wenn der Schirm (Fläche *A*) gegen die Luftwiderstandskraft *F* über eine Strecke *l* (die dabei erbrachte Arbeit ist $F \cdot l$) mit der Geschwindigkeit bewegt wird, so wird dadurch das Luftvolumen $A \cdot l$ überstrichen, also die Luftmasse $m = \rho\, A\, l$ auf die Geschwindigkeit v gebracht und damit die Beschleunigungsarbeit $1/2\ \rho\, A\, l\, v^2$ erbracht. Hieraus folgt, daß während der Bewegung des Schirmes

$$F \cdot l \approx \frac{1}{2}\, \rho\, A\, l\, v^2$$

Setzt man hierin die entsprechenden Zahlenwerte ein ($\rho \approx 1{,}3$ kg/m^3, $A \approx 0{,}5$ m^2, $v \approx 1$ m/s), so erhält man $F \approx 0{,}3$ N. Da diese Kraft am Hebelarm etwa der Länge 2 m wirkt, so ist das dadurch entstehende Drehmoment etwa 0,6 Nm (z.B. nach rechts drehend, wenn der Schirm nach links bewegt wird). Wenn der Schwerpunkt der Artistin ($m \approx 60$ kg) etwa 1 mm außerhalb der Senkrechten liegt, entsteht ebenfalls das Drehmoment 0,6 Nm. Man sieht, daß zumindest kurzzeitig eine Abgleichung der Drehmomente möglich ist; auch ein Überwiegen des von der Schirmbewegung herrührenden Drehmoments ist denkbar und damit eine Rückstellung der Abweichung von der Senkrechten. Die Dynamik hierzu – wie auch die Berücksichtigung der

Massenträgheit des Schirmes – verläuft ähnlich dem vorherigen Beispiel und wird deshalb hier nicht nochmal ausgebreitet.

Balancierte Atome

Es gibt auch Fälle von dynamischem Gleichgewicht, wenn Masseteilchen elektrischen Kräften ausgesetzt sind. Man kann geladene Atome gewissermaßen »balancieren«, indem man diese kurz vor dem »Abstürzen« in eine bestimmte Richtung durch ein rasch eingeschaltetes abstoßendes Kraftfeld zurückhält. Man stelle sich eine Sattelfläche vor, auf deren Sattelpunkt P ein Teilchen liegt: Instabiles Gleichgewicht, denn das Teilchen kann die Sattelflanken hinabrollen (Fig. 7a). Wenn aber – noch bevor das Teilchen weit gerollt ist – die Flanken hochgezogen werden (als Folge davon müssen die Sattelspitzen zwangsläufig nach unten gebogen werden), so wird das Teilchen zurückgehalten

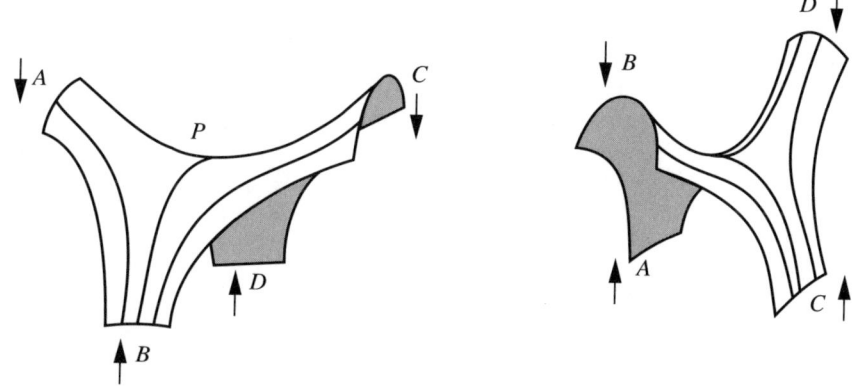

Fig. 7 Pulsierende Sattelfläche: a) Eine im Punkt P abgelegte Kugel wird zunächst auf die Seite B oder D hinunterrollen. Dies wird aber verhindert, wenn B und D genügend rasch angehoben wird (Pfeile). Zwangsläufig damit verbunden ist, daß A und B abgesenkt werden muß (Pfeile). So ergibt sich das nächste Bild. b) Nun beginnt die Kugel nach A oder C hinabzurollen. Deshalb muß A und C wieder angehoben werden (Pfeile), usw. Die Kugel wird auf diese Weise in der Umgebung von P »dynamisch« stabilisiert. (Vorstellungshilfe: Zwei Flügelpaare AC und BD, die bei Draufsicht aufeinander senkrecht stehen und im Gegentakt auf- und abschlagen.)

(Fig. 7b) und beginnt nun dorthin zu rollen, wo vorher die Sattelspitzen waren (die aber jetzt nach unten gebogen sind). Nun könnte das Teilchen wieder hinabrollen; davor wird es aber wieder zurückgehalten durch genügend rasches Hochziehen der Flanken, usw. Ein solches dynamisches Balancieren von geladenen atomaren Teilchen durch ein mit bestimmter Frequenz pulsierendes elektrisches Feld funktioniert aber nicht für beliebige Teilchenmasse. Man kann deshalb aus einem Gemisch von Teilchen verschiedener Masse eine bestimmte Auswahl treffen, indem man die Frequenz des elektrischen Feldes passend wählt. Die Idee dazu und deren Realisierung hat zum Physik-Nobelpreis 1989 (N. Ramsey, W. Paul, H.G. Dehmelt) geführt.

Weiterer Lesestoff

Auswahl einiger Zeitschriften und Bücher, die dem naturwissenschaftlich interessierten Leser aktuelle und ausführlichere Information in allgemeinverständlicher Form bieten (Lehrbücher zum vertiefenden Studium sind hier nicht aufgeführt):

Zeitschriften (monatlich):

Spektrum der Wissenschaft

Physik in unserer Zeit

Jahrbuch und Naturführer:

Das KOSMOS-Himmelsjahr
Sonne, Mond und Sterne im Jahreslauf
Franckh-Kosmos Verlag, alljährlich

W. Sönnig, C. Keidel
Wolkenbilder, Wettervorhersage
BLV Naturführer 1993

Nachschlagewerk (Technik):

Wie funktioniert das?
Die Technik im Leben von heute
BI Meyers Lexikonverlag, Mannheim 1986

Lesestoff:

Rudolf Kippenhahn
Licht vom Rande der Welt
Piper 1987

Rhea Lüst
Die Wunderwelt der Sterne
Piper 1990

Rudolf Kippenhahn
Der Stern, von dem wir leben
dtv sachbuch 1993

James B. Kaler
Sterne
Die physikalische Welt der kosmischen Sonnen
Spectrum 1994

Heinz Haber
Eiskeller oder Treibhaus
Herbig 1989

Peter Fabian
Atmosphäre und Umwelt
Springer 1992

W.J. Burroughs
Die Wettermaschine
Birkhäuser 1993

Hermann Haken
Erfolgsgeheimnisse der Natur
DVA 1983

Henning Genz
Symmetrie – Bauplan der Natur
Piper 1987

Hermann Haken, Maria Haken-Krell
Erfolgsgeheimnisse der Wahrnehmung
DVA 1992

M.J. Aitken
Physics and archeology
Clarendon 1978 .

REGISTER